地理信息系统理论与应用丛书

# 数字城市三维地理空间框架原理与方法

李成名　王继周　马照亭　编著

国家973计划重大基础研究前期研究专项
信息产业部电子信息产业发展基金
国家测绘局"十一五"基础测绘重点项目　联合资助
中央级公益性科研院所基本科研业务费专项

科学出版社
北　京

## 内 容 简 介

本书针对当前"数字城市"建设中城市三维地理空间框架建设所面临的三维数据获取、三维建模、海量数据三维可视化、三维空间分析、行业应用等瓶颈问题,经过长期研究试验,探索出一套符合我国当前数字城市三维空间框架建设需求的技术路线,经过在山东、浙江、河北等省份十几座城市的应用,验证了其实用性与高效性。

本书适宜于作为测绘、遥感以及地理信息系统专业高年级本科生、研究生和从事数字城市研究与建设的科技人员的重要参考资料。

**图书在版编目(CIP)数据**

数字城市三维地理空间框架原理与方法/李成名,王继周,马照亭编著.
—北京:科学出版社,2008
（地理信息系统理论与应用丛书）

ISBN 978-7-03-020408-0

Ⅰ. 数⋯ Ⅱ. ①李⋯②王⋯③马⋯ Ⅲ. 三维-模型(建筑)-应用-城市建设-研究 Ⅳ. TU984

中国版本图书馆 CIP 数据核字(2007)第 195421 号

责任编辑:彭胜潮　关　焱/责任校对:陈玉凤
责任印制:吴兆东/封面设计:王　浩

**科学出版社** 出版
北京东黄城根北街 16 号
邮政编码:100717
http://www.sciencep.com

**北京中石油彩色印刷有限责任公司** 印刷
科学出版社发行　各地新华书店经销

\*

2008 年 1 月第　一　版　　开本:787×1092　1/16
2022 年 1 月第九次印刷　　印张:14 1/2　插页:8
字数:332 000

**定价:108.00元**
(如有印装质量问题,我社负责调换)

# 前　言

　　自文明诞生以来，人类总是在持之以恒地认知环境，坚持不懈地探求未知和神秘的客观现实世界。从躬亲力行的直接实践，到阅读先驱者经验的间接实践，人类跨越了重要而关键的一步，其中符号化语言扮演了十分重要的角色，它是连接认知对象、直接实践者和间接实践者三座"孤岛"的桥梁。

　　地图作为符号化语言的一种，描述对象为地球表面景观，直接实践者为地图创作者，间接实践者为地图使用者。象形的图形化符号语言雏形于人类早期，用石块、树枝和泥土等手到擒来的材料做成指示方位、大小与远近的标志，后来示意性刻画在石壁、树皮和陶片之上。公元250年，尚书令裴秀通过和从前地图的对比，考证了《禹贡》所记载的山川、河流、原隰陂泽、水路径路等，发现了当时符号化语言地图存在的缺陷，创造性地提出"制图六体"，为科学描述地球表面客观存在建立了较为完整的规范。在此后漫长的历史长河中，地图囿于需求牵引和科技进步双重动力推动，不断地取得进步与发展。

　　当时代步伐掠过20世纪末，信息大潮扑面袭来，一场地图领域新的变革也不期而至。一方面，人口急剧扩张使狭小地球中可供人类活动的范围越来越紧缺，不断向立体纵深发展，特别在城市区域，传统二维平面地图捉襟见肘，需求三维数字表达的呼声一浪高过一浪；另一方面，存储介质由纸变磁、虚拟现实技术蓬勃发展和计算机技术进步使得采用三维表现形式描述认知对象成为可能。相较模拟时代地图，符号化语言应是三维而非二维、尺度应是2的级数而非10的倍数、数据组织应是机器可读性强而非视觉效果、服务模式应以网络化为主而非人工传递。

　　站在信息时代的高度，接踵先行者足迹，摒弃传统专业思维的桎梏，探索采用三维符号化语言描述认知对象、传播知识当是技术变迁时代地图科研者最高追求。

　　近年来，不乏专业人士从理论的视角探讨三维认知表达、数据组织及可视化，也有先进的技术如激光雷达用于三维表面模型信息获取，但总体上看比较分散，构不成完整的技术体系，与真正生产力尚存相当大的距离。

　　经过数年努力，笔者及其团队系统研究了三维空间模型数据获取无人飞行器适宜性评价及提取理论、三维现实世界抽象和表达理论、地面景观剖分与快速建模理论以及大数据管理和三维可视化关键技术，提出了城市区域高分辨率遥感影像安全高效获取的方法，揭示了单影像量测地面景观立面信息的机理，建立了三维基础空间信息建模和可视化规范，成功开拓了完全不同于国内外已有技术方法的三维空间模型建设的有效途径。在此基础上，成功研制了"三维基础空间信息获取处理技术体系"，其核心包括：无人驾驶飞艇低空遥感系统、单影像立体量测系统、三维抽象表达及建模系统和三维增强现实及应用系统，为构建三维数字空间模型提供了全过程的、集成性很高的成套技术系统，提升了测绘技术手段。该理论与技术已经在 Nottingham（英国）、威海、烟台、杭州、石家庄、西宁、温州、嘉兴、湖州、无锡、义乌和建德等 40 多个城市的三维模型建设中得到应用，效果显著。

今拨冗成文，旨在抛砖引玉，企盼更多有识同行深入其中，共同推动该研究领域的进步！限于时间仓促和作者水平，书中难免有疏漏之处，望不吝赐教！

# 目 录

前 言

## 第一章 绪 言 ……………………………………………………………… 1
   1.1 数字三维时代的来临 ……………………………………………… 1
   1.2 国内外相关技术现状 ……………………………………………… 1
   1.3 本书主要内容与组织安排 ………………………………………… 21

## 第二章 城市景观三维抽象与表达 ……………………………………… 22
   2.1 当代主要表达方法 ………………………………………………… 22
   2.2 现实世界三维表达的信息传输模型 ……………………………… 24
   2.3 城市景观三维抽象 ………………………………………………… 26
   2.4 城市景观三维表达方法 …………………………………………… 29

## 第三章 城市三维信息获取 ……………………………………………… 36
   3.1 低空无人驾驶飞行器遥感 ………………………………………… 36
   3.2 单影像立体量测 …………………………………………………… 49
   3.3 地形三维信息获取 ………………………………………………… 67

## 第四章 三维空间数据模型 ……………………………………………… 70
   4.1 现实世界的模型化过程 …………………………………………… 70
   4.2 三维空间数据模型的研究现状 …………………………………… 71
   4.3 三维空间数据模型构建要求 ……………………………………… 76
   4.4 面向实体的三维空间数据模型 …………………………………… 77
   4.5 三维地形模型 ……………………………………………………… 88

## 第五章 三维信息组织与管理 …………………………………………… 93
   5.1 三维空间信息管理方式 …………………………………………… 93
   5.2 数据库系统平台 …………………………………………………… 96
   5.3 城市地物信息的数据库管理 ……………………………………… 104
   5.4 数字地形信息的数据库管理 ……………………………………… 107
   5.5 影像数据库管理 …………………………………………………… 110

## 第六章 城市景观三维可视化 …………………………………………… 118
   6.1 三维可视化原理 …………………………………………………… 118
   6.2 三维可视化渲染工具 ……………………………………………… 124
   6.3 LOD 细节层次模型 ………………………………………………… 132
   6.4 海量数据三维可视化关键技术 …………………………………… 148
   6.5 城市特征地物可视化 ……………………………………………… 155

  6.6 地形三维可视化 ·················································· 160
  6.7 地形与地物的匹配集成 ········································ 161
  6.8 三维城市构建及可视化中的若干优化策略 ················ 164
**第七章 三维空间查询与分析** ············································ 176
  7.1 空间查询 ···························································· 176
  7.2 空间量算 ···························································· 181
  7.3 场景编辑 ···························································· 186
  7.4 场景控制 ···························································· 189
  7.5 地形分析 ···························································· 191
  7.6 通视分析 ···························································· 194
  7.7 缓冲区分析 ························································ 197
  7.8 叠置分析 ···························································· 198
  7.9 日照阴影分析 ····················································· 199
  7.10 水淹分析 ·························································· 201
**第八章 实践与应用** ······················································ 208
  8.1 三维地理信息系统 ·············································· 208
  8.2 在城市规划领域应用 ············································ 211
  8.3 在突发事件应急中应用 ········································ 214
**第九章 总结与展望** ······················································ 218
**参考文献** ····································································· 220
**后记** ·········································································· 224
**彩图**

# 第一章 绪 言

## 1.1 数字三维时代的来临

现实世界是三维立体空间的，并随着时间在不断发生变化。前人源于无需求或有需求但缺乏技术手段，长期以来惯性地使用平面地图和二维地理空间信息，并作为认识世界与改造世界的基础资料。当人类经济社会发展的步伐迈进 21 世纪以后，已经为人类接受和依赖的平面地图或二维地理空间信息在面对现代复杂的客观现象和层出不穷的人类杰作时渐显捉襟见肘之窘态。在立体化纵深发展的现代城市中，既有地上鳞次栉比的高楼大厦，又有地下密如蛛网的管线；在矿区开采过程中，犬牙交错的巷道；在地质勘查活动中，通过有限钻孔抽样模型化整个地质构造情况等，这些"上天入地下海"的现代人类活动，迫切需要三维地理空间支撑，以实现立体表达、精细管理和科学决策之目标。

计算机技术、虚拟技术、数据库技术、可视化技术、海量存储技术以及认知科学等技术与理论的发展，为现实世界三维数字化表达和再建奠定了理论技术基础。近年来，机载、车载和固定站式激光扫描技术，以及无人驾驶飞行器结合单片立体量测技术的出现，使三维空间数据获取难的瓶颈基本得以突破，规模化作业模式形成在即。三维实体抽象、空间关系描述、模型化、数据组织、可视化和应用等理论与技术研究逐渐深入并达到实用化程度，国内外渐次出现了 Vega（美国）、Skyline（美国）、Virtools（法国）、NewMap（中国）、VRmap（中国）等一批三维地理信息管理或可用于三维地理信息管理的软件系统。纵观三维领域制约发展的技术问题，应当说从三维数据获取处理、表达、管理，直到应用的整套流程关键技术点基本得以突破。

在需求牵引和技术进步双重动力驱使下，数字三维无疑将进入高速发展和广泛应用期，必将拉动整个测绘产业队伍走向三维地理空间信息采集、处理和数据库建设，以及基于三维地理空间信息的应用与服务。这一切昭示着数字三维时代的来临！

## 1.2 国内外相关技术现状

数字城市三维地理信息系统的研究正在世界范围内蓬勃兴起，新理论、新方法、新技术层出不穷，推动地理信息产业不断向前发展。以下主要从城市三维空间数据获取技术、城市三维建模技术、三维可视化技术、虚拟现实技术、三维 GIS 软件系统等几方面综述分析当前的技术发展现状。

### 1.2.1 城市三维数据获取技术

由于理论和技术水平的限制，三维空间数据的获取能力相对较弱一直是阻碍三维地理信息系统发展的重要原因。一旦能够实现三维空间数据方便、快捷、廉价的获取，三维地理信息系统将会取得迅猛的发展。下文总结目前常用的几种城市三维数据获取方法，并简要分析各种方式的优缺点及适用范围。

**1. 地形图＋建筑设计图纸**

由于城市景观以人文建筑物为主，而大部分建筑物体的平面坐标可以由现有纸质或数字化的二维平面地形图得到，建筑物的高度和形状信息可从设计图纸中获取，两者结合即可获得建筑物的三维数据。这种方法实现技术简单，且获取的建筑物高度信息具有较高的精度，但由于需要进行专业建筑图纸人工判读，对操作人员素质要求较高，同时还要手工输入大量数据并进行实地纹理采集，工作量非常大。而且由于建筑设计图纸属于保密资料或内部资料，获取相对困难。因此只适合城市小范围地区及少数建筑物的三维数据获取。

**2. 数字摄影测量**

摄影测量的发展经历了模拟摄影测量阶段和解析摄影测量阶段，现已进入数字摄影测量阶段。数字摄影测量是基于数字影像与摄影测量的基本原理，应用计算机技术、数字影像处理、影像匹配、模式识别等多学科的理论和方法，提取所摄对象用数字方式表达的几何与物理信息的摄影测量学的分支学科。

数字摄影测量系统是摄影测量技术发展的结晶，它是三维空间数据获取的一种重要途径。在 20 世纪 60 年代，第一台解析测图仪 AP-1 问世不久，美国的全数字化测图系统 DAMC 就有了初步的实验结果。武汉大学（原武汉测绘科技大学）王之卓教授于 1978 年提出了发展全数字自动化测图系统的设想与方案，并于 1985 年完成了全数字自动化测图软件系统 WUDAMS，并采用数字方式实现摄影测量自动化。至 1988 年日本京都国际摄影测量与遥感协会第 16 届大会上展示出 DSP-1 型为代表的数字摄影测量工作站，基本上都是属于体现数字摄影测量工作站概念的试验系统。到 1992 年 8 月在美国华盛顿第 17 届国际摄影测量与遥感大会上，有了较为成熟的产品。武汉大学张祖勋教授所领导的研究团队在王之卓院士 20 世纪 70 年代末提出全数字化自动测图思想的基础上，突破了立体影像匹配构建计算机视觉的理论难关，创造了 VirtuoZo 摄影测量工作站；中国测绘科学研究院刘先林院士于 1999 年主持研制成功了 JX4 数字摄影测量工作站，这两种系统都能实现数字地面高程模型（DEM）自动采集、自动微分纠正，制作数字正射影像（DOM），利用 X、Y 手轮、脚轮，进行人工立体数字线化测图以及获取数字栅格地图（DRG）。它们为三维数据的获取提供了一种较为便捷的实现方法。目前，航空摄影测量和遥感技术可以提供目标的几何特征、语义特征，从而获取三维数据信息。它作为最为完善的技术体系在国内外得到广泛的应用。但是，由其立体像对成像和解算的机理决定了它在数码城市建筑物三维信息和纹理信息提取的缺陷,即它获取的主要是建筑物顶面的信息,漏掉了建筑物立面的大量几何和纹理信息。同时,摄影测量数据在建筑物密集区会有遮掩,不能有效提供建筑物立面纹理信息,需配合地面摄影。

随着美国 1m 分辨率 IKONOS 以及 0.68m 分辨率 QuickBird 卫星的升空,航天卫星遥感已发展到高分辨率、高精度、多光谱、低费用的时代。极高分辨率的航天遥感影像能提供丰富的城市景观信息,包括几何、纹理、拓扑、语义等多种类型,正日益成为数字正射影像和数字高程模型生产的主要数据源。卫星遥感影像不仅具有很高的空间分辨率,而且具备高时间分辨率的特点,即可在短期内重复获得同一地区的影像;在城市飞速发展的今天,这对保证获取数据的现势性具有重大意义。随着卫星影像价格的不断下降和分辨率的进一步提高,航天遥感影像将会是未来城市三维信息获取的主要源泉之一。

**3. 激光雷达系统**

当将一束特定的光线投射到物体表面时,在与投射方向不同的方向观察,这一束投射到物体表面的特定光线就会受物体表面形状的调制产生形变,通过一定的算法分析这种形变,就可以得到物体的调制信息,即三维形貌,激光扫描仪应用该原理获取扫描对象的三维信息,其工作流程如图 1.1 所示。

激光雷达系统简称为 LIDAR,该技术可以实现空间三维坐标的同步、快速、精确的获取,并根据实时摄影的数码像片,通过计算机重构来实现大型实体或场景目标的 3D 数据模型,再现客观事物的真实形态。根据载体的不同,LIDAR 主要分地面三维激光扫描技术和机载激光雷达扫描技术两大类。地面三维激光扫描系统的空间载体是地面,类似于传统的地面近景摄影测量,它将激光扫描仪直接与数码

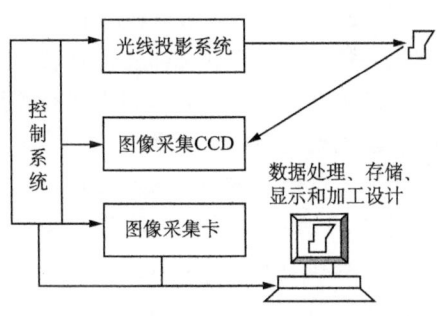

图 1.1 激光扫描仪的工作原理

相机、GPS 相结合,对目标物进行扫描成像,获取激光反射回波数据和目标表面影像,并在软件支持下构建三维数字模型和纹理的精确贴加,从而达到目标物快速、有效、精确的三维立体建模。地面三维激光扫描系统不但可以安置在固定设备上,也可以装载在运动的汽车上,进行连续的三维场景和目标形态的空间数据采集。机载激光雷达系统是一款高速度、高性能、长距离的航空测量设备,该系统由激光测高仪、GPS 定位装置、IMU(惯性制导仪)以及高分辨率数码照相机组成,实现对目标物的同步测量。测量数据通过特定方程解算处理,生成高密度的三维激光点云数值,为地形信息的提取提供精确的数据源。利用机载 LIDAR 系统进行测高作业,根据不同的航高,其平面精度可以达到 0.15~1m,高程精度可达到 10~30cm。

与普通光波相比,激光具有方向性好、单色性好、相干性好等特点,不易受大气环境和太阳光线的影响。使用激光进行距离量测可大大提高数据采集的可靠性和抗干扰能力。当来自激光器的激光射到一个物体的表面时,只要不存在方向反射(包括镜面反

射),总有一部分光会反射回去,成为回波信号,被系统接收器所接收,当仪器计算出光由激光器射出到返回到接收器的时间为 $2t$ 后,那么激光器到反射物体的距离 $(d) =$ 光速 $(c) \times$ 时间 $(t)/2$。在 LIDAR 系统中,结合 GPS 得到的激光器位置坐标信息,INS 得到的激光方向信息,就可以准确地计算出每一个激光点的大地坐标 $(X, Y, Z)$,大量的激光点聚集成激光点云,组成点云图像。

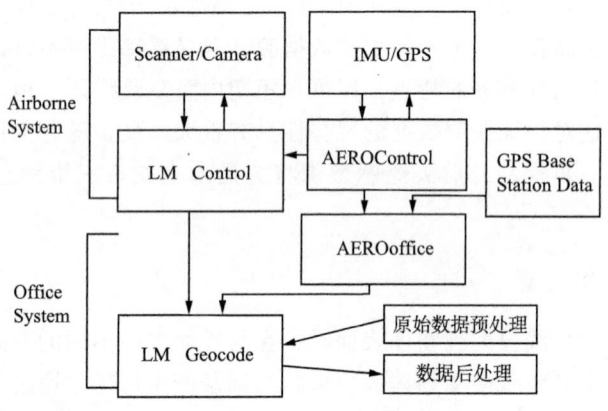

图 1.2 LIDAR 信息获取系统

用 LIDAR 系统来精确确定地面上目标点的高度,始于 20 世纪 70 年代后期。当时的系统一般称为 APR(Airborne Profile Recorder),主要用于辅助空中三角测量。最初的系统是仿型设备,仅能获得在飞行器路径正下方的地面目标数据。这些最初的激光地形测量系统很复杂,并且不适合于获取大范围地面目标的三维数据。到 20 世纪 90 年代,经过大量研究试验,激光扫描技术开始得到普及和大规模使用。至 2004 年全球已经有超过 30 类不同型号的激光扫描系统投放市场。随着 DGPS 技术、数据传输技术、计算机技术和图形图像处理技术的发展,现代激光扫描系统已经在许多领域得到了普遍使用。

利用 LIDAR 技术可实现 DEM 和 DOM 的快速生成,LIDAR 最主要的数据产品是高密度、高精度的激光点云数据,该数据直接反映点位的三维坐标。通过自动或人工交互处理,把入射到植被、房屋、建筑物等非地形目标上的点云进行分类、滤波或去除,然后构建不规则三角网 TIN,就可以快速提取 DEM。由于激光点密度大、数目多,使得生产高精度、高分辨率的 DEM 也成为可能,它是解决快速进行 DEM 数据采集的最有效方法。另外,LIDAR 数据也可以辅助进行 DOM、DLG 数字产品的生产。

LIDAR 应用的另一重要领域是精密工程测量。很多精密工程测量都需要采集测量目标的高精度三维坐标信息,甚至需要建立精确的三维物体模型,如电力选线、矿山和隧道测量、水文测量、沉降测量、建筑测量、变形测量、文物考古等行业。地面和机载 LIDAR 就是解决这种实际问题的有效手段。通过数码像片获取的纹理信息与构筑物模型进行叠加构建三维模型,是进行景观分析、规划决策、形变量测、物体保护的重要依据。如 LIDAR 技术为公路、铁路设计提供高精度的地面高程模型 DEM,以方便线路设计和施工土方量的精确计算。在进行电力线路设计时,通过 LIDAR 的成果数据可以了解整个线路设计区域内的地形和地物要素情况。在树木密集处，可以估算出需要砍伐树木的面积和木材量。在进行电力线抢修和维护时，根据电力线路上的 LIDAR 数据点和相应的地面裸露点的高程可以测算出任意一处线路距离地面的高度，从而便于抢修和维护。

虽然利用激光雷达系统可以获取高精度的三维数据，但由于其价格昂贵，在短期内尚难以实现大范围普及使用。同时激光扫描获取的一般为密集的点状数据，后处理工作非常复杂。另外在数字城市应用中，由于某些物体表面没有漫反射（如窗户和金属结构部分），会在扫描时被漏掉，须同时配备近景摄影协同进行。

**4. 机载三维成像仪**

机载三维成像仪从空中同步获取地面目标的三维位置和遥感光谱信息，实现定位、定性数据的一体化获取。它与机载激光扫描系统具有明显的区别，它在硬件上共用一套主光学系统来实现图像数据和激光测距数据的同步采集，信息获取效率要高于激光扫描系统。中国科学院遥感应用研究所对机载三维成像仪进行了深入研究，进行了飞行试验。

机载三维成像仪由 GPS 接收机、姿态测量装置、扫描激光测距仪、扫描成像仪四个主要部分构成。GPS 能得到三维成像仪在空中的精确三维位置；姿态测量装置能测出三维成像仪在空中的姿态参数；扫描激光测距仪可以精确测定三维成像仪到地面点的距离，根据几何原理就可以计算激光点的三维位置。同时扫描成像仪同步获取地面的遥感图像，扫描成像仪和扫描激光测距仪在硬件上共用一套扫描光学系统而组成扫描激光测距-成像组合传感器（AL-Hi），从而保证地面的激光测距点和图像上的像元点严格匹配。

系统的原理如图 1.3 所示。在事后处理中，这些具有三维位置的激光像元点作为"控制点"来精确纠正所获得的遥感图像，从而快速获取正射影像。此外这些激光测距点也可以作为"种子点"来求出 DTM。和常规的遥感器以及国外的机载激光系统相

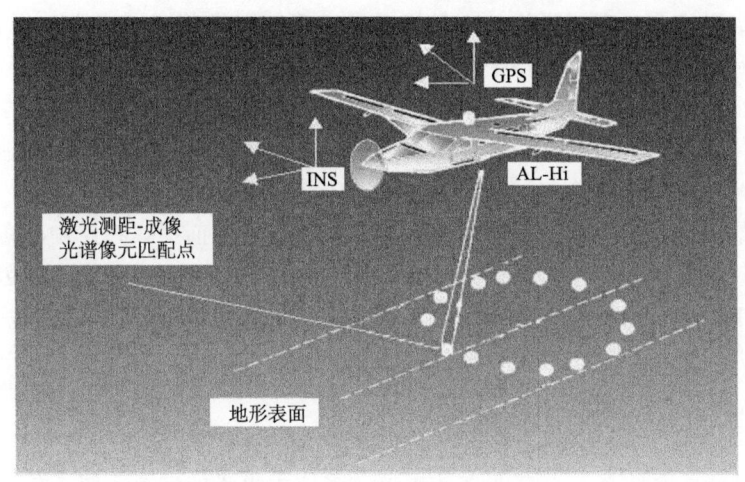

图 1.3 机载三维成像仪的原理

比，机载三维成像仪具有如下特点：DEM 和遥感图像的准确匹配并同步获取，通过在硬件上共用一套主光学系统，实现图像数据和激光测距数据的同步采集；获取的原始数据只要软件处理就可以生成 DEM 和地学编码图像等三维数据产品，无须地面控制，效率较高；视距测量原理的实现，应用 GPS、INS、SLR 直接按几何原理测得地面的三维位置；既是位置测量系统，又是遥感系统，利用它可以得到地面的三维位置，又得到图像，可以生成 DEM 和地学编码图像。

在机载三维成像仪获取的数据中，激光测距数据和图像数据是在空间位置上严格同步获取的，但由于激光器的能量和重复频率有限，因此不能在获取每个像元图像时都进行激光测距，而是每隔固定数量的像元来获取一个激光测距值。根据飞行速度的不同，扫描的速率一般为每秒扫描 20～40 行。由于姿态测量装置采集姿态数据的反应速率等原因，一般也只是在每个扫描行图像的中间像元(称机下点)时才发送信号给姿态测量装置来采集当时的姿态参数。GPS 数据和姿态、激光测距数据的同步是通过时间进行的，即控制单元向 GPS 发送一个同步信号，并在原始数据中存储该同步信号的序列号，GPS 接收到该同步信号后，存储该同步信号的精确时间(精确到 100ns)和序列号。

**5. 近景摄影测量**

在摄影测量中"近景"一般指在 100m 以内的摄影距离。其方法是通过从不同方向拍摄的、具有一定重叠度的、同一地物的多幅影像，恢复摄影物体的三维模型。在近景摄影测量中相对于控制点的绝对定向并不起主要的作用，最重要的是测求物体表面上点间的相对位置，以所需要的精度确定其大小、形状和体积。近景摄影测量具有较高的精度，一般采用交向摄影，由不同的角度和方向摄取地物的多幅影像实现整个物体表面的立体覆盖。

近景摄影测量包括近景摄影和图像处理两个过程。近景摄影一般使用量测摄影机，它是框标、内方位元素已知并且物镜畸变小的专用仪器，有的还备有外部定向、同步摄影、连续摄影等设备。也可以使用非量测摄影机，如电影摄影机、高速摄影机、全息摄影机、显微摄影机、数字摄影机、X 射线摄影机等。图像处理同通常的摄影测量类似，分为模拟法和解析法，可以获得平面图、立体图、断面图、透视图、等值线图以及包括物点坐标在内的多种物理参数。近景摄影测量在经济建设、国防建设和科学研究中有广泛的用途，特别适用于重要工程的变形和自动生产线的监测，弹体运动轨迹、炮口冲击波等不可接触物体的量测等。

由于近景摄影测量的高精度需要以大量物点的观测为前提，在空中三角测量时，一般每个模型只观测 6 个点；而在近景摄影测量中常常需要观测几百个点。因此近景摄影测量一般应用于单个地物的三维数据获取，尤其是复杂地物特征。古迹维护、数字遗产构建是目前近景摄影测量在三维建模领域应用的重要方向。

**6. 车载移动测绘系统**

车载移动测绘系统是一个基于多传感器与多技术集成的综合系统。传感器按作用可分为绝对定位传感器、相对定位传感器和属性采集传感器，其中绝对定位传感器包括依赖于外部环境的外部定位传感器(GPS、无线电导航、罗兰-C等)和自包含内部定位传感器(INS、DR、陀螺仪、加速计、罗盘等);相对定位传感器包括被动成像传感器(视频摄像机、数字摄像机等)和主动成像传感器(激光测距仪、雷达等);属性采集传感器包括被动成像传感器(视频/数字摄像机、多光谱扫描仪等)和主动成像传感器(激光测距仪、激光扫描仪等)。目前已有学者研究出实验系统。武汉大学的李德仁院士建立了一套以GPS、电子罗盘和车轮计数进行定位,以双CCD摄像机和激光测距仪实现地物测绘,以视频录像和数字录音完成属性采集的车载测绘系统,可用于车辆导航、公路及铁路等道路网测绘、建筑物测绘、机动交通监测等多种领域,其量测流程如图1.4所示(李德仁,2001)。

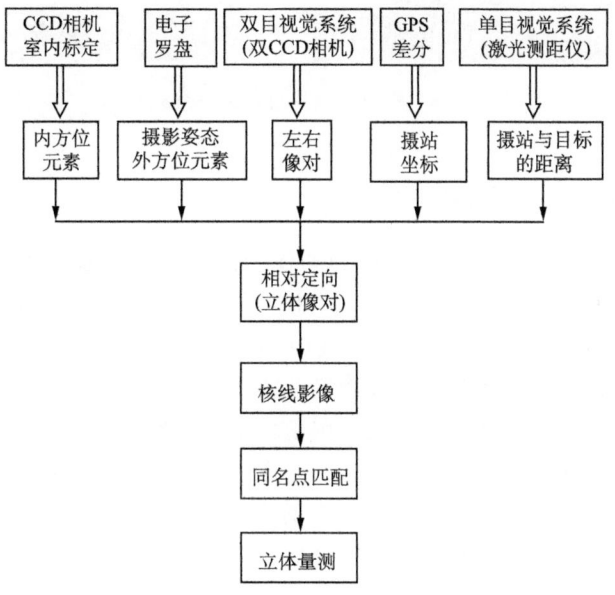

图1.4 移动测绘系统量测流程(李德仁,2001)

### 1.2.2 城市景观三维建模技术

随着计算机硬件性能的提高、图像压缩处理技术和三维图形渲染技术的进步,国内外出现了越来越多的三维可视化和应用环境。综合分析它们所采用的景观建模方式,主要有以下几种。

**1. 三维建模工具**

即应用某种商用三维建模软件,依据所采集或设计的地物的三维信息,逐个制作完成后再组合起来形成整体景观。此类软件如3DMAX,该软件功能强大,操作简单,支持多种模型的转入转出,应用十分普遍。使用建模工具生成的三维地物模型外观精细,造型细腻,就美观程度而言远高于其他方式,非常适合于单栋或少数建筑物的三维重建。但是在区域范围扩大时,建筑物数量急剧增多,逐栋建模的工作量将会很大,同时将其定位到地表的难度也会增加。因此,此方式只适用于小范围区域,尤其多应用在建筑设计中查看效果图。图 1.5 为根据照片精细建模的三维建筑物模型。

 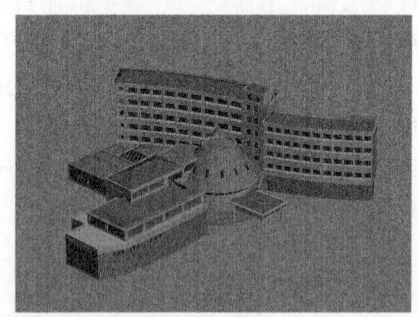

图 1.5  建筑物照片与精细三维模型

**2. 数字地形叠加航空航天遥感影像**

这种方法通过将数字高程模型(DEM)和作为纹理的航空航天影像叠加来生成三维景观。如 Lothar Koppers 使用 VRML 语言将空中影像叠加到高程格网上,实现了可以随意漫游的三维景观;Tsuyshi Honjio 借助 CAD 系统,不仅将影像纹理叠加到 DEM 上,而且还添加了植被模型和建筑物模型以及雾化效果,生成了十分逼真的地形景观模型。这种方式目前多用于地形显示领域,用于城市三维地理信息系统构建时由于纹理分辨率较低和不够精细而显得缺乏真实感;所生成的景观模型只是具有浏览的功能,在模型上不能进行 GIS 分析;而且也不能对单个的空间对象进行编辑、查询等操作。图 1.6 中(a)和(b)分别表示了在数字高程模型上叠加遥感影像前后的示例。

(a) DEM的三维表达 　　　　　　　　　　(b) DEM叠加DOM的三维表达

图 1.6  数字地形叠加航空航天遥感影像的三维建模

**3. 基于二维 GIS 数据库的三维扩展**

经过多年的积累，目前各城市二维 GIS 的数据相对充分，在这些数据的基础上进行必要的三维扩展是建立三维城市景观的一种重要途径。虽然二维 GIS 数据库中没有存储建筑物的高程信息，但在其属性中保存了层数信息，因此可以通过使用假定的层高（例如住宅楼每层 3m、商业楼每层 3.5m 等）和模拟的纹理来构建三维建筑物对象，即在二维 GIS 基础上另外添加一些信息（如房屋高度、墙面纹理、规则屋顶等）来构建三维城市景观。这种方法在利用二维 GIS 现有数据的同时，也利用了二维 GIS 的部分功能（数据管理、查询检索等），而且还减少了数据采集的工作量，所建立的模型信息量少，操作速度快。但是这种方法仅适于表达相对规则的建筑物，难以重现复杂地物实体，例如底部与顶部形状不同的房屋、具有特殊形状特征的高楼等；而且由于均为按照统一的层高设置，精度较低；同时由于缺乏真实纹理和高程数据，景观的真实感不强。

**4. 真三维空间数据模型**

随着三维数据获取技术的发展，人们能够较容易地实现大面积的精细城市三维信息的获取，这些信息包括形状、高度、纹理、模型等，从而也迫切需要一个真三维的空间数据模型来高效的组织管理这些信息。针对三维空间数据模型，国内外都有专家、学者进行了大量的研究与探索，取得了一定成果，从不同的应用和描述角度建立了多种三维空间数据模型。它们基本可分为三类：基于矢量结构的、基于栅格结构的和混合结构的，但是由于现实世界的复杂性决定了用以描述现实世界的三维空间数据的庞大和复杂，目前仍没有建立一种可以适用于大多数领域的、并且易于计算机实现的三维空间数据模型。

上述几种方法侧重点各有不同，在数据采集、精细程度、空间分析等方面也存在差异，可适用于不同应用需求的系统建设。但从三维 GIS 发展的角度看，真三维空间数据模型既能满足高精度、高仿真性的要求，又便于各类专题属性信息的加载，同时有利于实现多种复杂的查询与分析操作，将成为今后三维城市景观构建的主要方式。

### 1.2.3 三维可视化技术

可视化是将不可见的事物转化为可见图像的过程。三维可视化就是将最终的图像以三维的方式显示出来。"三维"是一个数学概念，它表示我们生活的空间可以用三个数来描述，假设存在一个直角坐标系的话，那么用 $X,Y,Z$ 坐标就能确定任意点的位置。

三维可视化是三维地理信息系统的一项基本功能。在建立、维护和使用三维 GIS 系统的各个阶段，不论三维对象的输入、编辑、存储、管理，还是对它们进行操作分析或是输出结果，都存在三维对象的可视表达问题。为了将客观世界尽量真实地再现，三维可视化需遵守五条基本原则，即代表性（representative）、精确性（accurate）、可信度（belief）、清晰度（clear）和无偏见性（broad-gauge）（Sheppard，1989）；在此基础上，邱茂林提出了抽象性、代表性、真实性、正确性、时间性的原则（邱茂林，2001）。

目前三维可视化技术主要包括计算机透视图法、计算机影像编修法、计算机绘图及3D模型、计算机模型及影像合成、录像仿真法与虚拟现实等,这几种可视化方法的优缺点总结比较如表1.1。

表1.1 可视化方法比较(邱茂林,2001)

| 可视化方法 | 拟真性 | 操作性 | 时效性 | 适用性 | 工具设备 |
| --- | --- | --- | --- | --- | --- |
| 计算机透视图法 | 差 | 尚可 | 好 | 尚可 | 差 |
| 计算机影像编修法 | 尚可 | 好 | 尚可 | 好 | 尚可 |
| 计算机绘图及3D模型 | 尚可 | 尚可 | 尚可 | 差 | 尚可 |
| 计算机模型及影像合成 | 好 | 尚可 | 尚可 | 好 | 好 |
| 录像仿真法 | 好 | 差 | 尚可 | 差 | 好 |
| 虚拟现实 | 尚可 | 差 | 尚可 | 差 | 差 |

三维数据采集技术的飞速发展为精确描述几何对象提供了海量数据,如何实现这些海量数据的裁剪截取、快速显示、实时漫游等仍有待解决。人们往往认为,可以利用高档计算机来处理、存储复杂的模型,如使用计算速度快、存储容量大、图形功能强的图形工作站等。虽然这是有效的方法,但不能完全解决问题。首先,随着应用需求的发展,模型复杂程度的增长几乎是无限的。机器的性能提高了,模型的复杂程度也在增加。其次,高档计算机需要大量的投资,非一般用户所能承受。特别是虚拟现实技术及交互式可视化的出现,对复杂模型的实时动态显示提出了更为迫切的要求。因此,在利用性能比较高的计算机的同时,人们提出了多种技术和算法,力求更有效率地解决复杂模型的处理、存储、传输和绘制问题。其中,复杂模型的简化和多分辨率表示是最有效的方法之一。

计算机图形学中的模型一般是由多面体表示的。模型简化指的是采用适当的算法减少该模型的面片数、边数和顶点数。模型的多分辨率表示则是指对于同一模型,存在着由简到繁、由粗到精的几种表示。模型的面片数减少以后,其表示精度必然下降。但是,在多种情况下,对应用并无影响。例如,当模型距图像平面很远时,其在图像平面上的投影必然很小,只有几个像素。那么,无论模型精确到何种程度,其细节都不可能在屏幕上显示出来。因此,用简化的、比较粗糙的模型表示就可以了,这样大大减少了存储容量、提高计算速度。当一个模型存在着多种分辨率表示时,可以根据不同要求选用不同分辨率的模型。具体地说,应根据模型在屏幕上覆盖像素的多少选择相应的层次。对近物体作绘制时,使用较精细的模型,对远物体则使用较粗糙的模型。其目的就是在保证对原模型的图像有良好的形状逼近的前提下,尽量减少用于表示该模型的多边形数目。

现有的模型简化方法可以按不同方式分为多种类型:

**1. 保持拓扑结构和不保持拓扑结构**

现有的大多数模型简化方法具有保持拓扑结构不变的性质,如 H. Hoppe 提出的渐近网格(PM)法，A. D. Kalvin 等人提出的超面方法等。J. Rossignac 等人提出的不保持拓扑结构的模型简化方法也具有较强的实用价值。

**2. 逐步求精和几何简化**

逐步求精方法从对原模型的最粗略的近似开始，不断地加入一些原模型上被认为是重要特征的顶点，并重新进行局部三角化，直到近似模型达到用户满意的精度为止。

几何简化方法则与之相反。其基本过程是：从原始的复杂模型开始，利用几何方法将可以被认为是共面的三角形面片合并形成一个更大的面，删去内部点，使得模型的顶点数减少。同时，将被合并的面的边界上被认为共线的点删去，从而进一步减少点数。几何简化法可以根据被删除的基本单元不同，分为点删除、边删除和三角形删除等方法。

**3. 误差受限和不受限**

构成模型的多边形或三角形面片数减少以后，简化模型的精度必然降低。如果对模型简化后相对于原始模型的误差给以限制，则称为误差受限的模型简化方法，如超面方法等。否则，称为误差不受限的模型简化方法。在误差不受限的模型简化方法中，按照一定的准则，优先删除对模型的图像影响最小的点、边或三角形，并可重复进行，直到简化到用户所规定的三角面片数或一定的百分比为止。

**4. 静态和动态**

模型简化的静态方法是指在复杂模型的绘制前，将其简化为几种不同分辨率的近似模型，而在实时绘制时，根据视点参数选择合适的分辨率的模型进行绘制。早期提出的模型简化方法大多属于这类。这种方法主要有两个缺点：一是占用较多的内存资源。当模型的复杂程度很高时，所需的内存本已较大，多个不同分辨率的模型的存在更加重了内存的负担；二是在绘制过程中，当不同分辨率的模型之间进行切换时，由于相邻两层模型之间的面片数差别较大，因而会引起视觉上的跳跃感。

为了克服上述缺点，动态方法越来越受到关注。其基本思想是在模型的绘制过程中，实时地得到具有所需要的分辨率的近似模型。一般是通过简单的局部几何变换来实现边删除或边恢复操作，从而生成具有连续的不同分辨率的近似模型。

**5. 与观察方向无关和与观察方向有关**

大多数的模型简化方法都侧重于根据模型的结构在物体空间进行模型简化，所用到的来自图像空间的反馈信息很少，只有模型与图像平面的距离大小以及图像在屏幕上的面积等，模型的简化和使用是与观察方向无关的。与观察方向有关的简化方法可以满足观察者对感兴趣的部分进行细微观察，允许实时地在同一模型的不同区域选择不同的精度层次，而且使得不同区域的不同精度层次之间无缝连接。

作为模型简化的一种重要方法，LOD 技术(Level of Detail)在提高场景显示速度、实现实时交互方面应用广泛，其原理就是对相同的景物制作出不同精细程度的版本，当用户离景物近时，显示精细版本；离远时，显示粗糙版本。LOD 模型改变了传统的

"图像质量越精细越好"的片面观点,依据视线的主方向、视线在景物表面的停留时间、景物离视点的远近以及景物在画面上投影区域的大小等因素来决定景物应选择的细节层次,已达到实时显示图形的目的。LOD 模型可分为三类:不连续的 LOD 模型、连续的 LOD 模型和几何结构自身的 LOD 模型。第一类存储原始模型的多个副本,分别对应特定的分辨率。此类模型的优点是运行速度快,但由于存储多个副本,须占用较多的存储空间,同时由于模型的不连续性,显示时会产生视觉上的跳动。第二类是在运行时根据需要采用特定算法实时生成对应某一分辨率的模型。此类模型可以保证视觉上的连续性,但在算法设计上通常比较复杂。第三类模型本身是多分辨率的结构,模型的不同部件之间通过结点相连,在实际操作过程中根据不同部件间结点判断该部件是否需要被操作。此类模型结构简单,操作方便,适于表达复杂的不连续对象。

LOD 模型的构造算法是目前人们研究的主要焦点,众多学者开展了广泛的研究工作。Schroeder 提出了基于顶点杀死的模型简化方法,该方法首先利用各顶点的局部几何和拓扑信息将其分类,然后根据不同顶点的评判标准决定该顶点是否可以删除;如果可以删除,则采用递归环分割法对删除顶点后留下的空洞进行三角剖分。J. Rossignac 提出一种多分辨率近似法自动生成物体的简化模型,首先分别给各顶点赋给一个权值,以物体特征变化大的点权值大为原则;再根据模型的复杂程度将物体所占空间划分为立方体单元,对同一单元中的顶点以各顶点的权值计算该单元的代表点;然后依据原模型中各多边形顶点的代表点是否为同一代表点合并多边形。A. D. Kalvin 提出了利用面片合并方法自动生成物体的简化模型,首先以原模型中的任一多边形作为种子面片;然后按一组合条件不断合并种子面片周围的面片,直到周围面片不再满足合并条件。H. Hoppe 提出采用能量函数最优化的网格简化方法,并提出了渐进网格的生成方法(Hoppe,1993,1996)。

### 1.2.4 虚拟现实技术

虚拟现实(Virtual Reality,简称 VR)是指计算机中构造出一个形象逼真的模型,人与该模型可以进行交互操作,并产生与现实世界中相同的反馈信息,使人们得到与现实世界中同样的感受。当人们需要构造当前不存在的环境、人类不可能到达或为省时省力而不去到达的环境或构造虚拟现实以代替耗资巨大的身临实际环境时,虚拟现实技术是必不可少的。

VR 思想的起源可追溯到 1965 年 Ivan Sutherland 在 IFIP 会议上的《终极的显示》报告,而 Virtual Reality 一词是美国 VRL 公司的创建人之一 Jaron Lanier 提出的。20 世纪 80 年代,美国国家航空航天局(NASA)及美国国防部组织了一系列有关虚拟现实的研究,并取得了令人瞩目的研究成果,从而引起了人们对 VR 技术的广泛关注。1984 年,NASA Ames 研究中心虚拟行星探测实验室开发了用于火星探测的虚拟环境视觉显示器,将火星发回的数据输入计算机,构造了火星表面的三维虚拟环境。

自 20 世纪 90 年代以来,国际上 VR 技术的研究得到了很大的发展,主要表现在:
(1) 使用基于图像的绘制技术(或与图形绘制技术相结合),以提高图形的生成速度。典型的有美国三菱电信技术中心在 1998 年上半年推出的具有实时体绘制功能的微机及工作站系统等。

(2) 各种新的交互设备，譬如双手输入技术、三维力反馈设备(图 1.7)。如美国麻萨诸塞州 SensAble Technologies 公司研制开发的具有力反馈的三维交互设备 PHANTOM 及其配套的软件开发工具 GHOST，其性能良好，获得了用户好评。GHOST 是一个面向对象的由 C++编写的软件开发工具包，用户使用它将力反馈交互设备集成到三维图形应用软件中，它还提供了与 WindowsNT 和 SGIIRIX 的接口；PHANTOM 系统是一个类似于小型机械手的装置，对于三维虚拟模型或数据具有定位功能，就如同二维鼠标对二维图像具有指示和定位功能一样。目前，该系统的用户有美国的通用电器、迪斯尼、日本的丰田等公司以及美国、欧洲、亚洲的大学和研究所等。

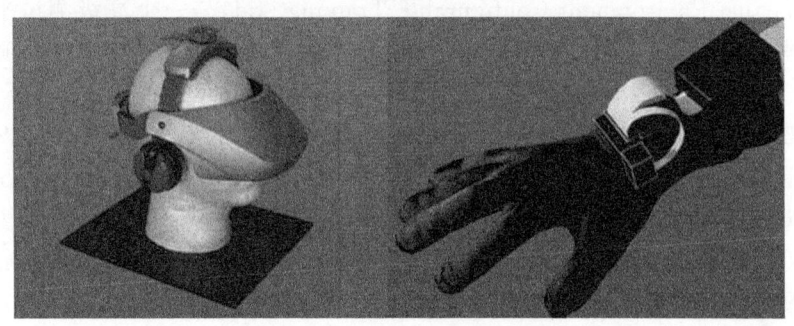

图 1.7　头盔屏幕和数据手套

(3) 增强现实(Augmented Reality)，也称混合现实。它是通过计算机图形、图像处理技术实现实景(现实环境或用户影像)与虚景(计算机生成的虚拟环境或虚拟物体)的合成，并使生成的虚拟环境与实际环境融为一体，以构造具有真实感和沉浸感的虚拟环境。如美国哥伦比亚大学研制的增强现实系统——移动式旅游计算机，当旅游者背着这种小型计算机在校园内漫游时，走到一个地方，面向某一方向的一个不知名的大楼时，计算机就可以在头盔的显示镜上显示出楼名。此外，还有中国国防科技大学开发的虚拟空间会议原型系统 VST-1(1999)、以色列 ORAD 公司研制的可以把相隔数公里的主持人合成在同一个虚拟环境的虚拟演播室系统等。

(4) 大范围(分布式)虚拟现实环境。在因特网或专用网环境下，充分利用各地资源的优势，协同开发虚拟现实的应用，支持具有重大空间范围、更多用户和虚拟对象的协作环境。如美国军方为了降低训练坦克部队费用而建立的 SIMNET，它是第一个大规模网络 VR 的实例，可以调整近 1000 个全动态图像的模型器；还有 MIT 电子研究实验室(MERL)研究的支持协作虚拟环境的 Spline 系统、瑞典计算机科学研究院的 DIVE(1993)、新加坡国立大学的 Bricknet(1994)、英国 Nottingham 大学的 AVIARY(1994)、中国北京航空航天大学集成的分布式虚拟环境 DVENET 等。

(5) 自然式(多通道)人机交互式技术。通过计算机视觉技术、图像处理技术以及计算机图形技术，研究实现智能化的人机交互环境，使用户能够不借助传感器等外设与虚拟环境以及其中的虚拟对象进行交互。自然方式的人机交互技术是构造和谐的多维虚信息空间的基础。典型的系统有麻省理工学院媒体实验室（MIT Media Lab）开发的人体运动跟踪系统 Pfinder、日本 AIRMIC 实验室研究的视频对象运动跟踪系统 Virtual KABUKI Syetem、微软研究院开发的、具有行为识别功能的原型系统 Stare Master 等。

（6）美国 Apple 公司的 QuickTime VR（QTVR）是一种基于静态图像的、在微机平台上能够实现的初级虚拟现实技术。它的基本特点是能够实现对一个物体或空间进行360°全景观察，比如利用它来创建虚拟场景，我们可以在一个大厅里环绕四周，以任意一个角度观察这个空间，也可以围绕某一个物体，在 360°的范围观察它；还有如 IBM 公司 PanoramIX、Infinite Pictures 公司的 Smooth Move、Real Space 公司的 RealVR™ 等，这些产品都是采用图像镶嵌技术实现的网络虚拟现实系统。

（7）英国航空公司正在利用 VR 技术设计高级战斗机座舱，他们开发的大项目 VECTA(Virtual Environment Configurable Training Aid)是一个高级测试平台，用于研究 VR 技术以及考察用 VR 替代传统模拟器方法的潜力。VECTA 的子项目 RAVE（Real and Virtual Environment）就是专门为在座舱内训练飞行员而研制的，已在 1992 年的 Farnborough 航空展示会上进行了首次演示。美国国家航空航天局（NASA）建立了航空、卫星维护 VR 训练系统、空间站 VR 训练系统，旨在对工作人员进行培训。NASA 还对仿真技术进行了研究，包括空间站操纵的仿真，以及哈勃太空望远镜的仿真。另外，NASA 的"虚拟行星探索"试验能使"虚拟探索者"利用虚拟环境来考察遥远的行星，第一个目标将是火星。图 1.8 是 NASA 的虚拟飞机发射场。美国奋进号航天飞机将对地球表面进行一次三维测绘，任务是建立地球表面的三维空间模型，其测绘面积覆盖包括地球表面大约 70% 以上区域，这是构建全球宏观虚拟现实的一项大规模行动。

图 1.8　虚拟航天飞机发射场

（8）虚拟现实与医疗技术的结合产生了许多引人注目的成果。虚拟手术是最典型的例子，医生在远程通过虚拟现实技术观察病人的身体，医生进行手术的动作通过通信技术传输到病人的位置,由一个机械手真正实施手术。Loma Linda 大学医学中心是一所经常从事高难度或有争议课题的医学研究单位。David Warner 博士和他的研究小组成功地将计算机图形及 VR 设备用于探讨与神经疾病相关的课题。他们以数据手套为工具,将手的运动实时地在计算机上用图形表示出来;他们还成功地将 VR 技术应用于受虐待儿童的心理康复,并首创了 VR 儿科治疗法。图 1.9 是利用虚拟现实技术进行远程手术。

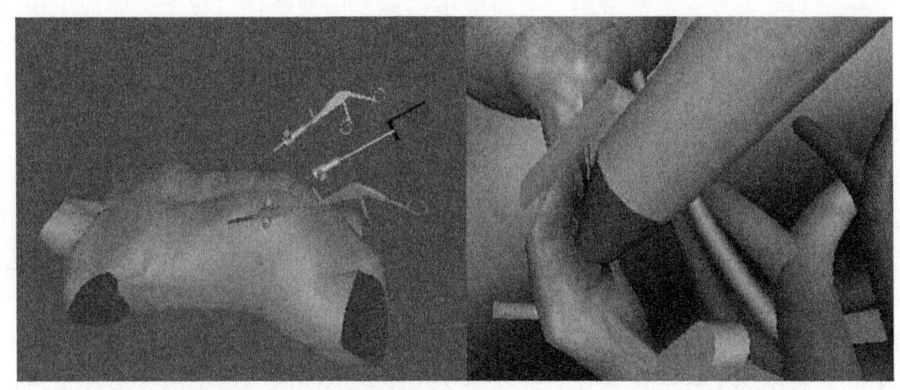

图 1.9 虚拟手术

VR 技术是一项投资大、难度高的科技领域,和一些发达国家相比,我国还有一定的差距,但已引起政府有关部门和科学家们的高度重视。根据我国的国情,制定了开展 VR 技术的研究计划,例如国家自然科学基金会、863 国家高技术研究发展计划等都把虚拟现实技术列入了研究项目。在紧跟国际新技术的同时,国内一些重点院校已经积极投入到了这一领域的研究工作中。

(1) 北京航空航天大学计算机系是国内最早进行 VR 研究、最有权威的单位之一,它们首先进行了一些基础知识方面的研究,并着重研究了虚拟环境中物体物理特性的表示与处理;在虚拟现实中的视觉接口方面开发出了部分硬件,并提出了有关算法及实现方法;实现了分布式虚拟环境网络设计,建立了网上虚拟现实研究论坛,可以提供实时三维动态数据库,提供虚拟现实演示环境,提供用于飞行员训练的虚拟现实系统,提供开发虚拟现实应用系统的开发平台,并实现与有关单位的远程连接。

(2) 浙江大学 CAD&CG 国家重点实验室开发出了一套桌面虚拟建筑环境实时漫游系统,该系统采用了层面叠加的绘制技术和预消隐技术,实现了立体视觉,同时还提供了方便的交互工具,使整个系统的实时性和画面的真实感都达到了较高水平。另外还研制了在虚拟环境中一种新的快速漫游算法和一种递进网格的快速生成算法。

(3) 哈尔滨工业大学计算机系已经成功地虚拟出了人的高级行为中特定人脸图像的合成、表情的合成、唇动的合成,人说话时的头势和手势动作以及语音和语调的同步等技术问题。

(4) 清华大学计算机科学和技术系对虚拟现实和临场感的方面进行了研究,例如球面屏幕显示和图像随动、克服立体图闪烁的措施和深度感实验等方面都具有不少独特的方法。他们还针对室内环境水平特征丰富的特点，提出借助图像变换，使立体视觉图像中对应水平特征呈现形状一致性，以利于实现特征匹配，并获取物体三维结构的新颖算法。

（5）西安交通大学信息工程研究所对虚拟现实中的关键技术——立体显示技术进行了研究。他们在借鉴人类视觉特征的基础上提出了一种基于 JPEG 标准压缩编码新方案，并获得了较高的压缩比、信噪比以及解压速度。

（6）中国科技开发院威海分院主要研究虚拟现实中视觉接口技术，完成了虚拟现实中的体视图像算法及软件接口。在硬件开发上已经完成了 LCD 红外立体眼镜，并实现了商品化。

（7）北方工业大学 CAD 研究中心是我国最早开展计算机动画研究的单位之一，中国第一部完全由动画技术制作的科教片《相似》就出自该中心。关于虚拟现实的研究已经完成了几个 863 项目，完成了体视动画的自动生成算法与合成软件处理，完成了 VR 图形处理与演示系统的多媒体平台及相关的音频资料库，制作了一些相关的体视动画光盘。

（8）2001 年 11 月 11 日～13 日，由中国计算机学会、虚拟现实与可视化技术专业委员会主办，装甲兵工程学院和北京航空航天大学承办的第一届全国虚拟现实与可视化技术学术会议在北京举行，来自全国各地的 200 多名代表参加了本次会议。浙江大学校长潘云鹤院士向来宾演示了敦煌石窟虚拟漫游、西湖风景虚拟漫游、书法推理创作等实例；微软亚洲研究院院长张亚勤博士介绍了微软中国研究院过去两年来所做的研究，并做了语音合成童话配音、无线网络传输高质量音频、同心拼图兵马俑虚拟漫游、基于 Web 的 XBOX 等精彩演示。教育部副部长、北京航空航天大学赵沁平教授以"我们应该怎么做"为题，就虚拟现实构造、建模、聚合类实体、多通道感知信息的接合、虚拟现实与真实景物的融合、分布式虚拟现实、人机交互、虚拟现实系统性能和应用结果的评价等 8 个方面所需要进行的研究做了精辟阐述。国防科技大学李思昆教授介绍了国家 863 项目"分布式虚拟海战环境"的情况。第一届全国虚拟现实与可视化技术学术会议的召开，预示着我国虚拟现实技术研究已经进入稳步发展的阶段，具有里程碑意义。

当前的虚拟现实系统，基本都是计算机领域专家早期提出的虚拟现实基本思想的具体实现，如具有交互图形显示、力反馈设备以及声音提示等，这些研究成果已经在游戏机、影视创作和电话教学等领域获得大量应用。然而，向着广阔的工程应用领域的航向，则坚冰尚未突破，因此，尚不能在国民经济和国防安全中发挥重要作用。具体表现在：

（1）没有立体视觉。目前在游戏机和影视中大量使用的所谓三维显示，从理论上讲它是三维景物经透视投影变换的二维图形，并非是人类需要双眼才能看清的立体视觉。以二维替代三维，在许多情况可获得简化而实用的效果。但它所存在的不确定性，有如"怪坡"的假象，在工程实用中有时是不可容忍的。

（2）没有时空精度保障。目前为止的虚拟现实理论描述中还缺少精确时空的内容，即缺少时空精度和景观不确定度的理论。由此指导的实践应用也都在无时空精度要求的领域。如果按现有的技术，在虚拟环境中设计一项工程，放样到实地（或策划一次军事行动到实地执行），将会有很大的误差，甚至失误。因此现有虚拟现实理论必须进行完善，以求达到能支持工程技术的科学水平。

### 1.2.5 三维 GIS 软件系统

为三维 GIS 巨大的应用潜力所牵引，众多科研机构、高等院校、商业公司积极投身于三维 GIS 的研究开发之中，目前已开发出了多种三维 GIS 软件，下文介绍一些具有代表性的软件系统。

**1. NewMap 3DV**

NewMap 3DV 是中国测绘科学研究院地理信息系统研究所自主开发的三维地理信息系统。该系统采用国际流行的全组件开发模式，基于 OpenGL 和 VC 环境研制而成。除具有支持多种三维数据格式、放大、缩小、漫游、旋转、模型增删、场景管理、三维量测、通视分析、日照阴影分析、淹没分析等通用三维地理信息系统的功能外，还具有全关系型数据库管理、网络环境支持、二三维一体化集成、自动化建模、灵活的场景裁切、行为建模与活动推演等技术特点。图 1.10 是在 NewMap 3DV 中显示的一个三维场景。窗口左侧为三维显示内容，右侧上部为二维显示部分，可集成二维矢量数据、影像数据等，右侧下部为分层、分专题设置的场景对象管理。

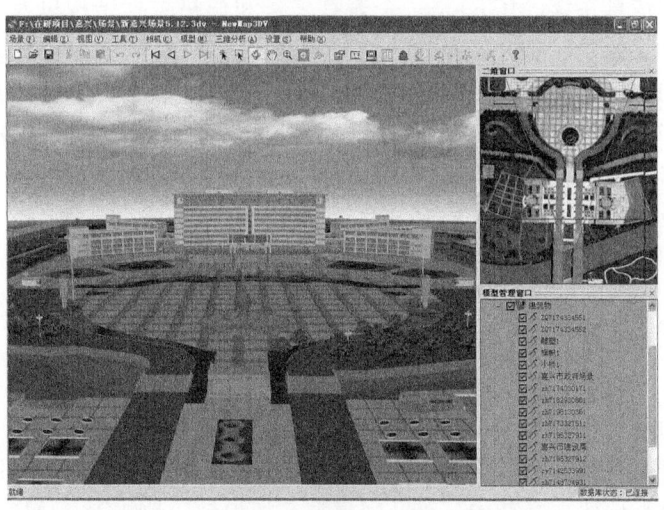

图 1.10 NewMap 3DV 三维地理信息系统

**2. Imaging Virtual GIS**

Imaging Virtual GIS 是 Erdas 公司开发的一个三维可视化分析工具，利用该工具用户可以在真实的虚拟环境中进行交互操作，能够同时查询三维地物表面的纹理属性和地物的属性和几何信息。另外,该公司开发的 Stereo Analyst 软件能够使原来繁琐复杂的三维数据采集工作变得十分轻松,使用户能够在不生成 DEM 的情况下从多种影像数据源中获取二维和三维数据。此两者的结合可以使得大范围内三维场景模型的建立与可视化变得相对快捷和容易。

### 3. MultigenCreator

MultigenCreator 是美国 Multigen 公司开发的一套交互式三维造型软件,该软件系统能够对任意复杂的三维模型进行创建、编辑、纹理贴图、属性关联等,而且对于复杂的三维模型在交互操作时可以根据用户的需要自动生成不同精度的 LOD 模型。该软件的三维模型以 OpenFlight 格式存储,特别有利于三维模型的可视化操作,并且该系统可以和其他三维数据格式如 VRML、3DMAX 等相互转换。

### 4. CC-GIS (Cyber-City GIS)

CC-GIS 软件是瑞士 ETH Zurich 大学研制的一套基于摄影测量数据进行三维立体重建的软件,该软件使用一致性符号进行复杂建筑物屋顶的表面模型构造,使用基于 3DFDS 模型的 V3D 数据结构在关系数据库中管理三维模型。并且该软件实现了模型数据、影像数据和 DEM 数据的统一管理。

### 5. MGE

模块化地理信息系统(MGE)是一个兼有矢量和栅格数据结构以及矢量、栅格分析运算功能,及具有面向对象分析操作功能的地理信息系统。它由美国 Integraph 公司开发,建立在 CAD 软件平台 MicroStation 上,由 20 多个模块组成,MGE 可根据用户应用需要任意选择各种模块组合。用户可通过多种开发工具进行二次开发。MGE 的三维特性表现在地形建模上,它提供完善的三维建模生成工具、成熟的绘图计算、复杂表面的显示技术以及模型编辑工具,同时能够对三维空间信息进行处理、显示并生成等高线及坡度、坡向等信息。

### 6. IMAGIS

IMAGIS 是由武汉适普软件开发的基于 4D 的三维可视化地理信息系统,它不仅能实现三维数据的可视化,而且为用户提供了强大的交互查询分析操作工具。IMAGIS 配有灵活的三维表面造型工具,混合使用不规则三角形网(TIN)和四边形网来生成三维表面,可以灵活逼真地建立复杂的三维几何模型,如地貌、地物等。IMAGIS 的空间查询与分析功能可以直接从三维模型上选择目标进行分析和查询,如表面积、周长、距离、体积、剖面等可以直接在透视图空间进行各种空间查询与决策分析。IMAGIS 的主要功能模块包括:数据交换模块、数据编辑模块、三维建模工具、三维可视化工具、三维视图动态操作、三维查询分析、网上数据发布、三维漫游工具和二次开发工具。

## 7. VRMap

VRMap 是由北京灵图软件技术有限公司开发的、一套完全基于 COM 的面向对象的组件库，可以将高性能的三维可视化技术集成到应用系统中。VRMap 的特色在于提供了对三维场景在空间上和逻辑上的管理，以及对海量数据的处理能力，它采用了金字塔三维数据引擎、基于皮肤的三维数据快速生成技术、高速渲染引擎以及镜面反射技术、凸凹映射技术、粒子系统技术等先进的可视化技术。VRMap 体系结构主要分为三个层面：数据层、核心层和应用层。数据层包含了数据访问的中间层以及各种数据源组件；核心层以金字塔数据引擎为核心，包含各种可视化组件、编辑组件、皮肤组件以及 VRMap2 渲染引擎；应用层包含 VRMap 平台、VRMap 控件以及 VRMap 插件集。

## 8. Cult3D

瑞典的 Cycore 公司开发了流式三维技术——Cult3D，目前 Cult3D 技术在全球信息网已经得到了广泛的运用。只需安装一个插件，就可以在网络浏览器上观看三维图形。Cult3D 的文件很小（大约 20~200k），三维表现效果却近乎完美，用户可以用旋转、放大、缩小等基本操作从各个角度观看三维模型。Cult3D 软件包括三个部分：Export pulgin、Designer 和 Viewer pulgin。Export pulgin 针对专业的三维建模软件（如 3DMAX、MAYA），安装了 Export pulgin 后，就可以在 3DMAX 或 MAYA 中建立三维模型，然后输出为 Cult3D 的 C3D 格式；Designer 是 Cult3D 最具特色的部分，在 Designer 中可以将三维模型加上旋转、缩放、移动等交互特性。由于 Cult3D 的内核是基于 Java 技术的，因此也能够利用 Java 来增强交互和扩展；Viewer pulgin 是针对 Web 浏览器（如 IE、Netscape）以及其他软件（如 Acrobat、Office）的插件，安装 Viewer pulgin 后就可以在这些软件中看到 Cult3D 模型。图 1.11 是一个 Cult3D 显示的三维场景。

图 1.11 Cult3D 显示的三维场景

### 9. Shockwave3D

Macromedia 公司的 Shockwave 技术在全球拥有 1.37 亿用户。2000 年 8 月在 SIG-GRAPH 大会上，Intel 和 Macromedia 联合声称将把 Intel 的网上三维图形技术带给 Macromedia Shockwave 播放器。现在 Macromedia Director Shockwave Studio 8.5 已经推出，其中最重大的改变就是加入了 Shockwave3D 引擎。Intel 的 3D 技术具有以下特点：支持骨骼变形系统，支持次细分表面，支持平滑表面，支持卡通渲染模式，纹理具有照片质量，具有特殊效果如烟、火、水以及可根据客户机性能自动调节模型精度。鉴于 Intel 和 Macromedia 在业界的地位，Shockwave3D 自然得到了众多软硬件厂商的支持。Alias/Wavefront、Discreet、Softimage/Avid、Curious Labs 在他们的产品中加入了输出 W3D 格式的能力。Havok 为 Shockwave3D 加入了实时的模拟真实物理环境和刚体特征，ATI、NVIDIA 也在其发布的显示芯片中提供对 Shockwave3D 硬件加速的支持。Shockwave3D 最大的特点是强大的交互能力。Director 为 Shockwave3D 加入了几百条控制 lingo。对于需要复杂交互的娱乐、游戏、教育领域，Shockwave3D 是最适合的技术。

### 10. 其他系统

其他还有 3DMAX、MicroStation Master Piece、GeoCAD、SiteBuild3D 等很多三维 GIS 软件，虽然这些软件系统实现或部分实现了三维对象的显示、漫游、查询、分析等功能，并且有的实现了网络化的三维信息应用，但是由于三维 GIS 的理论和技术远比二维 GIS 复杂，对其研究还处于探索阶段，很多实际问题有待解决，诸如三维数据获取、三维空间数据模型、三维拓扑关系的描述和表达、三维海量数据的组织与管理、大场景的三维可视化、实用化的三维空间分析等。

## 1.2.6 问题分析

综合分析目前城市三维地理信息系统的研究现状，虽然确实取得了明显的、重大的发展，但在很多方面仍有大量问题亟待解决，具体包括：

(1) 从现实世界的表达方面看，二维抽象与表达的规范和方法已相对成熟（地图），但如何在三维重建的环境下描述现实世界的相关规范却十分匮乏，这也是阻碍三维 GIS 规范化发展、跨领域应用的关键障碍之一。

(2) 从三维数据获取方面看，虽然现在已经有很多方法可以获得城市景观的三维信息，但在快捷性、方便性上还不能完全满足要求，大部分方法效率低下、难以满足工程化实施要求，并且在精度上也无法保证。

(3) 从景观建模方面看，现有数据模型的描述对象集中于地理实体，没有从人的认知概念、从自然和社会语义的角度给城市景观以整体性的描述。

(4) 从三维可视化方面看，在提高海量数据的漫游速度、提高场景的真实感和美感、景观数据库建立等方面仍有待进一步深入研究。

(5) 从学科发展的角度看，三维 GIS 需要与相关学科密切联系，尤其是与虚拟现实的结合，即如何充分利用虚拟现实的研究成果，将其吸收到三维 GIS 中，从而促进自身的发展。

(6) 从系统应用的角度看，虽然已出现了很多三维 GIS 系统，但大都集中于三维显示，缺乏空间分析功能，没有做到实际应用的层次上来，缺乏对决策层的紧密联系和足够支持。

## 1.3 本书主要内容与组织安排

全书共包括国内外技术现状、三维抽象与表达、三维信息获取、三维空间数据模型、三维信息组织与管理、三维可视化、三维空间查询与分析、三维地理信息系统实践与应用等内容，根据性质，上述内容分为九章：

第一章：绪言，提出了数字三维时代的到来，分析国内外技术现状和问题。

第二章：城市景观三维抽象与表达，对城市现象的描述表达有语言、文字、地图等多种方式和手段。本章就如何实现城市景观的三维抽象与表达提出了三维信息传输模型、三维表达要素体系、三维模型库等理论和方法。

第三章：城市三维信息获取，针对目前三维空间数据的获取难题，研究实现了一种适宜于工程化实施、大范围作业的城市三维数据获取集成技术体系。

第四章：三维空间数据模型，面向城市景观建模，在分析现实世界三维表达的模型化过程和目前三维空间数据模型的研究进展的前提下，提出了一种面向实体的三维空间数据模型(Entity-oriented 3D Model，EO3DM)；同时针对城市地形数据的组织管理，探讨了相应的三维地形模型。

第五章：三维信息组织与管理，在对三维空间数据管理的几种可行模式进行比较的前提下，分别针对城市三维模型中的特征地物、数字地形和影像探讨了数据库的管理方式。

第六章：城市景观三维可视化，首先分析了三维模型的可视化原理及常用的一些三维渲染软件工具；然后探讨了海量数据三维可视化关键技术，并实现了城市特征地物的重建及地物模型和地形模型的集成，探讨了城市景观三维可视化中的若干优化策略。

第七章：三维空间查询与分析，将三维空间查询分析分为空间查询、空间量测、三维场景编辑、三维地形分析、通视分析、叠置分析、缓冲区分析、日照阴影分析、洪水淹没分析以及某些专题指标的统计分析等类，并实现了具体算法。

第八章：实践与应用，开发实现了具有自主知识产权的城市三维地理信息系统，以及该系统在城市规划、突发事件应急中的应用。

第九章：总结与展望，总结本书的成果，展望下一步的工作。

# 第二章　城市景观三维抽象与表达

　　人类自诞生以来，就从没有停止过对所生存的客观环境的认识与理解，以期提高自身的应对能力，适应客观世界的变化。而完备的现实世界的描述与表达方法，是在尽可能大的范围内传播人类的认识成果，提高人类整体认知水平的必要技术。在人类发展的不同时期，囿于当时的科学技术水平，存在着不同的描述与表达方法。在文字出现之前，语言作为人类相互交流的基本工具，是描述现实世界的主要手段。利用语言很大程度上局限于人的记忆力和口头表达力，不可避免地造成大量信息的丢失，而且也缺乏直观性，不能记载，难以形成既有知识的传递与继承。文字的出现是人类文明发展史上的里程碑，它为科学的表述提供了一种新的手段。与前相比，使用文字获取的认知相对详细、准确，但却往往是细部的、零散的，对于总结提炼客观地理世界发展变化过程中所孕育的规律性知识是不够的。地图在人类发展史上发挥了重大的作用，它是人类在充分认识客观世界基础上，经过高度的概括和抽象，以图形的方式再现客观世界的先进方法。地图以直观的可视化符号和准确的空间位置比较精确地反映了自然界的各种事物，被广泛地应用于人们工作、生活的各个领域。但由于其本质是将立体的现实世界投影到一个制图平面来表达，损失了大量的立面信息；同时地图表达经过了抽象和综合，并运用了制图语言，造成一定程度的信息损失和传递的局限性。随着科学技术的飞速发展，将现实世界以完全类似的形象加以表达和模拟成为可能，利用计算机或特殊工程材料搭建物体的模拟模型能够将现实世界真实地再现于我们眼前。无论是实体的还是数字的三维模型，都具有高度的逼真性，给人以身临其境的感觉；尤其是数字模型，除可以满足人们的浏览观察要求外，还能够实现查询、分析等高级功能，将其价值提升到应用的层次上来。

　　随着人类认识要求和认识水平的不断提高，数字化真三维模拟将成为现实世界表达的主要方式。如何将现实世界尽量真实的表达，并在大范围内传播人们的认知成果，重点需要解决以下三个方面的问题：现实世界的抽象（确定描述内容、描述粒度等）；地理要素的表达（设计实现符号化系统、信息组织规则、可视化技术等）；成果的使用（简单易用的使用方法、直观的信息表达等）。针对现实世界的三维重建，虽然现在已取得一些成果，但仍有大量的理论和技术问题有待探讨和解决。本章主要对如何实现城市景观三维抽象与形式化描述和表达进行了研究。

## 2.1　当代主要表达方法

　　在当代现实生活中，人们依然采用多种多样的方式来交流对客观世界的认识，其中最精确、最有效的方式主要有两种：一为二维平面地图；一为三维立体模型。

**1. 二维平面地图**

地图是根据一定的数学法则，使用地图语言，通过制图综合，表示地面上各种自然现象和社会现象的图件。它反映了自然和各种社会经济现象的空间分布、组合、联系及其在时间中的变化和发展。

地图的历史非常悠久，大约在原始社会后期，为了满足生产劳动的需要，人类就学会了用绘图的方式描述他们的生活环境，开始了它的萌芽。进入阶级社会以后，社会生产力的发展，人类对自然界认识的不断提高，以及随国家制度的建立而产生的政治、军事的需要，地图的发展更加迅速。西周时期出现的洛邑城址地图是我国地图史上第一幅具有实际用途的城市建设地图。春秋战国时期，出现了我国第一部地图论著《管子·地图篇》。魏晋时期裴秀创立了"制图六体"，即分率、准望、道里、高下、方邪、迂直，为地图的发展奠定了理论基石。唐宋元明地图发展更加迅速，贾耽、沈括、郭守敬、朱思本、罗洪先、郑和等人对推进地图的理论和应用作出了巨大贡献。明末清初，西方测绘技术的引进突破了传统制图的理念，推动了地图学思想的第三次变革(卢良志，1984；金应春，1984)。近现代以来，地图的内容、形式与编制方法随着科学技术的进步又取得了新的发展。

利用平面地图抽象表达现实世界的过程可以概括为：首先在充分认知真实的现实世界基础上，从中抽象提取几类现实世界的典型特征(居民地、水系、交通、境界、地貌、土质、植被等)，然后依据经典的地图制图学理论，运用形象的符号化系统将其表达在纸质、磁质等各种介质上，就形成了地图。然而，人类生存的环境却是一个真三维的客观世界，只是局限于当时的科学技术手段，人们才不得不使用二维平面图形表达三维世界，实践证明这种方式存在不少弊端。把真实的三维世界简化为二维，在复杂环境下可能带来思维的局限性和片面性，带来规划设计的不准确性，使得一些非需三维信息不能解决的问题被疑难搁置，等待耗资耗时的实地考察来确定。同时，图形图像的分离无法实现图形图像的密切配合，使决策者不能在一体化的环境中整体审视三维空间关系和景观属性问题。

**2. 三维立体模型**

真实事物的三维立体模型主要有实体的和数字化的。实体三维模型使用特殊的工程材料比照原物按一定比例缩小建构而成，如深圳的锦绣中华景区即是一处非常典型的大型三维实体模型场。实体模型虽然直观、形象，但是构造复杂，工程量大，随模型范围、比例和精细程度的提高，工作量、用料、占用场地等都急剧增加，因此它仅适用于小范围、零散地物的表达。并且实体模型的主要功能在于展示，难以实现查询、分析等应用功能。数字化的三维模型则是以计算机为手段，以现实世界的抽象规范为核心，以高度仿真为原则，以实际应用为主要目标，将现实世界用数字形式存储、显示、查询、分析的现代化表达方法。与实体模型相比，数字模型构造简单、不占用实际空间、可以方便地修改，并可以方便地实现检索、查询、统计、分析等高层次的应用功能。三维数字模型是目前描述和表达现实世界的最精确方法，但是由于其本身理论和技术的复杂性，其发展还处于初级阶段，许多实际问题有待解决，诸如现实的三维描述和表达规范、三维精细数据的采集、三维数据结构和数据组织、大范围场景的快速显示等。近年来，信息技术的突飞猛进给在数字世界中重建现实世界提供了技术基础，目前已出现了许多较成熟的三维重建系统，如前文所介绍的 NewMap 3DV、3DMAX、Imaging Virtual GIS、MultigenCreator、IMAGIS、VRMap、MicroStation Master Piece、SiteBuild3D 等。

就目前而言，地理景观三维表达仍没有一套完全成熟的理论与方法，很大程度上是由于其原型的复杂性，难以形成高度抽象的描述与表达规范。就本质而言，地理景观三维表达与医学三维可视化有很多相似的地方，但医学可视化在实际应用中比较成功，关键在于医学领域的研究者对他们研究中期望看见的对象一般都有较为准确的印象模式，而地学领域的研究者因为地学对象的复杂变化性不能准确地确定研究对象的各种属性。

## 2.2 现实世界三维表达的信息传输模型

对现实世界进行科学的描述与表达的根本目的在于实现人与人之间信息的沟通和交互，传播既有的认知成果，为此有必要将信息论引进来，从科学的角度探讨地学空间信息的传输机理和模型。信息论是关于信息的本质和传输规律的科学的理论，是研究信息的产生、获取、度量、变换、传输、处理、识别及其应用的一门科学(常迥，1993)。信息论的基本问题是信源、信宿、信道以及编码问题。最基本、最标准的信息传输模型如图 2.1 所示，从信源获得信息，经过编码送入信道传到用户端，再经解码即可得到用户所需的信息。

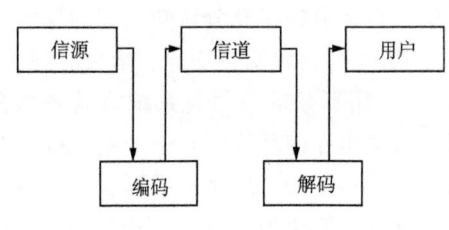

图 2.1 信息传输模型

地图作为现实世界二维抽象表达的一种有效手段，其本质是传播地理空间世界信息的一种方式。捷克人 Kolacny 于 1969 年首次提出了地图信息传输模型，用以描述地图信息的传输特征，阐明了作为一个完整过程的地图制作与地图使用者之间的联系，揭示了地图信息的产生、含义和使用效果的传递系统。具体过程如图 2.2 所示。

其基本模式为：制图者(信息发送者)把对客观事物(制图对象)的认识加以选择、分类、简化等信息加工，经过符号化(编码)制成地图；通过地图(通道)将信息传输给用图者(信息接收者)；用图者经过符号识别(译码)，同时通过对地图的分析和解译，形成对客观世界(制图对象)的认识(Kolacny，1969)。

将现实世界以真三维的形式加以表达，形成具有高度仿真特性的三维景观，以满足查询分析等应用需要，该过程作为一个信息传递系统，同样可以建立其信息传输模型。借鉴现实世界二维表达方式——地图的信息传输模型，三维表达的信息传输过程可以概括为：在对客观世界(信源)充分认识理解的基础上，形成抽象描述规范，据此规范选择抽取信息，经计算机存储、转换、输出(编码)，形成逼真的三维景观(信道)，使用者

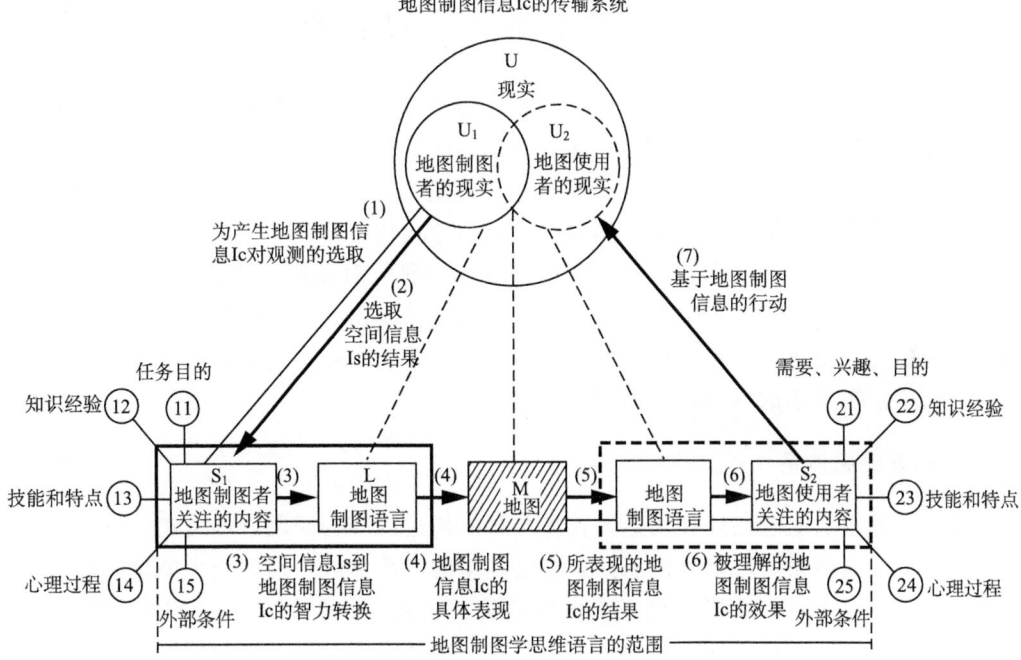

图 2.2　地图信息传输模型（Kolacny，1969；尹贡白等，1991）

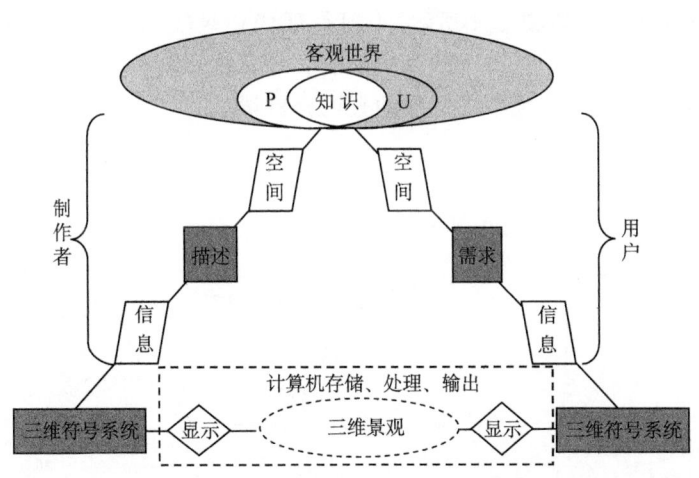

图 2.3　数字化三维地理景观的信息传输模型

（用户）从三维景观中发掘自己感兴趣的信息（译码），形成对客观世界的理解和认识。如图 2.3 所示。

与二维平面地图相比而言，三维景观采用与真实地物类似的三维符号系统来表达获取的信息内容，而不用经过制图语言的高度抽象，从而可以减少信息损失，并增加信息传递的可靠性。

## 2.3 城市景观三维抽象

现实世界由多种多样的，样式、姿态、属性等各不相同的事物组成，要将其完全真实、与原型一模一样地进行描述与表达是不现实的，也是没有必要的。为此不同应用领域的专家根据自己的具体需求确定需要重点表达的对象内容、类型和层次。如在规划、国土、房产等领域，侧重地表事物的描述，包括建筑物、街道、立交桥、地形等都需要精确的表示出来；而在矿山、地质、石油等领域，研究对象则集中在地面以下，地质、矿藏、岩体等又成为必不可少的表达要素。因此，针对不同的应用范围，应有所侧重的确立不同的三维描述与表达规范。城市景观三维重建为本章的主要研究内容，下文首先探讨如何确定需表达的城市景观内容。

**1. 地理要素体系**

要实现城市的三维描述和表达，首先要解决描述内容的问题，即构建城市景观的三维表达地理要素体系。平面地图制图学经过多年的持续发展，理论技术渐趋完善，形成了包括居民地、水系、交通、境界、地形地貌、植被、土质等七项内容的制图要素体系。经多年的实际应用验证，这些要素可以在一定程度上满足大部分用户的需求。但随着行业应用的不断深入，所要求表达的内容越来越精细，传统地图制图学面临着严峻的考验。以建筑物为例，在平面地图上表达为其底面多边形，然后将层数、结构等简单属性标注在该多边形中央（如图 2.4 所示），但是现代建筑物的特征表现为多样化和复杂性，造型各异，风格不同，平面表示完全不能表现其特点，千篇一律的表示根本不能起到良好的展示宣传作用和满足不同用户的查询分析请求。

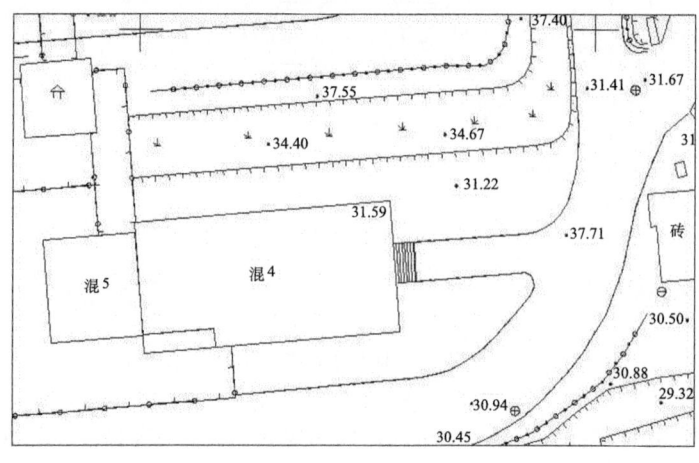

图 2.4 地图要素表达

在用二维平面表达现实世界时，由于受表达方式的制约，如难以描述在同一点上具有不同高度的空间要素特征，造成事物立面信息的大量缺失。而在三维显示技术日益成熟的今天，我们完全有可能将所有信息以尽量少的遗漏加以描述和表达。参照二维地图的制图要素体系，并经对北京、威海等多个城市的实地考察，笔者认为在对城市景观进行三维描述时，至少应涵盖建筑物、水系、交通、境界、地形、地貌、植被、管线、垣栅、独立地物共十类要素，详细内容参见表2.1。

表2.1 城市景观三维描述地理要素体系

| 编号 | 要素 | 分类 | | 描述 |
|---|---|---|---|---|
| 1 | 建筑物 | 1.1 | 民用建筑物 | 住宅楼、写字楼、棚房、廊房、温室、花房、饲养场、禽畜舍 |
| | | 1.2 | 工矿建筑物 | 矿井、石油井、烟囱、降温炉 |
| | | 1.3 | 公共设施 | 地铁站、加油站、垃圾台、体育场、游泳池、过街天桥、过街地道、公共厕所、水塔、地下停车场出口、站台、岗亭 |
| | | 1.4 | 特殊建筑物 | 纪念碑、牌坊、庙宇、教堂、宝塔 |
| 2 | 水系 | 2.1 | 水面 | 河流、湖泊、水库、人工渠、排污渠、喷泉 |
| | | 2.2 | 附属设施 | 干沟、堤岸、喷水池、出水口、护岸、防洪墙、输水槽、渡口、水闸、滚水坝、拦水坝、码头、水文站、灯塔、水井、沙滩 |
| 3 | 交通 | 3.1 | 道路 | 高速公路、街道、简易公路、土路、铁路、缆车轨道 |
| | | 3.2 | 附属设施 | 转盘、高架桥、涵洞、立交桥、各种桥梁 |
| 4 | 境界 | | | 指行政权限，在城市内部主要包括县界、区界、街道界线 |
| 5 | 地形 | | | 指自然地形，建筑物、道路、植被之下的地面起伏状况 |
| 6 | 地貌 | | | 裸土地、水泥地、沙地、石块地 |
| 7 | 植被 | 7.1 | 林地 | 指具有一定高度、需立体表示的植被，包括小片树林、防护林、防火带、竹林、行树、独立树、灌木林 |
| | | 7.2 | 草地 | 指紧贴地面、只需平面表示的植被，包括草坪、苗圃、菜地、花圃 |
| 8 | 管线 | 8.1 | 管线 | 电力线、通信线、输水管、输气管 |
| | | 8.2 | 附属设施 | 电线塔、电线杆、变压器、通信线架、检修井、消火栓、水龙头、污水篦子、阀门 |
| 9 | 垣栅 | | | 围墙、城墙、栅栏、栏杆、篱笆、铁丝网 |
| 10 | 独立地物 | 10.1 | 公共设施 | 路灯、电话亭、邮箱、垃圾桶、报栏、公告牌、广告牌、无线电杆 |
| | | 10.2 | 交通指示 | 路标、指示牌、站牌、红绿灯、方向标 |
| | | 10.3 | 其他独立地物 | 旗杆、塑像、坟墓、风车 |

## 2. 三维空间描述粒度

现实世界复杂多样，同类物体往往也有大小、粗细、高矮的区别。譬如同为建筑物，既有高耸入云的摩天大厦，也有低矮的棚户小屋，还有结构简单、草草搭就的禽舍畜圈，如果事无巨细，全部纳入要表达的范围之中，则工作量的庞大将不可想象。如何明确待表达地物的层次，确定哪些地物需表达，而哪些则没有必要表达，对要表达的地物要达到什么样的精细程度，这是需要解决的又一个难题，需要确定一个统一的标准以供遵循。为此本节提出三维空间描述粒度（Spatial Granularity for 3D Description，3DSG）的概念，用以区分地物的不同级别和精细程度来衡量是否记录其信息并加以表达。

在进行城市景观三维重建时，空间描述粒度的确定对实际工作有着重要的指导意义。首先，它将为三维空间数据的采集提供规范和依据。数据采集是三维景观构建时极其关键的环节，工作量也最大，三维数据的获取困难已成为阻碍真三维 GIS 发展的瓶颈。缺乏相关标准是制约三维数据获取能力提高的主要因素之一。3DSG 将在一定程度上为此问题的解决提供规范，通过 3DSG 确定地物的描述精度后，对那些细节层次和级别处于粒度之下的地物特征则可以不予考虑，从而减少不必要的工作量。其次，在确定 3DSG 后，可以加快复杂地物的建模效率，将大量的琐细工作简化或省略。现代建筑工艺的发展，促使建筑风格向多元化发展，原来千篇一律的"火柴壳"式的房屋越来越少，取而代之的是造型各异、结构复杂的现代建筑，客观上增加了三维重建的难度。而依据确定的 3DSG，将建筑物的细节进行面向应用的划分，可以摒弃那些没有必要表达的特征要素，实现三维场景的快速重现。

由于现实世界的复杂性和多样性，以及应用领域和描述范围的不同，3DSG 并不是一个一成不变的量，而应当依据所要描述区域的范围大小、面向不同应用的精细程度、实际数据采集能力的高低等，确定不同的描述粒度。例如在构建以展示城市面貌为主要目的的三维景观时，重点应在城市整体形象的描述，如广场、特色建筑、绿化、道路、立交桥等应该确定较高的描述精度，而对一些城市基础设施如供电网络，则可以只选择等级较高的变电站、线路加以表达，否则如果依据同样的描述粒度的话，不但混淆了描述层次，而且会破坏景观的整体美感。相反，如果景观的应用领域为电力部门，主要服务于电力网络的查询、分析和改造，那么输电设施的描述粒度就要精细于其他地物。

通过威海、烟台、杭州、无锡、石家庄等多个城市三维模型的构建，本节建立了3DSG 确定的基本原则，包括：

（1）应用性原则，即 3DSG 的确定要面向具体应用，不同应用具有不同的描述侧重点。

（2）实用和适用性原则，即既要满足应用，又不盲目追求高精细度。

（3）实际性原则，即结合实际数据采集手段。基于遥感影像和航空影像的数据提取，由于分辨率的差异，描述粒度也应不同。

（4）区域性原则，即不同区域的描述粒度可以略有差异，重点区域重点表达（如威海市政府的描述精细程度高于普通街区）。

例如在威海三维城市模型的构建中，我们如下设置 3DSG。威海是一个近年来新发展起来的较现代化的中等城市，有着合理的布局规划，建筑风格统一。项目的目的是要建立威海市建成区 61.5km$^2$ 范围的三维景观，如此大范围的三维重建，其工作量可想而知。威海三维数据的获取主要基于高分辨率的低空无人机遥感影像，所采集的数据相对精细。为此确定各类地物相应的 3DSG 为：建筑物体 2m，即宽度大于该尺寸的阳台、廊房等需要采集信息并存储，而尺寸小于该标准的则直接作为墙面纹理处理；道路宽度 4m（市政府范围内为 2m）；河流水道宽度 4m；植被面积 $16m^2$（市政府范围内为 $4m^2$）；境界最小到区界。

## 2.4 城市景观三维表达方法

### 1. 建筑物立体剖分

现代城市发展越来越快，城市景观纷纭多样，地理对象千差万别，很难找出一种适合于表达所有地理事物的对象模型。这也是阻碍三维 GIS 的跨领域应用、推广发展的因素之一。但是从系统组成的角度来考虑，任何事物在一定深度层次的细分上总存在着共同性与相似性，在最基本的结构上，任何物体均由分子组成，所有生物均由细胞组成；结合人们的思维习惯，一棵树总可以分为树冠、树干和树根三部分，一张桌子总是由桌面和桌脚组成，人的结构可分为头部、上肢、躯干、下肢等几部分。因此，我们同样可以将复杂的地理事物分解为相对简单的对象加以表达。将复杂空间实体表达为若干简单实体的集合的过程谓之立体剖分。建筑物体作为城市景观的核心组成部分，结构样式多种多样，直接逐个重建相当困难，而通过对其进行剖分操作，化复杂为相对简单，将其表示为有顺序的一系列规则形体或不规则形体的集合，对提高城市景观的构造效率有重要意义。

建筑物立体剖分可分为逻辑剖分与物理剖分，前者指从认知概念层次的对建筑物的抽象分解，如将一栋房屋分为屋顶、四面山墙和基础；后者指从构成角度的结构分解，即将建筑物按一定规则划分为若干简单几何体，如对房屋对象进行四面体剖分成一系列不规则四面体的集合，或者栅格化处理分解为许多小立方体。本节所讨论的建筑物立体剖分主要指的是逻辑剖分。根据建筑物的建筑结构和人们的认知习惯，并通过实地考察北京市长安街沿线的近现代建筑以及山东威海市建成区的建筑，本节认为任何建筑物体都可以分为主体、特征和附属物三部分。其中，主体指建筑物的主要构成部分和功能部分，即主楼体，多为相对规则形状，如长方体、圆柱体等；特征是建筑物的一部分，指能体现该建筑物区别于其他建筑物的标志性细节，如屋顶、房檐、室外楼梯等；附属物不属于建筑物的一部分，但依附建筑物而存在，在人们的认识中一般将其与建筑物视为一体，如房顶的天线、卫星接收器、墙壁的悬挂物（如图 2.5 中的匾额、国徽）等。图 2.5 所示即为分别对一古代建筑物和一典型现代建筑物的立体剖分演示。

图 2.5(a)中，建筑物的主体为一圆柱，屋顶、廊柱等归于特征类，匾额归入附属物类；(b)中建筑物的主体为一长方体，屋顶、屋檐、室外台阶、廊柱等属于建筑物的特征，悬挂的国徽则归入附属物类。

### 2. 城市景观三维模型库

城市景观绝大部分为人工建造，随着建筑材料、建筑工艺等的不断发展进步，不同时代的建筑物体现不同的特征。即使在同一时代，不同用途的建筑物也表现出不同的外观。以北京为例，作为历史悠远的文明古城，其中保存了多个年代的不同风格的建筑

(a) 古代建筑

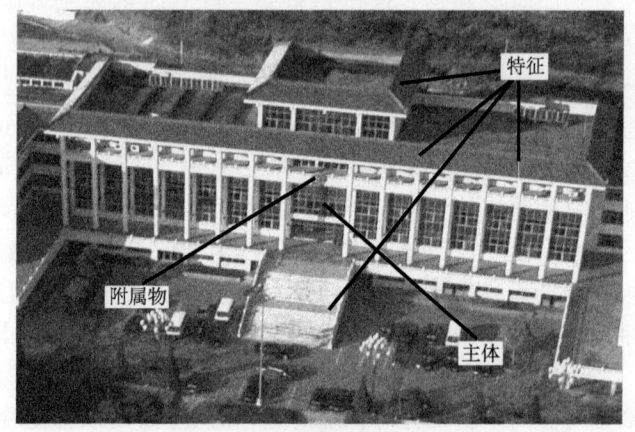

(b) 现代建筑

图 2.5  建筑物立体剖分

物。故宫特点最为明显，以黄红两色为主色调，屋顶采用琉璃瓦两坡顶飞檐；而同时代的一般民居四合院多以青砖垒成，应用两坡人字顶结构（崇文、宣武等老城区较多），屋顶为青瓦；上世纪五六十年代的建筑多为砖混结构，外墙用红砖，顶部为红瓦两坡顶或平屋顶，阳台一般较小（阜成路、车公庄路沿线现存较多）；近年来的建筑更是多种多样，风格各异，屋顶、外墙、色彩等都出现了许多不同的样式。图 2.6 列举了一些常见的屋顶样式。

现实世界的复杂性决定了对其进行数字化三维表达的复杂性，在区域范围较小、建筑物数量较少的情况下，可以实现逐栋的信息采集，但在大范围的情况下，工作量急剧增加，必须依靠适当的抽象手段。由于建筑材料和建筑工艺的有限性，建筑物的特征表现如外表颜色、质地、屋顶构造、屋檐形状等都可以总结归纳为一些特定类型，如果预先设计并构造这些模型，则在新的对象建模时，就可以通过直接应用这些模型或仅略微修改而大大减少工作量。为此本书提出建立城市景观三维模型库的思路，来实现城市景观的快速重建。

结合前文抽象的城市三维描述的十类地理要素，城市景观模型库由四类子库构成，包括建筑物特征库、建筑物纹理库、地面覆盖纹理库和独立地物模型库。其中，建筑物特征库包括屋顶、特殊建筑物和室外楼梯台阶等；建筑物纹理库包括顶面纹理、墙面纹

第二章 城市景观三维抽象与表达

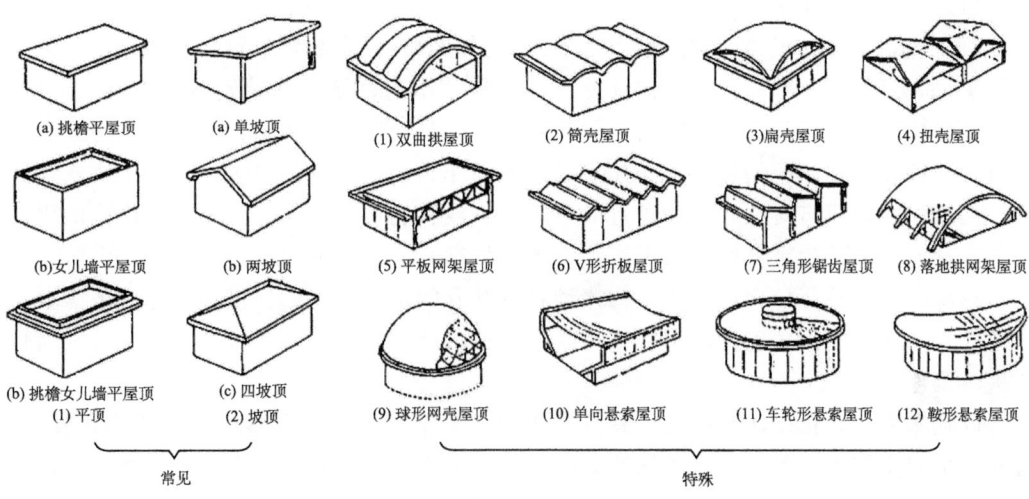

图 2.6 屋顶样式

理、窗户纹理等；地面覆盖纹理库包括植被、水系、道路以及其他地面；独立地物模型库用于描述可以抽象为一点的空间位置独立的事物，如路灯、垃圾桶、邮筒、电话亭、红绿灯、公告牌等，本节将其分为市政实施、交通指示和其他独立地物三类。

城市景观模型库的结构及应包含的内容如图 2.7 所示。

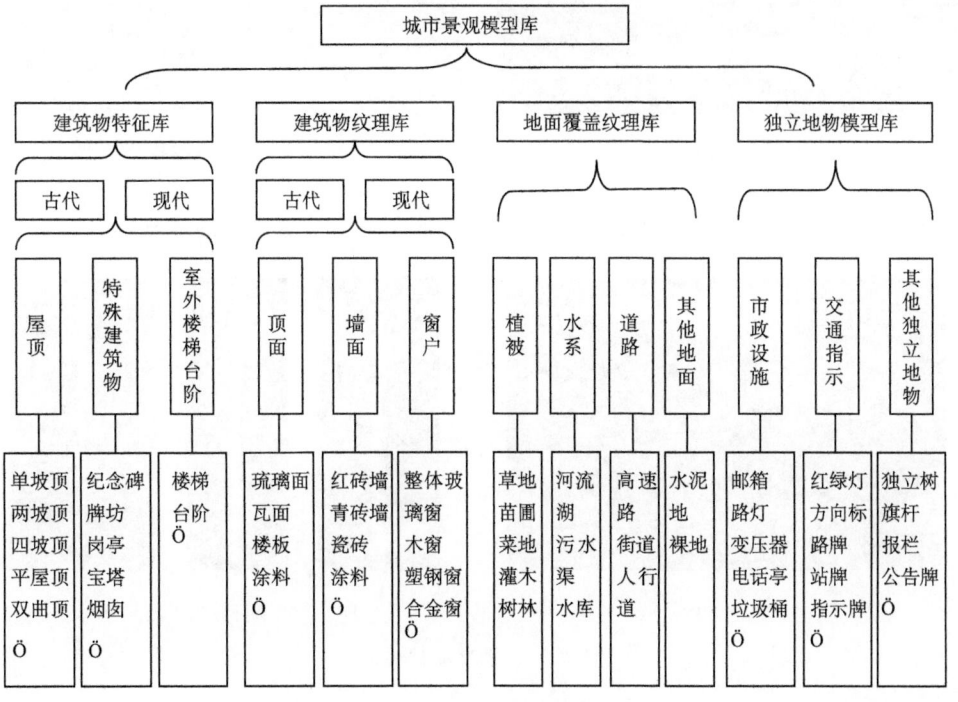

图 2.7 城市景观模型库

(1) 模型库的建立

对于规划合理、风格一致的城市范围而言(如威海)，多数建筑物具有相同的局部几何轮廓(如房顶、阳台等)，不同的仅是其几何尺寸不同，城市基础设施(如路灯、电话亭、红绿灯等)也具有相同的外形，不同地物的区别在于几何位置的差异。这些具有相同或类似特征的几何模型可以首先建立其模型，作为公共模型，以供大范围城市景观构建时调用，这样只需对公共模型进行简单的缩放或移动便可以成为某个复杂模型的组成部分，从而能够减少重复的建模工作量，大大提高几何建模的效率。

模型库中的特征模型和独立地物模型具有共有的特性，因此在模型建立时不需要严格要求其几何位置的精确性，当它作为某个模型的组成部分时，才根据它实际的几何位置进行调整。

以威海为例，在市区范围内，具有类似图 2.8 中所示的矩形屋檐的建筑物比较多，因此在工程实施中，首先建立了该特征的三维模型作为建筑物特征库的要素之一。运行商用建模软件(如 3DMAX)，通过几何建模、编辑、材质设定、纹理粘贴等操作，最后得到图 2.9 所示的矩形屋檐模型，按统一编码存储以供调用。

图 2.8 威海市常见的屋檐形状

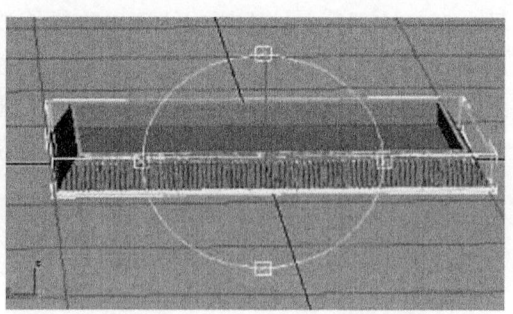
图 2.9 矩形屋檐特征模型

图 2.10 所示为采用类似方法构建的威海市独立地物模型库中的部分模型。

(a) 红绿灯

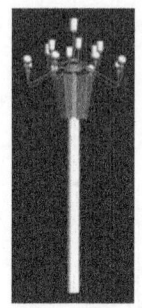  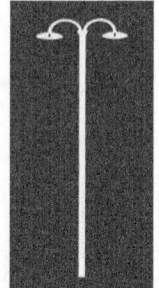
(b) 路灯

图 2.10 独立地物模型

(2) 纹理库的建立

根据城市的规划原则和效果，不同城市的建筑风格也不同，由此决定了建筑物纹理上存在差异，因此要建立某一城市的三维城市模型纹理库，必须要研究该城市的建筑特点及建筑物的风格，在此基础上概括出该城市的纹理库内容。

以威海市为例，城市的主体建筑风格为白色墙体、橙红色屋顶。建筑物中墙面、门、窗和屋顶等有一定的共性。通过分析比较大量的城市影像，并进行实地考察、拍摄，威海市三维建筑物纹理库应包括的内容及分类如表2.2所示。

表2.2 建筑物纹理分类

| 内　容 | 分类依据 | 类　别 |
| --- | --- | --- |
| 墙面 | 颜色 | 红色墙、白色墙、粉色墙、淡黄色墙、灰色墙等 |
|  | 材质 | 马赛克墙、瓷砖墙、大理石墙、玻璃墙、水泥墙等 |
| 门 | 用途 | 防盗门、车库门、旋转门、卷帘门、店面门等 |
|  | 质材 | 玻璃门、铝合金门、不锈钢门、木门、铁门等 |
|  | 扇数 | 单门、双门、四扇门、六扇门等 |
| 窗 | 玻璃颜色 | 普通玻璃窗、蓝色玻璃窗、茶色玻璃窗等 |
|  | 材质 | 铝合金窗、塑钢窗、木窗、不锈钢窗等 |
|  | 形状 | 圆形窗、半圆形窗、老虎窗、菱形窗、方形窗等 |
| 建筑材料 | 瓦 | 红色琉璃瓦、绿色琉璃瓦、红色铁瓦、黑色陶瓦等 |
|  | 石材 | 红色大理石、白色大理石、黑色大理石、普通石材等 |
|  | 玻璃 | 普通玻璃、蓝色玻璃、茶色玻璃、绿色玻璃等 |
|  | 瓷砖 | 红瓷砖、白瓷砖、灰砖、红地砖、绿地砖等 |

如何从拍摄的纹理影像建成建筑物纹理库，还需要进行多方面的工作。首先要确定纹理数据的大小与命名原则。一般而言，一个建筑物建模完成需要几种甚至十几种纹理，如果纹理库中的每一种纹理数据增加一点，那么整个数字城市模型增加的就是海量数据，直接影响系统后期的管理与应用。但纹理数据过小又会影响到建筑模型的精细质量；因此，在实际工作中通过认真的研究，确定纹理数据大小的原则为：简单的纹理数据应小于20k，如单色的墙面，小的玻璃窗、瓦等纹理，这类纹理在粘贴纹理时主要用平铺的方法；复杂的纹理数据应小于40k，如三扇玻璃窗、门等，这类纹理在粘贴纹理时主要是单独使用；对于标志纹理与其他纹理有所不同，它往往代表了一个行业的标志，其细部要表现出来，因此这类纹理数据控制在150k左右，太小则会影响到三维模型的效果。纹理的命名要有统一的规则，如纹理名称的第一个字母表示纹理的类别，第二个字母表示颜色，第三个字母表示纹理的大类下的某个纹理，数字则表示同类下的编号。如建筑物窗的命名为

$$w(窗)+c(颜色)+r(样式)+0008(序列号)$$

其次要进行纹理处理。纹理库中的纹理应该是正射的，而实际获取的纹理照片由于受拍摄时的光线、角度、时间的限制，拍摄出的照片大多是变形的，而且色彩与真实物体也有所不同，因此需要对原始纹理影像进行处理，制作出满足三维城市建模的纹理。具体处理过程包括：前期处理、透视变换、旋转和扭曲、修补、裁切、色彩调整、数据

量调整和其他特殊处理等。纹理库建库流程如图2.11所示。

图2.12所示为部分典型纹理的处理过程。

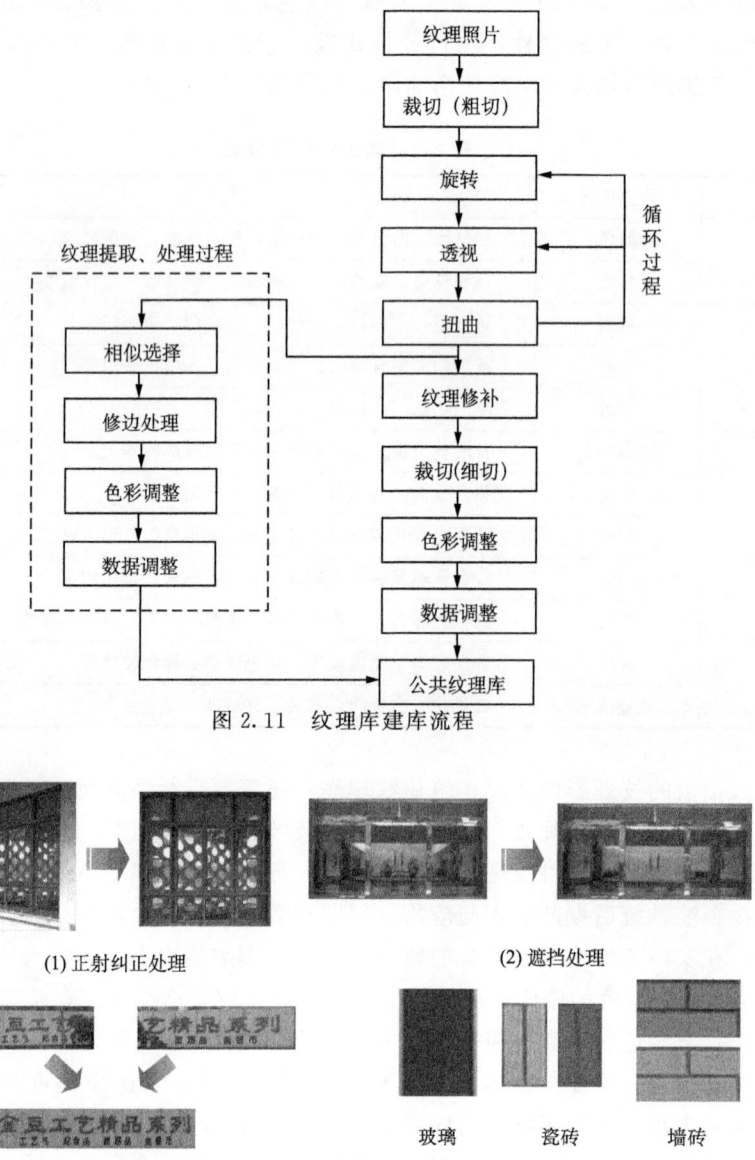

图2.11 纹理库建库流程

(1) 正射纠正处理　　(2) 遮挡处理

(3) 拼接处理　　(4) 部分纹理

图2.12 纹理处理与纹理示例

## 3. 城市三维景观实例

应用上述的城市景观三维描述与表达的系列方法，所建立的山东省威海市典型景观如图2.13所示。

图 2.13 典型城市景观

在图 2.13 中所示的三维场景中，共涉及建筑物、植被、独立地物、交通、地形、地貌等六类地物，各类地物的构造方式如图 2.14 所示。

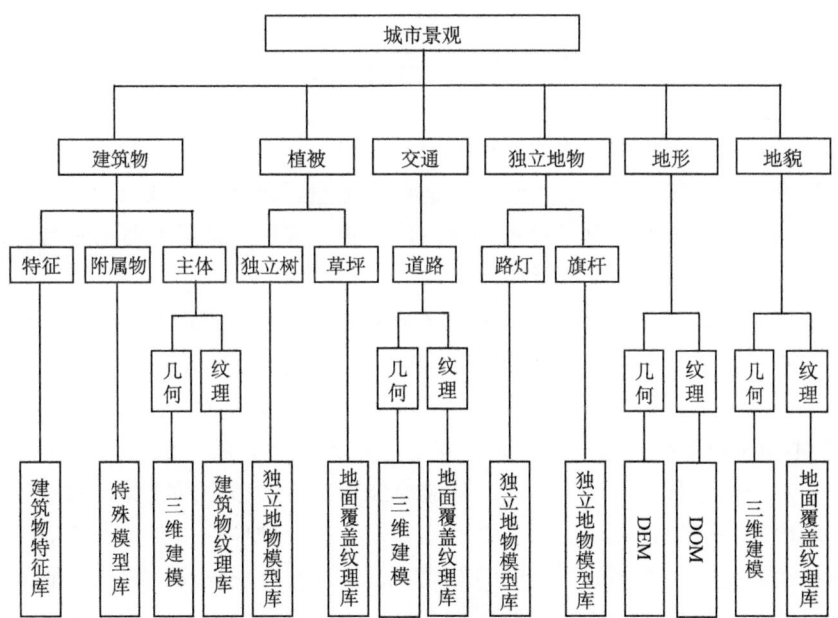

图 2.14 三维景观模型构建

# 第三章 城市三维信息获取

由于理论和技术水平的限制,三维空间数据的获取能力相对较弱一直是阻碍三维GIS发展的重要原因。一旦能够实现三维空间数据方便、快捷、廉价的获取,三维GIS将会取得迅猛的发展。针对目前城市三维空间信息的难题,本章主要研究实现一种适宜于工程化实施、大范围作业的城市三维数据获取集成技术体系,其核心包括低空无人驾驶飞行器遥感和单影像立体量测。首先介绍无人驾驶飞行器遥感的研究现状和中国测绘科学研究院研制成功的 UAVRS 系列无人机对地观测系统,并设计服务于城市三维数据获取的无人机遥感系统的若干控制技术;然后提出 GIS 信息辅助的单航片建筑物立体量测算法,并提出算法中需重点考虑的若干关键问题及解决方法。

## 3.1 低空无人驾驶飞行器遥感

飞机作为对地观测技术应用的飞行平台,可以装载各种观测仪器。它可以在大气层内的各种高度上、在任何时间、飞临任何地点的上空,执行包括试验和业务操作的几乎所有类型的遥感飞行任务。它是对地观测应用中最为普通、最易获得的平台。因此,航空遥感技术在世界范围内得到广泛应用。

但是近十几年,随着航天遥感技术的飞速发展,航空遥感存在的必要性以及下一步的发展方向不时地受到怀疑。1999 年在世界机载遥感第四届国际会议上,就有人提出机载遥感是否会被小卫星技术或近几年加速发展的高分辨率商业遥感成像卫星所替代,在 2002 年中国杭州举行的第三届中国青年遥感辩论赛上,就"航天遥感能否取代航空遥感"这一辩题也进行了激烈的辩论。从遥感技术发展的整个过程看,航空遥感技术不仅具有发展阶段特征的含义,更为重要的是它作为平台硬件的主要技术特征,已经成为对地观测技术的基本组成部分,飞机的低成本、机动性和快速反应特性是航天遥感平台所无法替代的。虽然在遥感科学发展历程中的不同阶段,航空遥感的主导地位或市场份额的排列顺序可能会发生变化,但这都无法改变其自身存在和发展的必要性。

20 世纪 90 年代后期,一种新型的飞机平台——无人驾驶航空飞行器(Unmanned Air Vehicle,UAV),性能不断提高,可以为环境应用提供例行的飞行任务。这种俗称无人机的飞机,无人驾驶,由地面(机场)通过无线电通信网络,实现飞机的起飞、到达指定空域、实行遥感飞行操作以及返回机场降落等操作(图 3.1)。UAV 可用于气象探测和遥感、自然灾害监视、测绘、环境监视、农业和森林管理等多种遥感应用。当无人机飞临目标区,收集到遥感图像数据后,当即经由通信卫星将数据传送到用户终端;如果用户有了新的操作请求,当即通知机场,由机场控制指令改变无人机的飞行程序。

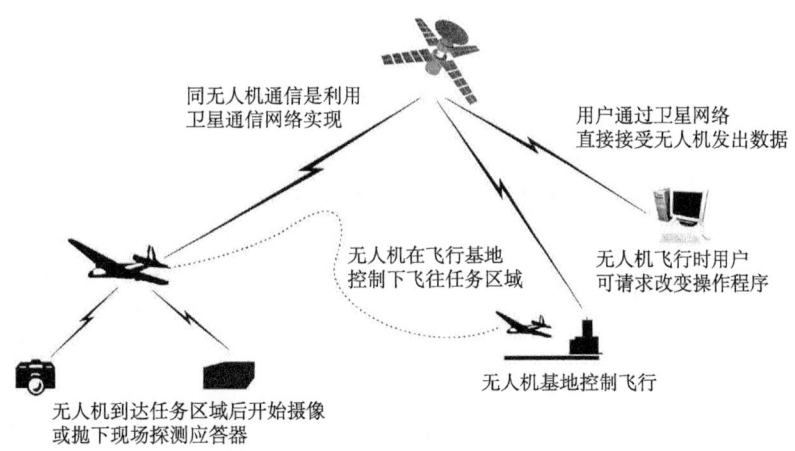

图 3.1 无人机系统操作

### 3.1.1 国内外技术发展现状及典型系统

现代社会中，遥感技术已成为获取空间地理信息及其变化的重要手段。已有的卫星遥感和航空遥感技术具有获取大面积宏观地理信息的特点，但对分辨率要求高、时间要求快的遥感影像信息却难以保障，无人驾驶飞行器遥感数据获取系统为这种应急需求提供了一种新的技术途径。NASA 为完成地球表面的环境监测和全球气候变化，从 20 世纪 80 年代末期开始以有人飞机为图像传感器平台，试验了各种机载传感器，如超光谱扫描仪、各种多光谱扫描仪。此后，NASA 开发了各种无人机来完成相关的任务，1994 年 ERST 研制的螺旋桨驱动无人机装备有高分辨率的图像传感器，既可完成高空科学研究也可完成各种商业遥感应用。从 1992 年开始研制，美国通用原子能公司（General Atomics）推出了名叫 Predator 的无人机，它有一个装载成像仪的固定装置，常规装备有彩色视频摄像头和前视热红外成像仪，还可配备高分辨率的 SAR 成像仪。国内也有很多利用无人机完成有关任务的研究工作。1999 年科学家首次在东沙群岛利用无人驾驶飞机成功地进行了 9 次监测飞行，进行南海季风的试验研究。随着传感器技术、GPS 导航定位技术以及无人机平台及系统集成技术的发展，无人机遥感系统将会逐渐走向成熟。

以下分析国内外无人机遥感技术的发展现状。表 3.1 列举国外几种相对成熟的应用系统。

**1. 传感器技术**

CCD 面阵数字相机、成像光谱仪、成像雷达是当前传感器发展和应用的三大热点。CCD 数字相机可获取可见光和近红外波段的高空间分辨率数字影像；成像光谱仪获取的高光谱影像具有直接识别地表物质成分的能力；成像雷达具有全天候成像和对一些地物的穿透能力。

表 3.1 国外无人驾驶飞行器遥感应用系统性能简介

| 制造公司 | 型号 | 翼展 /m | 机长 /m | 有效载荷 /kg | 巡航速度 /(km/h) | 活动半径 /km | 飞行高度 /m | 续航时间 /h | 主要传感器 |
|---|---|---|---|---|---|---|---|---|---|
| 美国洛克希德·马丁/波音公司联合制造 | 暗星 Darkstar | 21 | 4.6 | 453 | 555 | 926 | 15240 | 12 | ·日夜间 TV 摄像机<br>·红外光电行扫描仪<br>·合成孔径雷达 |
| 美国通用原子能公司 | 掠夺者 Predator | 14.9 | 8.2 | 204 | 130 | 926 | 7620 | 24 | ·TV 摄像机<br>·光电行扫描仪 |
| 以色列飞机工业公司 | 苍鹭 Haron | 16.6 | 8.5 | 250 | 222 | 250 | 10668 | | ·TV 摄像机<br>·合成孔径雷达<br>·光电对抗仪 |
| 意大利阿莱尼亚公司 | Mirach 150 | 2.6 | 4.7 | | 700 | 250 | 9000 | 6 | ·平面照相机<br>·高空摄像机 |
| | Mirach 20 | 4.15 | 3.62 | 50 | 50 | 50 | 3000 | 4 | ·红外行扫描<br>·TV 摄像机 |
| 美国 AURORA 飞行科学公司 | PerseusB | | | 200 | | | 20000 | 24 | ·成像光谱仪 |
| | CNAT-750 | | | 64 | | | 7500 | 40 | ·CCD 数字相机<br>·TV 摄像机 |
| 主要用途 | ·危险区域目标图像实时获取<br>·紧急通讯中继站<br>·环境监测<br>·救援指挥<br>·有毒污染地区空中监测 | | | | ·空中侦察与目标搜索<br>·友方火力校准<br>·海区巡视<br>·大气参数测量 | | | | | |

数码影像技术具有无需冲印、无需扫描、可改善色彩质量、数据处理速度快等优点，一出现就受到人们的欢迎和重视，因此获得突飞猛进的发展。2000年7月在荷兰召开的第19届国际摄影测量与遥感大会上展示了大量的数字摄影设备和数字测图仪。

目前高分辨率面阵CCD数码相机（600万像素以上）已有多种型号，而且更高性能的数码相机正在不断推出，性能价格比也更合理。预计在不久的将来，数码成像技术将逐步取代传统的胶片摄影而成为主要的摄影手段。数码相机具备重量轻、体积小、探测精度高、载片量（存储量）大、数据处理速度快等特点，特别适合在无人驾驶飞行器上使用。

**2. GPS导航定位技术**

遥感数据通常需要与非遥感数据复合应用，这种复合应用应在统一的地理坐标空间中进行。无人驾驶飞行器低空遥感系统要求定位速度快、精度高，GPS和高精度姿态传感器的应用为这种需求提供了保障。差分GPS接收机数据和高精度姿态数据的集成应用能够实现自动空中三角测量，可以满足各种比例尺遥感影像纠正和复合处理的精度要求。

**3. 无人驾驶飞行器及系统集成技术**

体积小、重量轻、探测精度高的新型传感器的不断问世，促进了无人驾驶飞行器系统的迅速发展，其技术发展现状主要体现在：

（1）可供系统装载的传感器种类越来越多，并向轻型化、数字化、高分辨率方向发展。

（2）无人驾驶飞行器的飞行高度已从几十米到20km，续航时间从几十分钟到几十小时。这为适应多变的气候和长时间大范围目标搜索提供了基本保障。

（3）根据不同性质的任务，飞行器的气动布局各异。起飞重量从几百克到2000kg，任务设备载荷从几十克到几百公斤。

（4）使用高性能、高精度、多功能的传感器和飞行控制系统，提高了系统的可靠性。先进的地面遥测遥控系统可以控制和监测飞行器的飞行，并通过机载稳定平台保证遥感传感器成像的清晰性。

在国内，由北京航空航天大学、南京航空航天大学、西北工业大学无人机所研制的大、中、小型无人机系统主要服务于军事方面的战况侦察、中继通讯、靶机和作战指挥。在民用方面，中国测绘科学研究院研制的多种型号的无人驾驶飞行器遥感系统已在生产中得到广泛应用。

### 3.1.2 UAVRS系列无人驾驶飞行器遥感系统简介

在国土资源部和国家863计划等部门的支持下，中国测绘科学研究院先后完成了三种型号的无人驾驶飞行器低空遥感系统的研制开发，包括UAVRS-I、UAVRS-II和

UAVRS-F，在土地利用动态监测、地质环境监测、地形图更新与地籍测量、海洋资源与环境监测以及林业等领域得到广泛应用。各系统的技术指标见表 3.2。

表 3.2　UAVRS 系列技术指标

| 型号<br>指标 | UAVRS-I | UAVRS-II | UAVRS-F |
| --- | --- | --- | --- |
| 任务载荷/kg | 3 | 8 | 15 |
| 最大起飞重量/kg | 20 | 50 | 60 |
| 飞行速度/(km/h) | 60～120 | 60～180 | 20～100 |
| 续航时间/h | 2 | 3～4 | 2 |
| 控制距离/km | 20 | 50 | 10 |
| 飞行高度/m | 50～2000 | 50～4000 | 50～1000 |
| 导航精度/m | 80 | 80 | 80 |
| 控制方式 | 遥控、程控、自主 | 遥控、程控、自主 | 遥控、自主 |
| 环境温度/℃ | −10～+40 | −10～+40 | −10～+40 |
| 风力 | ≤4 级 | ≤4 级 | ≤4 级 |
| 风向 | 不限 | 不限 | 不限 |

UAVRS-I 型系统研制完成后，经过在一些领域的应用试验，中国测绘科学研究院很快研究出了改进的 UAVRS-II 型无人机遥感系统。UAVRS-II 型是 UAVRS-I 型的升级版本，在控制精度、续航时间、平台稳定性等方面较之上一版本均有明显改进。该系统将遥感技术和无人机技术紧密结合，广泛运用新技术、新材料、新工艺，实现了数字化、模块化和智能化，是一种新型的低空高分辨率遥感影像数据快速获取系统。UAVRS-II 型无人机遥感系统如图 3.2 所示。

图 3.2　UAVRS-II 型无人机遥感系统

UAVRS 系列无人驾驶飞行器遥感系统主要由无人驾驶飞行平台、遥感设备及其控制系统、飞行控制系统和无线电遥测遥控系统等几部分组成。UAVRS-I、UAVRS-II 以及 UAVRS-F 几种型号之间的根本差别在于飞行平台的不同。

无人驾驶飞行平台是遥感设备及其控制系统的载体。UAVRS-II 的飞行平台主要采用玻璃钢和碳纤维复合材料加工而成，重量轻，强度大。机身为车厢形式，有较大的容积范围,便于设备的安装维护。后端安装有性能稳定的航空发动机和推力螺旋桨作为动力装置。无人机的起降可以采用正常的滑行方式,同时还具有车载起飞、伞降回收机构。飞行平台机长 2.8m,翼展 3.6m,任务仓尺寸为 0.3m×0.5m×0.3m(宽×长×高)。

UAVRS-F 的飞行平台采用无人驾驶飞艇,该飞艇由艇囊、升降舵、方向舵、发动机、供油系统、点火装置、螺旋桨、风门控制器等组成,其中艇囊内充氦气。UAVRS-F 相对来说更安全,噪音更小,控制更灵活。UAVRS-F 无人驾驶飞艇遥感系统的外观如图 3.3 所示。

图 3.3 无人驾驶飞艇

遥感设备及其控制系统用于获取遥感影像,主要包括遥感设备、稳定平台以及任务设备控制计算机系统。其中针对不同要求,系统可搭载不同遥感设备,包括光学胶片相机、CCD 数码相机、成像光谱仪、磁测仪、CCD 摄录机等。

飞行控制系统主要用于无人飞行器的飞行控制与任务设备管理,包括传感器、执行机构和飞行控制计算机三个部分,由姿态陀螺、气压高度表、磁航向传感器、GPS 导航定位装置、飞控计算机、执行机构、电源管理系统等组成,可实现对飞机姿态、高度、速度、航向等的精确控制。系统采用了网络和位总线结构,以数字化形式实现各传感器、通讯系统、舵机和飞控计算机之间的通讯,有效地提高了信号传输精度和抗干扰能力。

无线电遥测系统用于传送 UAV 和遥感设备的状态参数,实现飞机飞行参数及机上电源的测量和实时显示,具有数据和图形两种显示功能。无线电遥控系统用于传输地面操作人员的指令,引导无人机的飞行。

以下具体介绍 UAVRS 系列无人驾驶飞行器遥感系统的核心控制系统。

**1. 飞行控制系统**

飞行控制系统由姿态陀螺、高度表、航向传感器、GPS 导航定位装置、计算机、执行机构、电源管理系统等组成,可实现对无人驾驶飞行器姿态、高度、速度、航向、航线的精确控制,该系统以遥控飞行为主、自主飞行为辅。飞行控制系统的结构框图如图 3.4 所示。

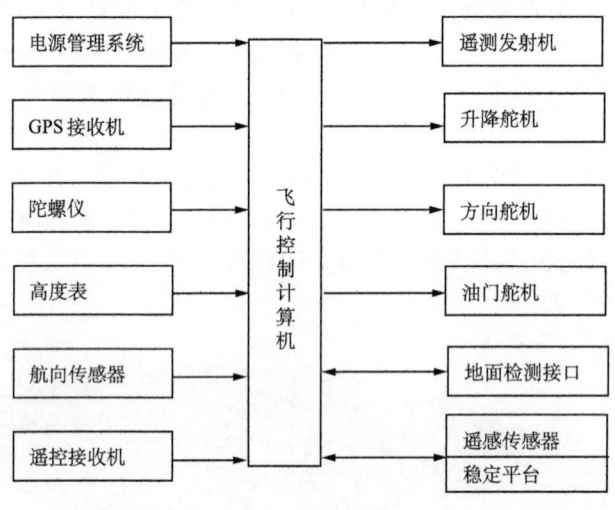

图 3.4 飞行控制系统

**2. 无线电遥测遥控系统**

无线电遥测遥控系统由指令编码器、调制器、发射机、接收机、计算机、天线、电源等组成,以实现对无人驾驶飞行器的有效控制,并在地面监视系统中实时显示飞行器姿态、高度、速度、航向、方位、距离数据和遥感传感器的工作状态,具有数据和图形两种显示功能。飞艇的测控系统的显示界面如图 3.5 所示。测控系统工作流程如图 3.6 所示。

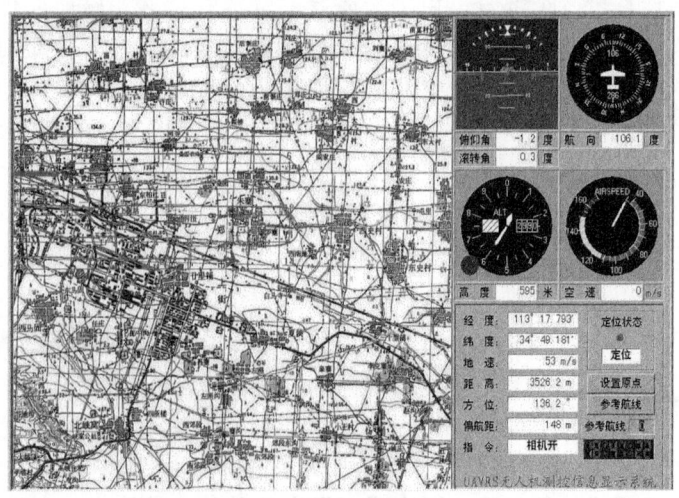

图 3.5 无人飞行器测控信息显示系统

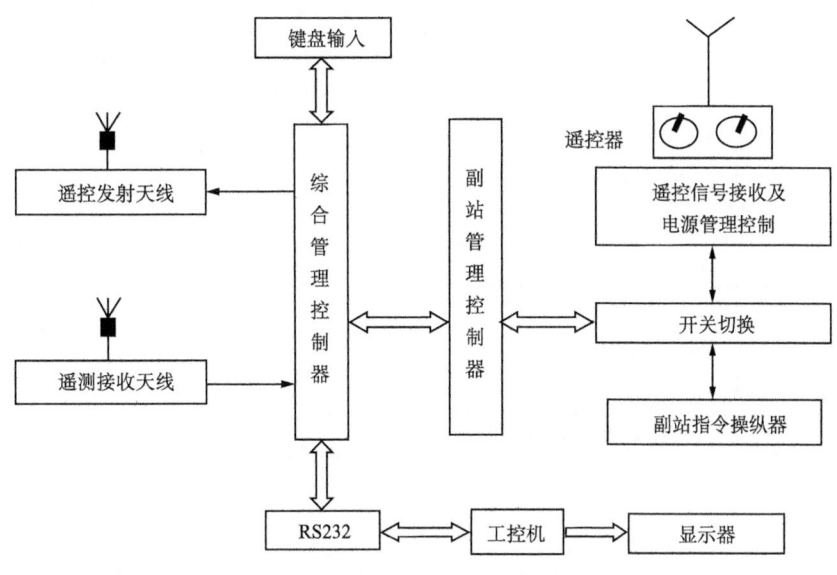

图 3.6 测控系统工作流程

### 3. 遥感设备及其控制系统

遥感设备及其控制系统由数码相机、控制器、摄像机、图像发射机、图像接收机、监视器、天线等组成，用于获取测区遥感影像和视频图像。为满足遥感影像需要快速、实时获取与应用的技术要求，系统选用 CCD 数码相机和 CCD 摄像机视频系统作为主要遥感设备。

CCD 数码相机的特点是体积小、重量轻、存储量大，获取的影像可以直接传输到计算机中进行处理，飞行器回收后可以在现场直接查看影像质量和飞行质量，另外数码相机在彩色深度（大于 12bit）、感光度（感光度可达 ISO 400-1600 以上，因而可在较弱光照下拍摄）和曝光时间（可达 1/8000s）等方面也具有技术优势。

系统选用的为专业级的数码相机，空间分辨率高，而且具有比较大的存储量，主要有哈苏（Hasselblad）机身配数码后背、尼康（Nikon）D100 专业数码相机；在摄影试验中，还使用了富士 FinePix4700zoom 数码相机（图 3.7～图 3.9）。各相机性能指标见表 3.3。

CCD 摄像机可以获取测区目标的视频图像并实时传输到地面，用于测区目标的搜索和飞行、摄影状态的监控。CCD 视频图像系统的组成见图 3.10。

### 4. 稳定平台

无人驾驶飞行器在空中飞行时因受到气流和风向的影响，姿态角和航向会产生偏差，为此系统使用了稳定平台，遥感设备安装在稳定平台上，实现对遥感设备的姿态控制，以获取清晰、稳定以及所需拍摄角度的遥感影像。

表 3.3　数码相机性能指标

| 型号<br>指标 | 哈苏 555ELD 机身 Kodak<br>数码后背 | Nikon D100<br>专业数码相机 | 富士 FinePix4700<br>数码相机 |
|---|---|---|---|
| 像素 | 1600 万 | 631 万 | 432 万 |
| CCD 尺寸 | 36.86mm×36.86mm | 23.7mm×15.6 mm | 0.58in |
| 分辨率 | 4000×4000 | 3008×2000 | 2400×1800 |
| 彩色深度 | CCD 色彩深度 12bit | CCD 色彩深度 12bit | 24bit 真彩色 |
| 感光度 | ISO 200～800 | ISO 200～1600 | ISO 200～800 |
| 存储格式 | TIFF、JPEG | TIFF、JPEG | TIFF、JPEG |
| 存储量 | 1～4G | 1～4G | 128M |
| 镜头 | 可配 40～250mm<br>各种哈苏镜头 | 兼容所有的 Nikon AF 镜头 | 38～114mm<br>变焦镜头 |
| 快门速度 | 1～1/500s | 30～1/4000s | 3～1/2000s |
| 重量 | 3.0kg | 约 700g（不含电池） | 255g（不含电池） |
| 体积 | 150mm×150mm×200mm | 144mm×116mm×80.5mm | 78mm×97.5mm×32.9mm |
| 电源 | 12V 直流 | 7.4V 锂电池<br>可外接多功能电池 MB-D100 | 2 节 AA 电池<br>可外接 3V 直流 |

图 3.7　哈苏 555ELD

图 3.8　Nikon D100 专业数码相机

图 3.9　FinePix4700 数码相机

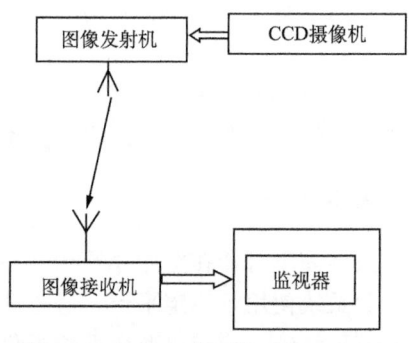

图 3.10　CCD 视频图像系统组成框图

稳定平台由平台、电机、陀螺仪、水平传感器、舵机、控制电路等组成。稳定平台的结构图见图3.11。

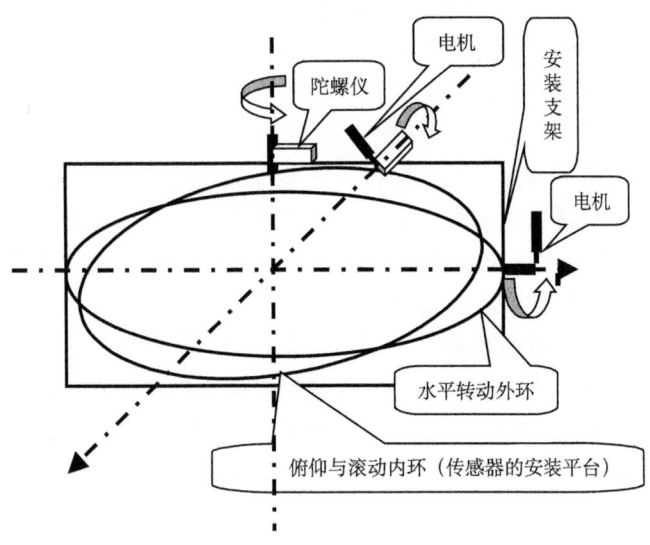

图3.11 稳定平台结构图

稳定平台分为三轴和单轴两种。三轴稳定平台可以使传感器保持水平稳定并修正偏流角,由平台、电机、陀螺仪、水平传感器、舵机、控制电路等组成;单轴稳定平台只修正偏流角,由平台、电机和控制电路组成。系统一般选用的均为三轴稳定平台,其技术指标见表3.4。

表3.4 稳定平台技术指标

| 内容 | 指标 |
| --- | --- |
| 水平稳定精度 | 2° |
| 调整范围 | ±20° |
| 偏流修正精度 | 2° |
| 偏流修正范围 | ±30° |

### 3.1.3 面向城市三维信息获取的系统控制

虽然目前航空航天遥感影像依然是城市三维数据获取的主要信息源之一,但经过多个城市三维地理空间基础框架的构建实践,低空无人驾驶飞行器遥感影像完全能够满足城市三维景观重建在精度、分辨率等方面的要求,已成为重要的信息源。与传统航空航天遥感相比,低空无人驾驶飞行器遥感系统在以下几个方面具有明显优势:

(1) 机动灵活、简单可靠 低空无人驾驶飞行器运输便利、升空准备时间短,可以快速到达指定遥感区域;飞行操作自动化、智能化、操作简单,并有故障自动诊断和显示功能;在遥控失灵或出现其他故障的情况下,飞行器将自动返航到起飞点上空,盘旋等待,若故障排除,则按地面人员控制继续飞行,否则自动开伞回收。

(2) 性能优异　低空无人驾驶飞行器可按预定飞行航线自主飞行、拍摄，航线控制精度高，飞行姿态平稳。飞行高度从 50～4000m，高度控制精度达到 10m。速度范围从 10～160km/h，可以适用于多种遥感任务。

(3) 分辨率高　低空无人驾驶飞行器遥感系统所携带的高精度数码成像设备具备垂直或倾斜摄影的技术能力，所获取影像的空间分辨率能达到厘米级。

(4) 成本低　低空无人驾驶飞行器遥感系统运营成本较低，系统的存放、维护方便，可免去调机和停机的费用，尤其适合于小范围区域的遥感任务。

基于传统的航空摄影遥感影像，由于受航高和空间摄影姿态所限（垂直或小角度摄影），仅能量测获得部分主体建筑的高度信息和顶部纹理信息，这难以满足城市三维数据获取的要求。而无人驾驶飞行器遥感系统可以在 50～4000m 的高度空间中完成作业，并且可以通过飞行控制系统实现对飞行器飞行姿态的高精度控制，从而可以获取高分辨率的清晰城市景观影像，为城市精细信息获取提供理想的数据源。面向城市建筑物三维建模的具体需求，UAV 影像获取还要在实际操作问题上进一步设计，诸如在什么位置、从什么角度拍摄的影像最理想、在什么高度获取的影像可实现覆盖范围和精细程度之间的最佳平衡等。

**1. 相机摄影角度和高度**

与一般航空摄影不同的是，获取城市精细三维数据需要遥感传感器具有倾斜摄影能力，才能用于提取建筑物的顶面、侧面纹理以及高度信息。根据试验结果，要获取较佳的影像效果，遥感传感器应倾斜 45°左右进行摄影，即在如图 3.12 所示的位置摄影。

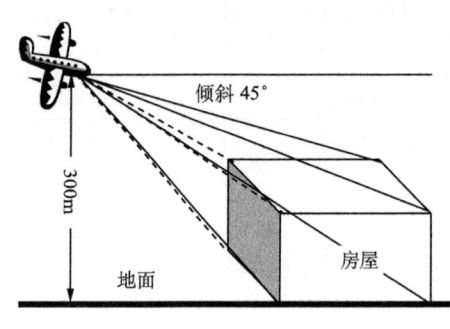

图 3.12　UAV 摄影姿态

无人飞行器可以在 50～4000m 的高度空间中执行飞行任务，确定飞行高度是作业时必须考虑的问题。超低空飞行虽然可以获得极高分辨率的影像，但覆盖范围小；同时可能会因为建筑物遮挡发生危险。高空飞行则不能满足精度要求。经过比较应用同一传感器在不同高度获取的影像，包括清晰度、覆盖度等，结果证明在 300m 高度所拍摄的影像可以很好地实现覆盖范围和精细程度之间的平衡。

**2. 多台相机多角度同步摄影技术**

无人驾驶飞行器因为任务载荷较小，只能搭载体积小、重量轻、小型化的专业数码相机作为遥感设备。小型专业数码相机的特点是 CCD 尺寸及像幅较小，在获取大面积遥感数据时存在成像效率低的问题。因此，本节采用多台相机多角度同步摄影技术方案，主要采用三台相机同步摄影技术方案。

飞行器上同时安装三台数码相机，中间一台垂直安装，另外两台分别左右倾斜安装，如图 3.13 所示。这种方法可以扩展左右方向的视场角，使每条航线的航摄宽度大大增加，垂直影像和倾斜影像同时获取，成像效率可以成倍提高。

**3. 悬停拍摄控制技术**

城市的重点或者标志性建筑物往往是人们主要关心点所在，为实现这类地物的

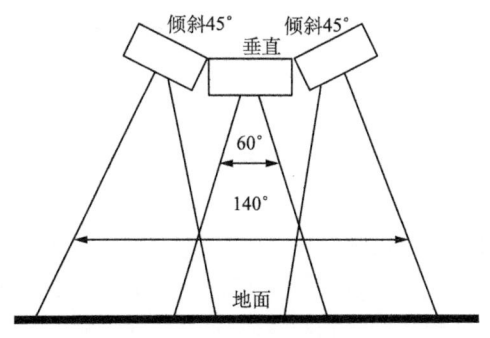

图 3.13　三台相机安装示意图

精细重建，需要获取足够的三维信息，包括各个侧面的纹理以及细致部位的尺寸和纹理信息。因此，在飞行器拍摄时应尽量获取足够多的影像。为此，我们在进行无人驾驶飞行器遥感作业时，设计实现了悬停拍摄控制技术（仅适用于 UAVRS-F 型号）。当飞行至重点地物时，通过地面遥控装置控制飞行器悬停空中，或者围绕该地物进行拍摄。图 3.14 为围绕某建筑物拍摄的多角度影像。

(1) 东面影像

(2) 南面影像

(3) 西面影像

(4) 北面影像

图 3.14　多角度 UAV 影像

## 3.1.4 无人驾驶飞行器遥感系统飞行设计

无人驾驶飞行器遥感系统的组成比较复杂，涉及遥感技术、航空自动化控制、材料学、计算机技术、无线电通讯技术、机械加工、飞行操作等领域，在开发和应用时需要各方面的专家和技术人员的密切配合。为此，在实际工作中需制订详细的工作计划、技术流程，以保证飞行摄影的安全和工作效率。

无人飞行器遥感系统应用于城市高清晰度遥感数据采集工作的内容主要分为测区地形地貌踏勘、划分飞行区域并进行航线设计、飞行前准备工作、飞行摄影操作、飞行后检查工作、遥感影像的整理移交等几项。

**1. 测区地形地貌踏勘**

此项工作主要是对测区范围内的地形、地貌进行实地踏勘，为无人飞行器选择起降场地和紧急迫降场地的同时，还要掌握测区内建筑物的密集程度、高度和地面行车路线，为飞行器操控人员选择地面测控站的位置。另外还要对测区内的无线电干扰信号进行监测，对干扰信号的强度、频率进行记录，以便在飞行摄影时避开强信号干扰时段，减少干扰信号对无人飞行器遥控飞行的干扰。

**2. 测区划分和航线设计**

为保证飞行、摄影工作有序进行，将任务航摄面积划分成多个测区，根据每个测区地形特点均制订详细的行车路线、飞行路线和摄影计划。

每个测区都应用任务规划软件设计飞行摄影航线，由于需要拍摄地面目标四个面的倾斜影像，东西向和南北向均布设航线，每条航线之间的间隔为 150m。使用测区 1∶5000 地形图作为航线设计和飞行的参考底图。

**3. 飞行前准备**

无人飞行器属于特殊的航空产品，为保证飞行安全和摄影的工作效率，飞行前的准备工作至关重要，主要包括以下几个部分：

- 检查动力系统各执行结构和连接件的状态是否正常；
- 使用飞艇作为平台时需根据飞艇艇囊内的气体压力大小补充适量的氦气；
- 发动机的检查和调试；
- 补充飞行所需的燃料；
- 检查遥测遥控系统的数据传输是否正常；
- 检查数码相机和稳定平台的工作状态是否正常；
- 检查摄像机和视频信号传输、显示系统是否正常；
- 装订飞行摄影航线数据。

**4. 飞行摄影操作**

考虑到飞行操作的安全性，一般采用视距内飞行的方法，飞行器起飞后，地面操控人员乘坐车辆跟随并控制其飞行到测区，应保证无人驾驶飞行器与地面控制人员的距离不超过 2km。

到达测区后，航线两端各放一个操控站，采用接力遥控飞行的办法，这样不但可以增加每条航线的拍摄距离，提高工作效率，还可以保证飞艇不超出地面人员的视线范围，增强了系统应用的安全性。操控人员按照导航数据控制飞行器按照设计的航线飞行。飞行器高度基本保持在 300m 左右，遥感影像中心位置的空间分辨率可以达到 0.05m 或更高。

负责摄影控制人员通过地面视频监视系统观察地面目标，调整稳定平台，控制相机的拍摄角度，以获取清晰、稳定的遥感影像，相机的倾斜角基本保持在 45°左右。

测区拍摄完毕后，操控人员将飞行器引导到降落场地，实施安全降落。

**5. 飞行后的检查工作**

飞行器安全回收后，首先在现场将数码相机拍摄的图片传到电脑中，检查飞行质量和摄影质量，以决定该测区是否需要补摄。同时机械师检查飞行器及动力系统的工作状态，如发现问题，及时处理，为下一次的航摄飞行做好充分准备。

**6. 遥感影像整理**

每一天航摄飞行工作完成后，将当天拍摄的图片进行整理，刻成光盘，并且按测区、航线编号，以测区地形图为底图画出飞行拍摄路线、顺序和时间，汇总成报表，连同光盘移交给遥感数据处理人员。

## 3.2 单影像立体量测

利用航空影像具有一定重叠度的立体像对来重建被摄物体的三维模型是摄影测量工作者所熟知的方法。但是对于一些形状规则的物体来说，如房屋，由于其构成元素间存在着固定的几何关系，例如顶边所在的直线和底边所在的直线平行、和侧边所在的直线垂直等(如图 3.15 所示)，基于这些几何特征，利用单张航空影像即可以获取足够的信息来建立房屋的三维模型。基于单片的立体量测研究近年来取得了重大进展，国内外学者提出了许多不同的算法。但大都侧重于理论研究，缺乏实际应用验证，且重点集中在形状相对单一的立方体量测，鲜有针对复杂物体的三维数据获取方法，而现实中的建筑物是多种多样的，如何实现针对复杂建筑物体的单片量测算法并将其推向实用化对于拓展单片量测的应用范围具有重大意义。

针对建筑物单像三维信息提取的理论和算法，国内外很多学者进行了深入的研究。国外有人提出一种利用相机的投影矩阵，根据透视关系中从三维空间到二维影像的透视投影方程来获取建筑物三维信息的算法：

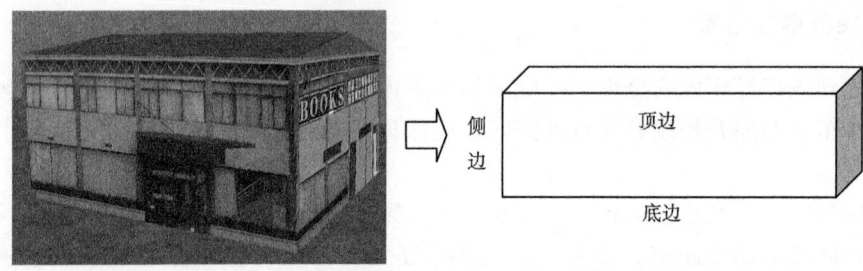

图 3.15 房屋几何特征

$$\lambda_i \begin{pmatrix} u_i \\ v_i \\ 1 \end{pmatrix} = \begin{pmatrix} p_{11} & p_{12} & p_{13} & p_{14} \\ p_{21} & p_{22} & p_{23} & p_{24} \\ p_{31} & p_{32} & p_{33} & p_{34} \end{pmatrix} \begin{pmatrix} X_i \\ Y_i \\ Z_i \\ 1 \end{pmatrix}$$

其中，$p$ 是相机的投影矩阵，由相机的旋转与平移量确定。

还有学者提出了基于"解译面"（interpretation plane）的求解方法，即利用投影中心、物方直线和物方直线在影像上的投影线构成的平面。根据解译面及三轴正交关系可解算出内方位元素和外方位角度元素，再结合两个地面已知点，可计算摄站坐标，进而重建房屋三维模型。国内张祖勋院士提出了一种利用"以共线方程为基础的最小二乘法平差模型"实现单像房屋三维重建的方法。

本章探讨一种从大倾角航空影像上提取建筑物的立体信息的单像量测算法，该算法以经典摄影测量原理为基础，把人工构筑物上的两组平行线束为已知几何条件，解求像空间中的两个主合点，进而得到三个外方位角元素，在现有的二维地理信息辅助下，计算模型尺度缩放因子。将上述求得的参数，代入像空间到物空间的转换函数。那么，在像空间量测一段像距，就可以直接解算出对应物空间上的实际物距。

下面介绍其技术思路。

### 3.2.1 基本概念

为了便于清晰明确地介绍单像立体量测算法的技术思路，在此有必要引入本算法所涉及的摄影测量中的一些基本概念。

**1. 中心投影**

用一组假想的直线将物体向几何面上投射称为投影。投影的几何面通常为平面，称为投影平面，记为 $P$；投影的直线称为投影线。按投影线的不同，投影可分为中心投影、平行投影和双心投影。其中中心投影的投影线会聚于一点，该点称为投影中心，记为 $S$（如图 3.16 所示）。航摄像片是地面景物的摄影构像，是由地面上各点发出的光线通过摄影物镜投射成的，属于中心投影，即航摄像片就是所摄地面的中心投影。

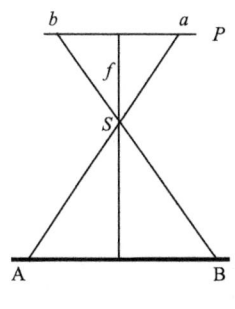

图 3.16　中心投影

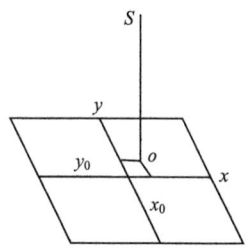

图 3.17　内方位元素

**2. 内方位元素**

确定物镜后节点和像片相对位置的参数，称为像片的内方位元素。它包括三个参数：自摄影物镜后节点至像片的垂距和垂足在像片平面中的坐标。垂距即摄像机的主距，记为 $f$；垂足称为像主点，记为 $o$，用其在像片框标坐标系中的坐标 $(x_0, y_0)$ 表示。由于像主点一般不可能与框标连线交点严格重合，$x_0$、$y_0$ 为一微小数值。如图 3.17 所示。当恢复了影像的内方位元素，像点与投影中心之间形成的投影光束就与摄影时的光束完全相似。

**3. 外方位元素**

确定摄影瞬间摄影机或像片的空间位置的参数称为外方位元素。一张像片有六个外方位元素，其中三个用来描述物镜前节点 $S$ 在摄影瞬间在所取空间直角坐标系中的位置 $X_S$、$Y_S$、$Z_S$，是直线元素；另外三个用来描述摄影光束的空间姿态，是角元素。这三个角元素可看作是摄影机轴从起始的铅垂方向绕空间坐标轴按某种次序连续三次旋转而成的。先绕第一轴（称为主轴）旋转一个角度，其余两轴的空间方位随同变化；再绕变化后的第二轴（称为副轴）旋转一角度，两次旋转的结果达到恢复摄影机轴的空间方位；最后绕经过两次变动后的第三轴旋转一角度。空间直角坐标系有三个轴，若选不同的坐标轴为主轴，则有三种不同的转角系统。

**4. 像片倾角、像底点、主垂面、主纵线、主横线、透视轴**

如图 3.18 所示，$P$ 是像片平面，$S$ 是投影中心，$E$ 是水平地面，$o$ 点为像主点，$oSO$ 是摄影机轴。

则摄影机轴与经过 $S$ 点的铅垂射线 $nSN$ 之间的夹角 $\alpha$ 称为像片倾角；铅垂射线与像平面的交点 $n$ 称为像底点，在地面上的透视对应点 $N$ 称为地底点；包含摄影机轴的铅垂面 $W$ 称为主垂面，主垂面与像平面和物平面都垂直；主垂面与像平面的交线 $vv$ 称为主纵线；在像片上与主纵线正交的直线均称为像水平线，其中通过像主点的水平线 $h_0 h_0$ 称为主横线；像平面与地平面的交线 $tt$ 称为透视轴，透视轴上的点既是物点、又是像点，也称为二重点。

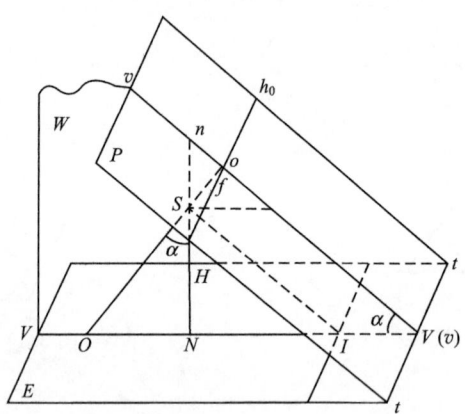

图 3.18 摄影测量中的特殊点、线、面

**5. 合点**

依据透视学原理,设空间有任意方向的一组平行线,从投影中心 $S$ 作平行于这组平行线的一条射线,它与像平面相交的点,即为这组平行线无穷远处交点的透视构像,称之为合点。在讨论像平面和地平面之间的透视对应关系时,只涉及任意水平方向的平行线组的无穷远处交点的构像,如在地平面上有一组与基本方向线呈某一角度的平行线,则由投影中心 $S$ 作这组线的平行线,与像平面的交点即为该组平行线构像的合点;另一个有意义的合点是垂直于地平面的各直线(铅垂线)构像的合点,该点与像底点 $n$ 重合,各铅垂直线的构像延长线均通过像底点。

**6. 像平面坐标系、像空间坐标系、像空间辅助坐标系**

像平面坐标系用以表示像点在像平面的位置,通常以像主点为坐标原点,采用右手坐标系。如常用的框标坐标系,当像主点不与框标连线交点重合,其在框标坐标系中的坐标为 $(x_0, y_0)$,则量测出的像点坐标 $(x, y)$ 化算到以像主点为原点的坐标为 $(x-x_0, y-y_0)$。如图 3.19 中的 $o\text{-}xy$。像空间坐标系用以描述像点在像空间中的位置,以投影中心 $S$ 为坐标原点,$x$、$y$ 轴与像平面坐标系中的平行,以摄影方向 $So$ 为 $z$ 轴。如图 3.19 中的 $S\text{-}xyz$。每张像片的像空间坐标系相互独立,由像片所处的空间位置而定。由于像片的拍摄角度,像平面坐标系和像空间坐标系 ($xy$ 平面)均不与物面平行,因此在实际影像分析中通常会建立以 $S$ 为坐标原点、平行于物面的像空间辅助坐标系,如图 3.19 中的 $S\text{-}uvw$。像空间辅助坐标系是一种过渡性的坐标系,用以满足像片解析的需求。

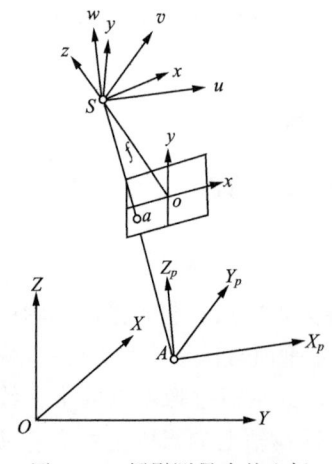

图 3.19 摄影测量中的坐标

**7. 物方空间坐标系、地面坐标系**

物方空间坐标系是描述物点(地面模型点)在物方空间中位置的坐标系,可以以地面上任意点(如在本文中选择房屋脚点)为坐标原点,坐标轴一般与像空间辅助坐标轴系相平行。如图 3.19 中的 $A\text{-}X_pY_pZ_p$。物方空间坐标系也是一种过渡性的坐标系。地面坐标系指地图投影坐标系,即国家规定用于表示地理位置和高程的平面直角坐标系和高程系,如图 3.19 中的 $O\text{-}XYZ$。

## 3.2.2 算法原理

在单张影像解析中,最简单的情形是像空间坐标系的轴线与物方空间坐标系的轴线相互平行,即垂直摄影,如图 3.20 所示。

设物点 $A$ 的坐标为 $(X, Y, Z)$,则根据相似三角形的比例关系,有

$$(X-X_s) : x = (Y-Y_s) : y = (Z-Z_s) : (-f)$$

或

$$\begin{aligned} X - X_s &= \lambda x \\ Y - Y_s &= \lambda y \\ Z - Z_s &= -\lambda f \end{aligned} \quad 即:\begin{bmatrix} X - X_s \\ Y - Y_s \\ Z - Z_s \end{bmatrix} = \lambda \begin{bmatrix} x \\ y \\ -f \end{bmatrix}$$

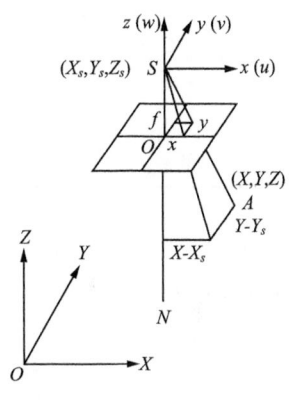

图 3.20 垂直摄影

其中 $\lambda$ 为构像比例尺。

若已知地面上两点的实际坐标,并从影像中获得对应像点坐标,则可以计算构像比例尺 $\lambda$

$$X_1 - X_2 = \lambda(x_1 - x_2)$$
$$Y_1 - Y_2 = \lambda(y_1 - y_2)$$

则对于地面上的任意距离 $D$,只要量测出其相应的构像长度 $d$,就可以计算实际距离

$$D = \lambda d \tag{3.1}$$

垂直摄影是航空摄影的理想状态,在一般情况下,像空间坐标系的轴线与物方空间坐标系的轴线并不相互平行(图 3.21),而是各轴之间存在一定的夹角,这些夹角即为确定摄影瞬间像片的空间位置的外方位角元素。因此如果影像方位角为已知的话,就可以通过坐标轴旋转将影像恢复到垂直摄影的理想状态,进而轻易获取地面的实际距离信息。

为确定像空间坐标系 $S\text{-}xyz$ 与像空间辅助坐标系 $S\text{-}uvw$ 之间的坐标变换关系,设各轴线之间的夹角余弦为

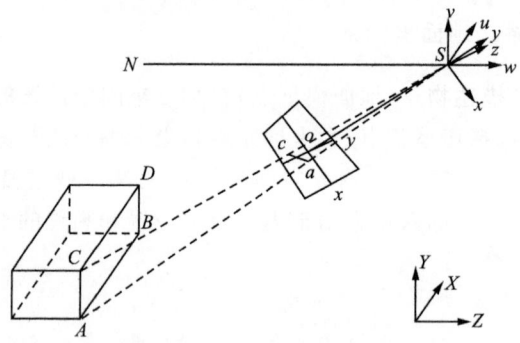

图 3.21 大倾角倾斜摄影

|   | $x$ | $y$ | $z$ |
|---|---|---|---|
| $u$ | $a_1$ | $a_2$ | $a_3$ |
| $v$ | $b_1$ | $b_2$ | $b_3$ |
| $w$ | $c_1$ | $c_2$ | $c_3$ |

则把某像点的像空间坐标 $(x, y, -f)$ 转换为其在像空间辅助坐标系 $S\text{-}uvw$ 中的坐标 $(u, v, w)$ 时，关系式为

$$\begin{bmatrix} u \\ v \\ w \end{bmatrix} = R \begin{bmatrix} x \\ y \\ z \end{bmatrix} = \begin{bmatrix} a_1 & a_2 & a_3 \\ b_1 & b_2 & b_3 \\ c_1 & c_2 & c_3 \end{bmatrix} \begin{bmatrix} x \\ y \\ z \end{bmatrix} \tag{3.2}$$

其中 $R$ 称为旋转矩阵。在此变换中，对任何一个空间矢量，变换前后其长度保持不变，所以该变换为正交变换，相应的变换矩阵 $R$ 为正交矩阵。

正交矩阵 $R$ 由 9 个元素组成，这些元素由 $S\text{-}xyz$ 与 $S\text{-}uvw$ 坐标轴之间的三个夹角所确定。依前文所述，在摄影测量中有多种转角系统，在单张影像解析中，多采用以 $Z$ 轴为主轴的 $A\text{-}\alpha\text{-}\kappa$ 转角系统。在假定像片水平且对应轴线平行的条件下，绕 $w$ 轴旋转 $A$ 角，再绕变化后的 $u$ 轴旋转 $\alpha$ 角，最后绕主光轴旋转 $\kappa$ 角，就可以达到摄影时的位置。其中角 $A$ 称为摄影方位角，是主垂面 $W$ 的方位角；$\alpha$ 为像片倾角，是摄影主光轴 $So$ 与铅垂线之间的夹角；$\kappa$ 称为像片旋角，是像片绕主光轴在自身平面内的旋转角。以上所说的 $A$、$\alpha$、$\kappa$ 都相对于右手坐标系定义，都是正角。

在 $A\text{-}\alpha\text{-}\kappa$ 转角系统下，变换矩阵 $R$ 为

$$R = R_A R_\alpha R_\kappa = \begin{bmatrix} a_1 & a_2 & a_3 \\ b_1 & b_2 & b_3 \\ c_1 & c_2 & c_3 \end{bmatrix}$$

$$= \begin{bmatrix} \cos A & \sin A & 0 \\ -\sin A & \cos A & 0 \\ 0 & 0 & 1 \end{bmatrix} \begin{bmatrix} 1 & 0 & 0 \\ 0 & \cos\alpha & -\sin\alpha \\ 0 & \sin\alpha & \cos\alpha \end{bmatrix} \begin{bmatrix} \cos\kappa & -\sin\kappa & 0 \\ \sin A & \cos\kappa & 0 \\ 0 & 0 & 1 \end{bmatrix}$$

将其展开

$$\begin{cases} a_1 = \cos A\cos\kappa + \sin A\cos\alpha\sin\kappa \\ a_2 = -\cos A\sin\kappa + \sin\alpha\cos\kappa\sin A \\ a_3 = -\sin A\sin\alpha \\ b_1 = -\sin A\cos\kappa + \cos A\cos\alpha\sin\kappa \\ b_2 = \sin A\sin\kappa + \cos\alpha\cos A\sin\kappa \\ b_3 = -\cos A\sin\alpha \\ c_1 = \sin\alpha\sin\kappa \\ c_2 = \sin\alpha\cos\kappa \\ c_3 = \cos\alpha \end{cases} \quad (3.3)$$

只要确定 $A$、$\alpha$、$\kappa$ 三个方位角，就可以实现 $S\text{-}xyz$ 系向 $S\text{-}uvw$ 的转换。有多种算法可以确定像片的外方位角元素，如空间后方交会。对于一般的建筑物体，其中都包含有大量相互平行或垂直的直线，根据透视学原理，对于空间中任意方向的平行线，其在航摄像片中的构像都将交于同一合点。以一规则长方体房屋为例，其构像如图 3.22 所示，理论上长、宽、高三个方向的平行线将分别交于三点，记为 $I$、$J$、$K$。

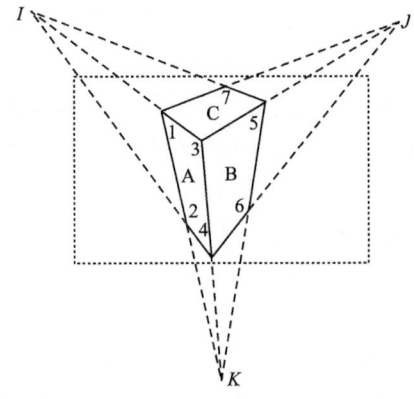

图 3.22　建筑物构像

根据中心投影中物点、投影中心、像点的共线方程式

$$\begin{cases} x = -f\dfrac{a_1(X-X_S)+b_1(Y-Y_S)+c_1(Z-Z_S)}{a_3(X-X_S)+b_3(Y-Y_S)+c_3(Z-Z_S)} \\ y = -f\dfrac{a_2(X-X_S)+b_2(Y-Y_S)+c_2(Z-Z_S)}{a_3(X-X_S)+b_3(Y-Y_S)+c_3(Z-Z_S)} \end{cases}$$

若分别以三个方向的无穷远点为合点的相应物点，则此三点的共线方程式为

$$\begin{cases} x_I = -f\dfrac{a_1}{a_3} \\ y_I = -f\dfrac{a_2}{a_3} \end{cases} \begin{cases} x_J = -f\dfrac{b_1}{b_3} \\ y_J = -f\dfrac{b_2}{b_3} \end{cases} \begin{cases} x_K = -f\dfrac{c_1}{c_3} \\ y_K = -f\dfrac{c_2}{c_3} \end{cases}$$

方程中 $I$、$J$、$K$ 三点的坐标可由像片中量取，设内方位元素主距 $f$ 为已知，其余六个参数由 $A$、$\alpha$、$\kappa$ 的三角函数值确定，故六个方程联立可解得三个外方位角元素。

现在已实现由 $S\text{-}xyz$ 系向 $S\text{-}uvw$ 系的转换，可以将影像恢复到垂直摄影的理想状态，在已知两个地面点的情况下进行建筑物的立体信息获取。

### 3.2.3 解析过程

依据上述的摄影测量原理，本节设计了一种基于单张影像的建筑物立体量测算法，其解析过程为：第一步，修正像点坐标的系统误差；第二步，通过检校摄影机获取内方位元素主点坐标 $(x_0, y_0)$ 和主距 $f$；第三步，将单张影像中房屋轮廓线分为分别平行于 $X$、$Y$、$Z$ 三个方向的三组特征线，计算各组特征线的合点，求取影像的三个外方位角元素 $A$、$\alpha$、$\kappa$ 以反推摄影姿态，完成相对定向；第四步，结合实际距离信息解算模型比例因子 $\lambda$；第五步，在以上参数的基础上进行建筑物的立体量测。

**1. 像点坐标的系统误差修正**

理论上，地物点、投影中心和对应的像点应处在一条直线上。但是由于像片在获取过程中受到多种外界因素的影响，使地面点在影像上的像点位置发生偏移，偏移了三点共线的条件。一般来说，这些因素主要包括物镜畸变、大气折光、地球曲率和底片变形等，它们对每张像片的影响都有相同的规律性，属于系统误差，可以统一进行修正。由于本书采用数码摄影机，因此不存在底片变形的影响；同时本文选用低空摄影，大气折光误差可以忽略；而且航高低，研究对象为航空像片上的单栋建筑物，可以忽略地球曲率引起的误差。下面重点讨论物镜畸变差修正方法。

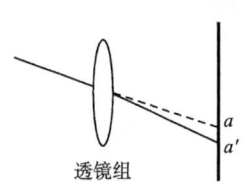

图 3.23 物镜畸变

摄影物镜由若干个透镜组合而成，借以消除或减少像差，但同时又会出现物镜畸变差，使经过物镜的入射光线与出射光线不平行，致使像点不是按中心投影的原则成像。如图 3.23 所示，物点 $A$ 应构像为 $a$ 点，由于物镜畸变差的影响，使构像移到 $a'$。物镜畸变差分为径向畸变和切向畸变。其中径向畸变是在以像主点为中心的辐射线上，辐射距离相等的点畸变相等，是对称畸变；切向畸变是由物镜组合透镜不完全同心引起，是非对称畸变。由于切向畸变较径向畸变小得多，所以在摄影测量中一般只考虑径向畸变的影响。

根据几何光学原理，径向畸变的表达式为

$$\Delta r = K_1 r + K_2 r^2 + K_3 r^3 + K_4 r^4 + \cdots$$

其中 $\Delta r$ 为径向畸变差；$r$ 为像点到像主点的辐射距；$K_1$，$K_2$，$K_3$，$K_4 \cdots$ 为摄影机物镜参数，为定值。

将 $\Delta r$ 分解为 $x$ 和 $y$ 两个方向的分量 $\Delta x$ 和 $\Delta y$

$$\Delta x = -x(K_1 + K_2 r^2 + K_3 r^4 + K_4 r^6 + \cdots)$$

$$\Delta y = -y(K_1 + K_2 r^2 + K_3 r^4 + K_4 r^6 + \cdots)$$

因为物镜参数 $K_1$，$K_2$，…均为小数值，考虑实际需要和计算效率，可选取有限项作为实际修正模型

$$\left.\begin{array}{l} x_{实际} = (x_{量测} - x_0) + K(x_{量测} - x_0) \times r^2 \\ y_{实际} = (y_{量测} - y_0) + K(y_{量测} - y_0) \times r^2 \\ r^2 = (x_{量测} - x_0)^2 + (y_{量测} - y_0)^2 \end{array}\right\} \tag{3.4}$$

其中物镜畸变参数通过摄影机检校获得。

### 2. 摄影机检校

所谓摄影机检校就是检查和校正摄影机内方位元素和镜头光学畸变系数的过程。它几乎是所有摄影测量处理方法必须经过的一个作业过程，同时也是提高摄影测量精度的一个重要方面，这是现代高精度工业摄影测量所必需的。众所周知，摄影测量相机分为量测和非量测相机两种，非量测相机的检校是为保证量测工作的顺利进行和为高精度摄影测量提供高精度的内方位元素数据和畸变差的改正模型。量测相机的检校除了提高测量精度外，还可检测修理及长期使用产生的内方位元素变化，以保证相机良好的使用特性。

广义上讲，摄影机检校的内容十分广泛，主要包括：主点$(x_0, y_0)$与主距$(f)$的测定；畸变系数的测定；压平装置以及像框坐标系测定与设定；调焦后主距变化的测定与设定；调焦后畸变差变化的测定；摄影机偏心常数的测定；立体摄影机内方位元素与外方位元素的测定；多台摄影机同步精度的测定等。本节所讨论的摄影机检校主要指前两项，即主点、主距和光学畸变系数的测定。

以下是本节利用山东科技大学的室内相机检校场（见图 3.24），对所使用的摄影机（尼康 D100 数码相机，见图 3.25）进行检校的例子。其基本原理是在单站上对具有足够数量的目标摄取几张不同倾角而有一定重叠的像片，然后进行光束法平差，最后计算出内方位元素及畸变系数。检校结果见表 3.5。

图 3.24 室内检校场

图 3.25 Nikon D100 相机

表 3.5 摄影机检校结果

| 像机型号 | 分辨率 | 像素大小 | 主点(像素) | 主距(像素) | K |
| --- | --- | --- | --- | --- | --- |
| Nikon D100 | 3008×2000 | 7.8μm | (5.69，−12.09) | 2612.83 | 1.29e−8 |

**3. 相对定向**

影像相对定向的任务是：基于建筑物本身的几何特性，测算不同方向特征线组的合点，求取其三个外方位角元素 $A$、$\alpha$、$\kappa$，就可以恢复像片的摄影姿态，再通过坐标轴旋转，实现由像空间坐标系 $S\text{-}xyz$ 向像空间辅助坐标系 $S\text{-}uvw$ 的转换，达到像面与物面平行的理想状态。

（1）解求合点

如图 3.12 所示为一建筑物体在像片中的投影，理论上该建筑物 $X$、$Y$、$Z$ 三个方向的所有平行线将分别交于三个合点 $I$、$J$、$K$。

在建筑物的侧面 $A$ 中，量测 1、3 两点的影像坐标 $(x_1, y_1)$、$(x_3, y_3)$。一般而言，直接测得的坐标是以影像左下角为原点的，因此首先需要转换为以像片中心为原点的坐标，进而换算为以主点 $(x_0, y_0)$ 为原点的坐标系中

$$\begin{cases} x^o = x' - x_0 \\ y^o = y' - y_0 \end{cases}$$

设线段 13 所在的直线方程为 $Ax + By = 1$，将变换后的 1、3 两点坐标 $(x_1, y_1)$、$(x_3, y_3)$ 代入，解得

$$A = \frac{y_3^o - y_1^o}{x_1^o y_3^o - x_3^o y_1^o}$$

$$B = \frac{x_1^o - x_3^o}{x_1^o y_3^o - x_3^o y_1^o}$$

同理，可求得线段 24 所在的直线，进而解算合点 $I(x_I, y_I)$

$$x_I = \frac{B_{24} - B_{13}}{A_{13}B_{24} - A_{24}B_{13}}$$

$$y_I = \frac{A_{13} - A_{24}}{A_{13}B_{24} - A_{24}B_{13}}$$

同理，可求得 $J$ 点和 $K$ 点坐标。

（2）解求方位角

在三个合点确定后，就可以解算影像的三个方位角 $A$、$\alpha$、$\kappa$。下面以图 3.12 所示建筑物的侧面 $A$ 为例（如图 3.26 所示）阐述求解方法。

其中，$\alpha$ 为像片倾角，取值范围为 $0°\leqslant\alpha\leqslant90°$；$\kappa$ 为自框标坐标系 $x$ 轴逆时针旋转至 $u$ 轴正方向的角度，取值范围为 $0°\leqslant\kappa\leqslant360°$；$A$ 为摄影方位角，取值范围为 $0°\leqslant A\leqslant90°$。

根据摄影测量中特殊点、线以及面之间的几何关系，$So\perp oIK$，$ov\perp IK$，则 $\triangle oaS$、$\triangle Isa$、$\triangle SaK$、$\triangle Ioa$、$\triangle Koa$ 均为直角三角形，根据直角关系和坐标轴条件，三个方位角分别为：

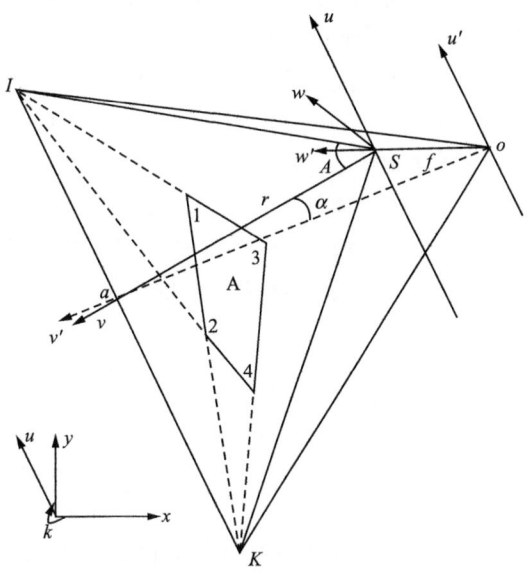

图 3.26 影像角元素

$$A = \angle ISa$$
$$\alpha = \angle Sao$$
$$\kappa = \angle xu = \angle xu' = \angle xoI + \angle Iou' = \angle xoI + \angle oIa$$

其中 $\kappa$ 的值由主纵线与 $IK$ 连线的交点 $a$ 所在的象限决定。若将$(x_0, y_0)$和 $f$ 代入，计算各直角边 $oa$、$Sa$、$Io$、$SI$ 的长度，则可按下式计算 $A$、$\alpha$、$\kappa$：

$$\begin{aligned} A &= \arcsin\left(\frac{Sa}{SI}\right) \\ \alpha &= \arcsin\left(\frac{f}{Sa}\right) \\ \kappa &= \mathrm{arctg}\left(\frac{y_1 - y_0}{x_1 - x_0}\right) + \arcsin\left(\frac{oa}{Io}\right) \end{aligned} \tag{3.5}$$

**4. 模型比例因子求解**

上节已经修正了影像的系统误差，并通过相机检校和相对定向获得影像的内外方位元素，实现了像点坐标由 $S\text{-}xyz$ 系向 $S\text{-}uvw$ 系的转换，在此条件下已能够建立建筑物在物方的模型，但是在没有任何物方空间的真实坐标和距离条件时，是不能确定其方位与大小的。因此只要求得比例因子 $\lambda$，就可以通过量测构像长度 $d$，得到相应地面实际距离 $D=\lambda d$。

一种方案是在摄影时通过激光测距装置同步获取自摄影中心到物面的实际距离并记录下来，在像片解析时依据此距离信息求算比例因子。此方案要求飞行器上同时搭载激光测距仪，硬件要求较高，不适合所选用的无人驾驶飞机；同时本节要同时对一张航片上的多栋建筑物影像进行解析,使用激光测距难以获取多重精确的距离信息。

鉴于现在已经拥有的丰富的二维 GIS 信息,从中提取相应的坐标和距离,可以轻易地实现比例因子 $\lambda$ 的解算。本节通过结合现有的二维 GIS 数据库,利用其中存储的建筑物平面位置信息(长和宽)辅助获取模型间的比例因子。这样不仅省去了解算摄站坐标 $(X_s, Y_s, Z_s)$ 的工作,同时也可以依靠现有坐标信息的高精度提高相应的量测精度。

将 $A$、$\alpha$、$\kappa$ 代入式(3.3),解得旋转矩阵 $R$,从二维 GIS 数据库中提取建筑物 2、4 两点的平面坐标 $(X_2, Y_2)$、$(X_4, Y_4)$,并从影像上获取相应的像点坐标 $(x_2, y_2)$、$(x_4, y_4)$,通过式(3.2)将像点坐标转换为 $S\text{-}uvw$ 的坐标 $(u_2, v_2)$、$(u_4, v_4)$,则可解算比例因子

$$\lambda = \frac{\sqrt{(X_2^2 - X_4^2) + (Y_2^2 - Y_4^2)}}{\sqrt{(u_2^2 - u_4^2) + (v_2^2 - v_4^2)}}$$

**5. 示例**

如图 3.27 所示,对其中的建筑物进行多角度的摄影,应用以上算法对获取影像进行量测。采用实地测量的方法得到该房屋图中标号点之间的距离,以 2 点为原点、2-3 方向为 $X$ 轴、2-1 方向为 $Y$ 轴、2-5 方向为 $Z$ 轴建立坐标系。

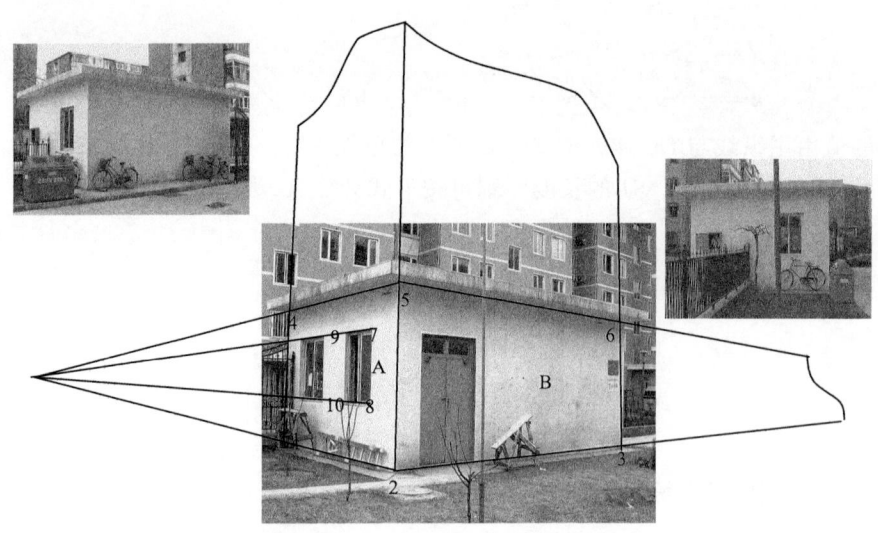

图 3.27 单像建筑物立体量测

对图中的建筑物的各个可见侧面分别解析,在按上述解算方法获取所有必要参数后,即可进行建筑物的立体量测。对一个侧面而言,对于其上的任何两点,只要从影像中提取其像面坐标,即可方便的求得对应实地距离。

量测结果如表 3.6 所示。

表 3.6  单像立体量测数据

| 量测面 | 角度/rds | | 距离/mm | | | |
|---|---|---|---|---|---|---|
| | 参数 | 数值 | 点号 | 量测距离 | 实际距离 | 真误差 |
| A | $A$ | 1.8352 | 1-2 | 5389 | 5460 | −71 |
| | $\alpha$ | 0.9409 | 4-5 | 5411 | 5460 | −49 |
| | $\kappa$ | 4.2837 | 2-5 | 3307 | 3470 | −163 |
| | $\lambda$ | 48.2485 | 1-4 | 3345 | 3470 | −115 |
| | | | 7-8 | 1380 | 1460 | −80 |
| B | $A$ | 1.3148 | 2-3 | 7639 | 7650 | −11 |
| | $\alpha$ | 0.6411 | 5-6 | 7608 | 7650 | −42 |
| | $\kappa$ | 1.7732 | 2-5 | 3344 | 3470 | −126 |
| | $\lambda$ | 50.0152 | 3-6 | 3405 | 3470 | −65 |

从表 3.6 可以看出，量测真误差的绝对值分布在 11～163mm，能够满足建筑物三维建模的精度要求。

### 3.2.4  若干关键技术

在进行单像建筑物立体量测时，为了保证解的稳定性并提高量测精度，在上述算法的具体实现中采取了若干优化策略。同时，为充分利用影像资源，从中挖掘多样化的信息，本节还探讨了基于单片的多影像纹理提取技术，以及针对非规则特殊形状建筑物的量测方法。

**1. 多组特征线联合平差技术**

一般而言，虽然在建筑物体上存在大量的平行或垂直的直线，如边缘、门、窗户、阳台等，但是由于影像的投影变形，根据不同的平行线所计算出的结果往往会有较大差别，因此确定哪些直线作为建筑物的特征线组及如何选取这些直线十分重要。我们在实验中发现，在选择那些线段距离较长、分布相对分散的平行线进行计算时，量测结果精度较高。这是因为此类直线和其所确定的特征线组就变形和误差传递而言较其他平行线低（如图 3.27 中所示，选取 1-2、4-5 作为特征线比选择 7-9、8-10 时的解算精度要高），因此，为保证解算精度，在可见的情况下应选择建筑物主体部分的边缘作为特征线，否则也应尽量避免选择距离过近的平行线。

建筑物特征线的具体选取方法可以分为两类：计算机自动提取和手工提取。前者指根据影像特征进行卷积计算生成边缘等值线，再通过对边缘等值线分裂、合并与连接等操作得到特征直线段；后者通过人眼判读，沿影像上的直线特征选取若干点，再由这些特征点确定待定直线。本节采用的是第二种方法。

从理论上来说，只要确定特征直线段的两个端点，就可以得到其所在的直线方程，但由于影像分辨率和人为操作误差的影响，这样做可能会产生较大的误差。因此需要沿直线影像采集多个样本点 $\{(x_1,y_1),(x_2,y_2),(x_3,y_3),\cdots,(x_n,y_n)\}$，再通过最小二乘平差拟合出待定直线 $Ax+By=1$。

最终的特征直线参数计算公式如下：

$$A = \frac{\sum x \times \sum y^2 - \sum y \times \sum xy}{\sum x^2 \times \sum y^2 - \sum xy \times \sum xy}$$

$$B = \frac{\sum y \times \sum x^2 - \sum x \times \sum xy}{\sum x^2 \times \sum y^2 - \sum xy \times \sum xy} \quad (3.6)$$

某个方向的所有平行线理论上应收敛于一个合点，但由于各方面的误差影响，根据不同的平行线组所求得的合点坐标往往会不同。因此对于一栋建筑物而言，仅用两条平行线确定合点是不够的，需要量测多条平行线进行平差计算。在确定特征线组内多条直线 $A_ix+B_iy=1$ 后，最终的合点坐标计算公式如下：

$$x = \frac{\sum A \times \sum B^2 - \sum B \times \sum AB}{\sum A^2 \times \sum B^2 - \sum AB \times \sum AB}$$

$$y = \frac{\sum B \times \sum A^2 - \sum A \times \sum AB}{\sum A^2 \times \sum B^2 - \sum AB \times \sum AB} \quad (3.7)$$

在影像解析中，由于影像变形、像点量测误差等因素的影响，有可能会出现无解的病态方程（例如求两条平行线的交点），针对这种情况的处理也是必须要考虑的。处理方法是在算法实现时预置验证算子，在解算前首先进行判断，若出现该情况则提示重新选择特征线。

**2. 单片多影像纹理提取技术**

本节采用低空无人机遥感系统作为信息来源，并对目标地物进行倾斜摄影，所获取的影像上除包含了建筑物的几何信息外，还包含有大量的建筑物顶面和侧面纹理信息，并且具有高分辨率特征，真实的纹理是重建精细的建筑物三维模型所必需的，为此本节对从无人机影像中提取纹理信息进行了探讨。在对建筑物进行倾斜摄影且拍摄角度合理（从被摄对象的斜上方拍摄，从而可以摄得多个侧面，如图 3.28 所示）的情况下，通过对建筑物的不同侧面分别进行处理，可以得到多个侧面的纹理。

从数字影像中提取被摄物体的表面纹理应用的是像片纠正原理，即将中心投影转变为正射投影。当像片水平且物面水平的情况下，像片即相当于物面的比例尺为 $1:\lambda$ 的平面图。建筑物的侧面和顶面一般均为平面，就单面作为研究对象而言，满足物面水平的要求。

中心投影的数字影像纠正的本质是实现两个二维图像之间的几何变换，具体实现有两种方法：反解法和正解法。两者的区别在于求解顺序不同，前者是由纠正后的像点坐标 $P(X,Y)$ 出发，反求其在原始图像上的像点坐标 $p(x,y)$，映像关系为

$$x = f_x(X,Y)$$

$$y = f_y(X, Y)$$

正解法则反之，由原始图像上的像点坐标 $p(x,y)$ 求纠正后的像点坐标 $P(X,Y)$，其映像关系为

$$X = \varphi_x(x,y)$$
$$Y = \varphi_y(x,y)$$

由于正解法存在纠正后像点不规则排列、有空白像点和重复像点等缺点，在实际应用中一般采用反解法。前文已经实现对像平面的物面平行转换，此时只要执行该运算的逆运算，即可实现由纠正后的像点坐标反求原始图像的像点坐标。根据式(3.2)，反算式为

$$\begin{bmatrix} x \\ y \\ z \end{bmatrix} = R^{-1} \begin{bmatrix} u \\ v \\ w \end{bmatrix} = \begin{bmatrix} a_1 & a_2 & a_3 \\ b_1 & b_2 & b_3 \\ c_1 & c_2 & c_3 \end{bmatrix}^{-1} \begin{bmatrix} u \\ v \\ w \end{bmatrix}$$

由于变换矩阵 $R$ 为正交矩阵，有

$$R^{-1} = R^{\mathrm{T}}$$

在得到原始图像的像点坐标后，进行内插计算，求取像点的 RGB 颜色值，最后将该颜色值赋予纠正后的像点。内插方法有近邻取样、双线性、三次卷积等几种，其中近邻取样法最简单，运算最快，但精度较低；三次卷积法精度最高，但计算量也最大；本文采用精度和计算量都介于两者之间的双线性插值法。纠正后的示例影像如图 3.28 所示。

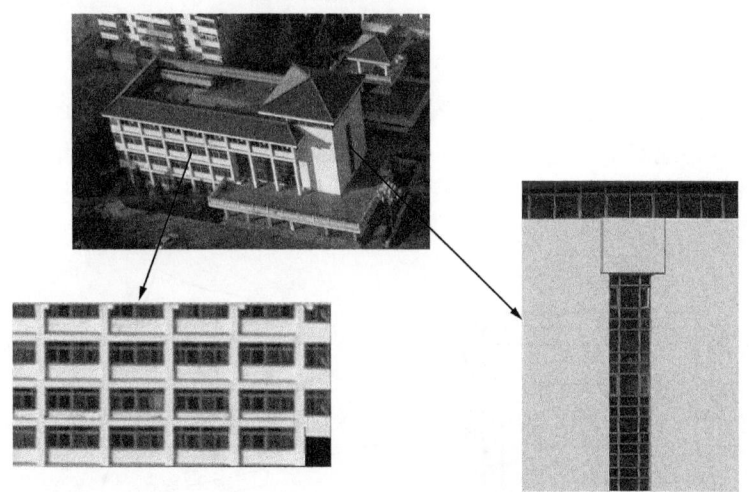

图 3.28 单片多影像纹理提取

**3. 特殊形状建筑物立体量测技术**

上节所论述的都是针对规则长方体的量测，但现实世界中的建筑物形状极其多样，圆柱体、尖屋顶、正四面体以及诸多不规则形状，仅具备长方体的量测功能远不能满足

城市三维信息的获取要求。针对几种常见的特殊形状建筑物，本节通过构造其虚拟可测面(Virtual Measurable Surface，VMS)达到与规则地物相同的量测效果。

(1) 圆柱

在图 3.29 中，圆柱体的真实形状及中心投影构像分别如(a)、(b)所示，圆柱体中不存在多组相互平行的直线，同样在其构像中也难以依据相应的特征线组进行立体解析。但根据圆柱的几何特征和投影特点，对一圆而言，无论从任何角度观察，其中心投影构像的最长弦必为圆柱底面直径，如图 3.29 (b)中的 12。因此在圆柱的投影影像中，取其底面圆弧的两个端点 3、4，及侧边与顶面的交点 1、2，该四点即组成圆柱体的可量测虚拟面，对应于图(a)中的面 1234。设底面直径 34 的真实距离为已知，则可解算圆柱的高度，即图中 23 的距离。

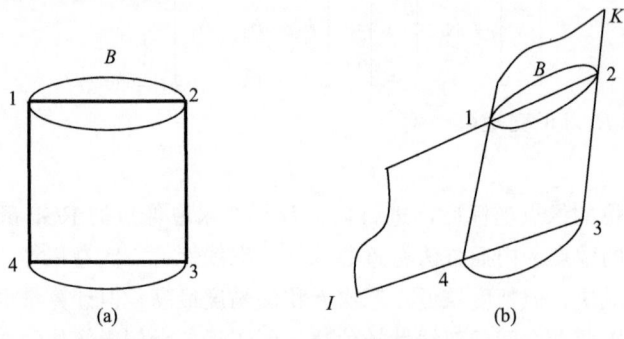

图 3.29 圆柱体立体量测

(2) 两坡尖屋顶

两坡尖屋顶的真实形状及中心投影构像分别如图 3.30 中的(a)、(b)所示。可以按照上节的算法容易地解得房屋的主体部分的高度；但对于屋顶部分，由于不能在影像上直接确定垂直方向的平行线，则难以解算相应高度。

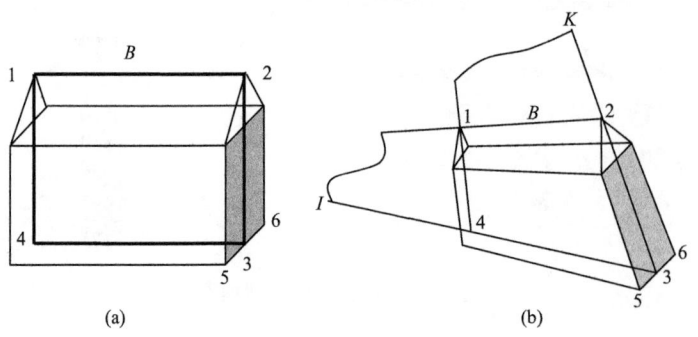

图 3.30 人字尖屋顶立体量测

将房屋主体与屋顶分别考察，主体底面与屋顶底面相等，量测 5、6 两点坐标，求得其中点 3，则过 3 且平行于屋脊线 12 的直线必过 $X$ 方向的合点 $I$；同理，过 1 且平行

于 $Z$ 方向的直线必过垂直方向的合点 $K$,由 $I$、3 点和 $K$、1 点分别求取直线方程,则可求该两条直线的交点 4,由 1、2、3、4 四点可构成屋顶的可量测虚拟面,在 34 距离即房屋主体长度为已知的条件下,可解得自地面至屋脊的高度 23,减去房屋主体高度则为人字尖屋顶的高度。

(3) 四坡尖屋顶

四坡顶的真实形状及中心投影构像分别如图 3.31 中的(a)、(b)所示。其可量测虚拟面的生成与人字屋顶类似,区别在于四坡屋顶中不存在任何方向的特征线组,需要构造两个方向的两组平行线。首先量测 5、6 两点坐标,求得其中点 3,结合 3、$I$ 两点求得一条直线;再利用 3、$K$ 两点和 1、$I$ 两点以及 1、$K$ 两点分别确定三条直线;分别求取 $3I$ 和 $1K$ 的交点 4、$1I$ 和 $3K$ 的交点 2,则由 1、2、3、4 四点构成屋顶的可量测虚拟面,设 34 距离即房屋主体长度的一半为已知,可解得自地面至屋脊的高度 23,减去房屋主体高度则为四坡尖屋顶的高度。

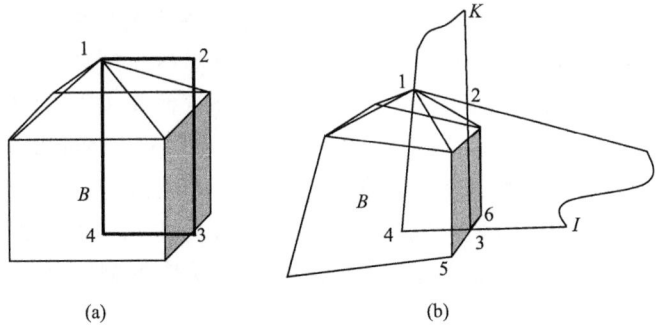

图 3.31 四坡屋顶立体量测

## 3.2.5 精度评估

精度是衡量某次测量作业、某种算法以及某类工程建设等的重要指标。不同的应用需求对于所需数据有不同的要求,例如为路桥工程服务的地理数据的精度就要远高于用于土地利用监测、土壤湿度分析的数据的精度。本书所设计实现的单影像建筑物立体量测算法主要应用于城市景观的三维重建,服务领域集中在城市规划、房屋管理、土地利用等城市职能部门以及其他社会服务行业,数据精度要求较高。

分析算法的实现过程可知,其偶然误差主要来源于三个方面:影像变形误差、像点选取误差和计算过程中由于中间变量的余数带来的误差。其中可以通过物镜畸变修正消除大部分影像变形误差;第二类误差通过直线拟合最小二乘平差降低;第三类主要采用减少中间变量、尽量使用原始采集值的方法。

误差计算公式为

$$\sigma^2 = \lim_{n \to \infty} \frac{[\Delta\Delta]}{n} \qquad m^2 = \hat{\sigma}^2 = \frac{[\Delta\Delta]}{n} \qquad m = \hat{\sigma} = \pm\sqrt{\frac{[\Delta\Delta]}{n}}$$

其中，Δ为真误差；$\sigma^2$为方差；$\sigma$为中误差；$m^2$为方差估值；$m$为中误差估值。

以单影像中量测出的数值作为观测值，以全站仪测绘出的数值作为真值。对不同建筑物在不同条件下的影像进行大量精度估算评价，限于篇幅，原始观测数据不在此列出，仅列出误差分析结果。一典型样本集的误差分布情况如表3.7所示。

表3.7 误差分布表

| 真误差 Δ/mm | 中误差 σ/mm | 样本数 |
| --- | --- | --- |
| 0~50 | 0~50 | 26 |
| 50~100 | 50~100 | 35 |
| 100~150 | 100~150 | 65 |
| 150~200 | 150~200 | 21 |
| 200以上 | 200以上 | 3 |

另外，航摄倾角和摄影高度是影响单像立体量测精度的重要因素，项目也逐一的对其进行了实验误差分析，固定45°摄影倾角实验分析不同航高与量测结果方差之间的关系（见表3.8、图3.32），固定300m航高实验分析倾角对量测精度的影响（见表3.9及图3.33）。大量实验结果表明，500m以下航摄高度均能保证单像立体量测的精度，但是在300m左右时影像较为完整清晰，有利于纹理的提取；倾角大小对量测精度有直接关系，这是由于摄影角度不佳会造成目标的几何结构线不完整或缺少，45°倾角左右时为最佳摄影姿态，既有利于提高单像立体量测精度，又便捷后续纹理提取和建模。

表3.8 航高精度关系表

| | 航高/m | 方差/mm |
| --- | --- | --- |
| 航摄倾角 45° | 150 | 109.74 |
| | 200 | 112.23 |
| | 250 | 110.88 |
| | 300 | 111.91 |
| | 350 | 109.36 |
| | 400 | 111.63 |
| | 450 | 112.12 |
| | 500 | 111.90 |

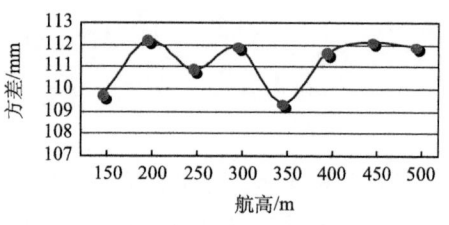

图3.32 航高精度关系图

表3.9 角度精度关系表

| | 航摄倾角/(°) | 方差/mm |
| --- | --- | --- |
| 航高 300m | 30 | 113.68 |
| | 35 | 113.36 |
| | 40 | 112.44 |
| | 45 | 111.91 |
| | 50 | 112.25 |
| | 55 | 112.79 |
| | 60 | 113.16 |

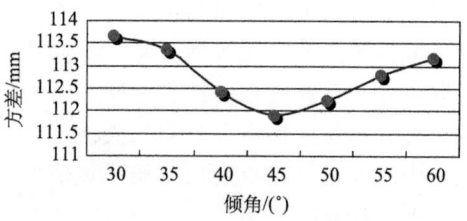

图3.33 角度精度关系图

根据量测结果，重建图 3.27 中房屋的三维模型如图 3.34 所示，重建图 3.28 中房屋的三维模型如图 3.35 所示。

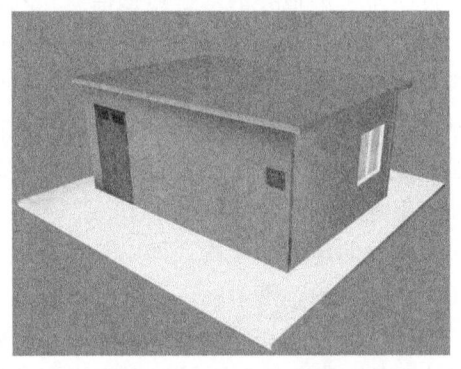
图 3.34　房屋重建模型

图 3.35　房屋重建模型

### 3.2.6　单影像立体量测系统 NewMap SP

为满足单影像立体量测的规模化应用，本节基于 VC++开发了单影像立体量测系统，在输入必要航摄参数并选取量测对象后，自动化计算并按固定的编码将结果输出到数据库中，便捷后续的建模。同时，系统通过采用病态方程处理、多影像联合平差、VMS 等技术，进一步提高了单影像立体量测的适用性、稳定性和精度。

单影像立体量测系统 NewMap SP 见图 3.36。

(a) 相机参数输入

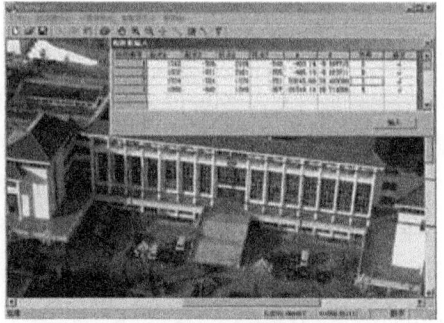
(b) 解求方位元素

图 3.36　单影像立体量测系统 NewMap SP

## 3.3　地形三维信息获取

城市的地形信息是描述城域地表高低起伏的特征数据，是对城市道路、绿化、市政、建筑等进行规划和建设的重要空间基础数据。在城市三维地理空间基础框架建设的早期，人们将航空影像与地形进行叠加来构造城市的地形景观模型。这种方法仅要求对城市进行高空浏览，能大致了解城市的概貌，因此对地形的精度要求不高。随着城市三维地理空间基础框架建设的不断进展，人们需要进一步了解地表的三维模型信息。利用3DMAX或CAD与地形结合来构建三维城市景观模型的方法逐渐得到应用，并在实际中占据主导地位。由于要顾及道路、绿地、建筑与地形的对应关系，对城市地形信息的采集精度也越来越高。对于大多数城市来讲，当地表的绝对高差大于5m时，地表不能再看作统一的基准面，需要获取地形信息以增强三维表达的准确性。基于此，高精度地形三维信息的获取是今后城市三维地理空间基础框架建设中不可缺少的环节。

目前，计算机对地形地貌的表示，不再是人们常见的地形图形式，即以等高线表示地貌、用图例符号表示地物，而是通过存储在介质中大量的、密集的、呈规则分布或不规则分布的地面点的空间坐标和地形属性代码，以数字的形式加以描述。地形的这种表达形式称为数字地面模型（Digital Terrain Model，DTM），定义为区域地形表面诸特性的数字化表达。当地形属性代码为地面高程时，即为数字高程模型（Digital Elevation Model，DEM）。数字高程模型是新一代的地形图，是国家空间数据基础设施的基本产品之一，也是城市三维地理空间基础框架的主要内容之一。

地形的三维信息目前主要通过航空摄影测量、地形图数字化和全站仪野外数字测量三种方式获得。航空摄影测量是在地面摄影测量的基础上发展起来的，并随着计算机技术、遥感技术的进步逐步由模拟摄影测量、解析摄影测量进入数字测量阶段，成为地形图测绘和更新的有效手段。数字摄影测量从根本上改变了摄影测量对价格昂贵、光机结构复杂的专门测图仪器的依赖，是摄影测量领域的一次革命。基于微机的数字摄影测量系统目前可以高效率、高质量地完成自动定向、空中三角测量、自动数字地面模型生成（辅以交互式编辑）、自动正射影像图制作和交互式数字测图以及三维景观模型采集等一系列作业，可以高效、快速地获取高精度、大范围的DEM数据。

地形图数字化是DEM的另外一种主要数据源。在数字摄影测量诞生以前，世界上几乎每个国家都测绘了覆盖本国的各种比例尺的地形图，这些数据为地形三维信息的获取提供了丰富、廉价的原始数据。地形图数字化包括人工数字化和扫描数字化两类，其中前者在城市区域范围内的数据采集处于主导地位，后者在等高线数字化方面技术比较成熟。当有可利用的较高质量的纸质地形图时，地形图数字化可以作为地形数据获取的一种辅助手段。但随着数字测图技术的不断普及，利用地形图数字化获取地形三维信息的手段用将会逐渐减少。

通过全站仪、全球定位系统（GPS）、经纬仪等手段可获取小范围、大比例尺、高精度的地形三维数据，同时也是对航空摄影测量和地形图数字化的一种补充。全站仪数字测图实现了从野外数据采集、处理到绘图过程的自动化和一体化，而且获取数据精度高，常用于有限范围内大比例尺高精度地形三维信息的采集。

此外，近年来出现的机载干涉雷达、激光雷达、合成孔径雷达等新型传感器数据被认为是快速获取高精度、高分辨率的地形三维信息最有希望的数据来源。其中机载合成孔径雷达（SAR）地形测量系统在地形测绘中可用于全天候、实时或准实时获取高精度的三维地形数据，系统获取和处理数据的自动化程度高，地物位置以及高程的精度潜力可以达到厘米级。因此,它将成为获取高精度 DEM 数据的主要手段。

综上所述,地形三维信息的获取方法在获取效率、成本、精度等方面各异,具体采用何种数据获取方法,一方面取决于用户对于地形三维信息的分辨率及精度要求;另一方面也取决于技术条件、成本和原始数据的情况。表 3.10 是目前 DEM 几种数据获取方法及精度、效率、成本等特性的比较。

表 3.10 DEM 数据获取方法及其特性比较一览表

| 获取方法 | 数据精度 | 获取效率 | 获取成本 | 更新程度 | 应用范围 |
| --- | --- | --- | --- | --- | --- |
| 地面测量 | 非常高(cm) | 耗时 | 比较高 | 很困难 | 小范围,特别的工程项目 |
| 摄影测量 | 比较高(cm~m) | 比较快 | 比较高 | 周期性 | 大工程项目,国家范围内的数据收集 |
| 地形图手扶跟踪数字化 | 比较低(图上精度) | 比较耗时 | 低 | 困难 | 国家范围内以及军事上的数据采集,中小比例尺地形图的数据获取 |
| 地形图扫描矢量化 | 比较低(图上精度) | 非常快 | 比较低 | 困难 | |
| 激光扫描干涉雷达 | 非常高(cm) | 很快 | 非常高 | 容易 | 高分辨率,各种范围 |

# 第四章 三维空间数据模型

空间数据模型是对现实世界的一种抽象、归类及简化的描述。三维空间数据模型是关于三维空间数据组织的概念和方法，它反映了现实世界中空间实体及实体间的相互联系，重点研究三维空间的几何对象的数据组织、操作方法以及规则约束条件等内容。三维空间数据模型是发展三维 GIS 的一个核心问题，对三维空间数据模型的认识和研究在很大程度上决定着三维 GIS 系统的发展和应用的成败，因此长期以来一直是学术界所广泛关注的焦点。

针对三维空间数据模型，国内外众多学者进行了大量的研究与探索，取得了一定成果。但是由于现实世界的复杂性决定了用以描述现实世界的三维空间数据的庞大和复杂，至今对该问题仍没达成共识，没有建立一种可以适用于大多数领域的三维空间数据模型，人们的研究重点主要集中在面向不同领域开发不同的数据模型方面。本章重点面向城市景观建模，提出了一种面向实体的三维空间数据模型(Entity-oriented 3D Model，EO3DM)。首先分析现实世界三维表达的模型化过程；然后介绍目前有关三维空间数据模型的研究进展，总结三维 GIS 对空间数据模型的几点要求；进而明确空间实体的定义规范及实体间拓扑关系的描述和表达，在此基础上提出了面向实体的三维空间数据模型；同时针对城市地形数据的组织管理，探讨相应的三维地形模型。

## 4.1 现实世界的模型化过程

现实世界中几何对象的模型化是指通过一定的数学模型去描述现实世界中地物模型的过程。一般而言，三维对象的模型化过程可分为概念模型的设计、逻辑模型的设计和物理模型的设计三个阶段。概念模型表示对现实世界的抽象规则，用以明确哪些内容应该被包括在模型中，诸如对象类型、属性、相互关系等。由于现实世界的复杂，概念模型需要定义确切的抽象方法和描述规则。概念设计的目标就是提供描述现实现象的工具。在确定待描述的现实特征后，为能够有效的组织、管理、分析这些特征信息，需要定义逻辑模型。该模型的设计目标在于确定现实世界地物模型的逻辑组织方案，即在概念模型的基础上解决现实现象的管理问题。物理模型的作用是实现逻辑模型和计算机硬件之间的沟通，亦即确定信息的存储方式、存储结构、索引方式等。存储结果既可以是一系列的数据文件，也可以是若干个彼此联系的数据库。

对现实世界进行三维表达的模型化过程如图 4.1 所示，经过概念模型、逻辑模型、物理模型的设计和恢复，最后形成相似于现实世界的仿真景观。

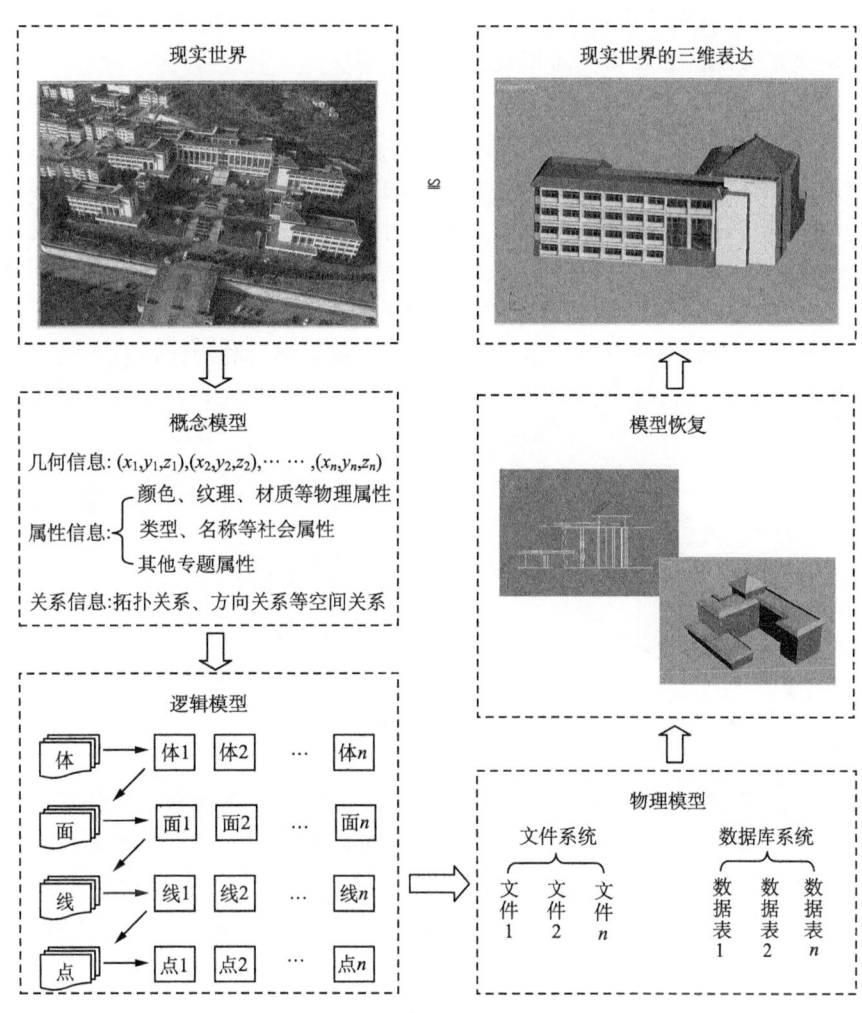

图 4.1 现实世界的模型化表达

## 4.2 三维空间数据模型的研究现状

现有的三维空间数据模型可以分为：基于栅格结构的数据模型、基于矢量结构的数据模型和混合结构数据模型。

**1. 基于栅格结构的数据模型**

基于栅格结构的数据模型是二维栅格模型在三维空间的扩展，它将三维空间划分为一系列连通但不重叠的几何体素。构造栅格结构数据模型的方法主要有单元分解法(Cell Decomposition)、空间枚举法(Spatial Occupancy Enumeration)、四面体格网法(Tetrahedral Network)、K-单纯形剖分法(K-Simplex Partition)等。

单元分解法通过定义一些相对规则的基本的几何形体(如立方体、球、圆柱、矩形、菱形等），然后对基本对象进行布尔运算（交、并、差、积等）构造复杂对象。用该类方法可以精确地定义几何形状，但难以表达拓扑关系。

空间枚举法采用单一形状的几何体来描述空间实体，如立方体。这类方法的优点是可以对几何体建立空间索引，从而提高空间搜索的效率，易于进行布尔运算和数据管理；缺点是只能近似地描述空间实体，且占用的存储空间过大。八叉树模型是基于空间枚举法的一种应用非常广泛的数据模型。八叉树模型对三维空间的几何实体进行体元剖分，每个体元具有相同的时间和空间复杂度；通过对大小为 $2^N \times 2^N \times 2^N$ 三维对象进行递归分解，最后构成一个具有根节点的方向图（Hunter，1978）。如图 4.2 所示。为了节省八叉树模型的存储空间，有学者对此进行了扩展，提出利用线性八叉树模型进行压缩，仅存储属于体对象的叶节点以及叶节点与根节点的关系（Gargantini，1982）。

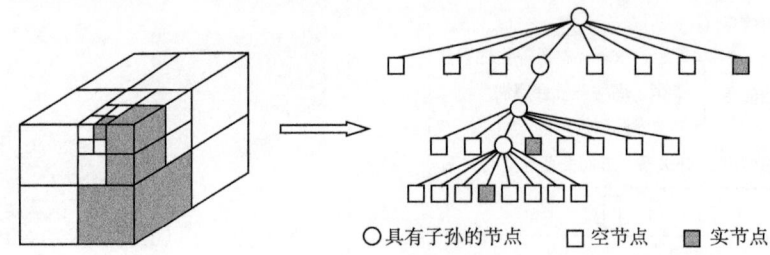

图 4.2 八叉树模型

四面体格网模型以不规则四面体作为描述空间实体的基本元素，将任意一个三维空间实体剖分成一系列邻接但不重叠的四面体，通过四面体间的邻接关系来反映空间实体间的拓扑关系（Pilouk，1994），如图 4.3 所示。其特点是能够根据三维空间采样点的坐标有效地实现插值运算、几何和逻辑变换；但是该模型没有考虑空间实体的表面形态，

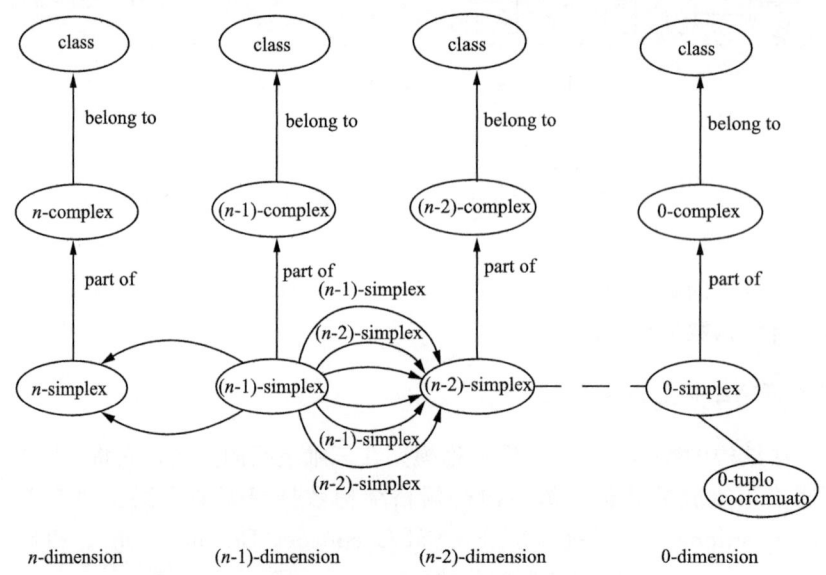

图 4.3 四面体格网模型

难于表达三维面状目标和线状目标，同时随描述精度的增加，会需要大量的空间存储复杂的拓扑关系，整体数据量会急剧增大，并且对空间实体的剖分算法仍存在一些问题有待解决。

$K$-单纯形剖分法扩展了四面体格网法，它以 $K$ 单纯形（$0 \leqslant K \leqslant 3$）作为基本元素，将任意空间实体分解为与其维数相应的一系列单纯形，从而解决了四面体格网模型只能对空间三维实体表达的问题，可以将所有空间实体进行剖分表达。对空间实体的操作，转化为对剖分后的单纯形集合的操作。其缺陷在于由于对所有实体进行剖分而增加了操作的复杂度。

**2. 基于矢量结构的数据模型**

基于矢量的数据模型以物体边界和表面为基础定义和描述空间实体。构造矢量结构数据模型的方法主要有线框表示法（Wire Frame Representation）、边界表示法（Boundary Representation）、表面剖分法等。

线框表示法最早应用于计算机图形学和 CAD/CAM 领域，它用一系列空间直线、圆弧和点来描述三维空间实体的外形，在计算机内建立物体棱边起点和终点的线段表。由于该表示法只有离散的空间线段，没有实在的面，因此具有数据结构简单、数据存储量小、对硬件要求低、易于掌握等特点。但它也存在所构成的图形含义不确切、不能进行物体几何特性（体积、面积等）的量算、不便于消除隐藏线、无法表示实体之间的拓扑关系等缺陷。

边界表示法基于空间实体的有限组成来描述几何对象，即每个空间实体由有限个面组成，每个面由有限条边围成，每条边由起点和终点定义。该方法直接给出了空间实体的边界描述，有利于图形生成和几何特性的计算，但难以精确表达带有曲面的空间实体，缺乏对三维实体内部信息的描述。基于边界表示法，荷兰学者 Molennar 提出了 3DFDS（3D Formal Data Structure）模型，定义了结点（node）、弧段（arc）、边（edge）、面（face）四种基本的几何元素以及基本元素与点（point）、线（line）、面（surface）、体（solid）四种几何目标之间的拓扑关系，如图 4.4 所示。3DFDS 具有很强的表达拓扑关系和位置的能力，但由于没有考虑空间实体的内部结构，仅适于表达形状规则的简单空间实体，难以表达没有规则边界的复杂实体。

在 3DFDS 的基础上，一些学者进行了扩展，发展了新的模型，如 SSM（simplified spatial model）和 V3D。其中 SSM 对 3DFDS 进行了一定的简化，定义了两类基本的构造元素面（face）、结点（node）以及四类抽象的几何对象点（point）、线（line）、面（surface）和体（body），并给出了点面、面线和面面之间拓扑关系的严格定义（Zlatanova，2000），如图 4.5 所示。该模型去掉了 3DFDS 中的弧段元素，结构更简单，有利于三维对象的可视化，但同时却不利于复杂对象的构造。

V3D 的特点在于在确定四类几何对象类型的基础上，引入了 DTM 数据、影像数据和专题数据，并把空间对象与各类信息结合起来，因此在地表集合和属性信息的表达上更为强大，如图 4.6 所示。其缺陷在于没有形成实体间拓扑关系的明确定义，空间分析能力弱，同时地表对象与地形间的匹配也有待进一步完善。

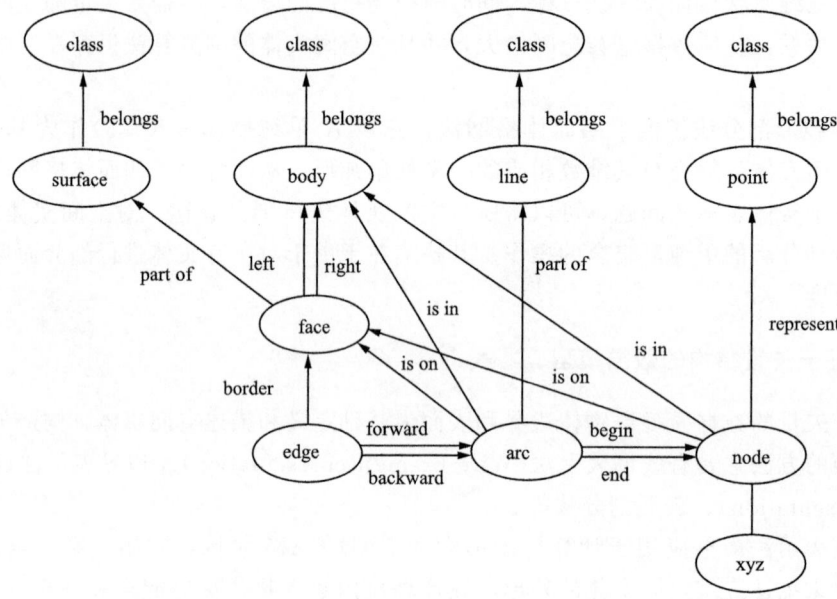

图 4.4  3DFDS 模型(Molennar,1990)

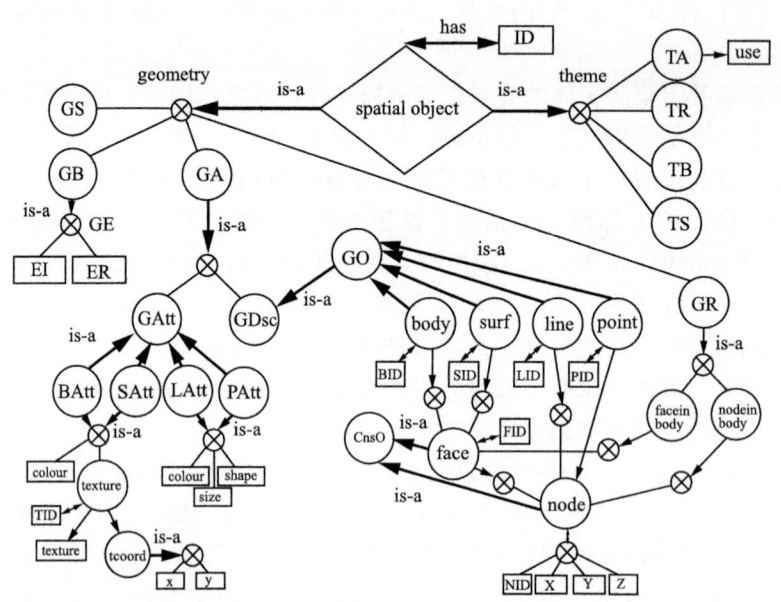

图 4.5  SSM 模型(Zlatanova,2000)

表面剖分法将物体表面依据一定的算法分解为若干简单平面单纯形的集合,将单纯形作为构建各种空间实体及描述拓扑关系的基本要素。孙敏提出了基于三角形表面剖分的空间数据模型,定义了点、线、面、体和 DEM 五类对象,并将面分为曲面和折面两类,通过对曲面和折面进行 TIN 三角形剖分实现对表面的表达和近似表达(孙敏,

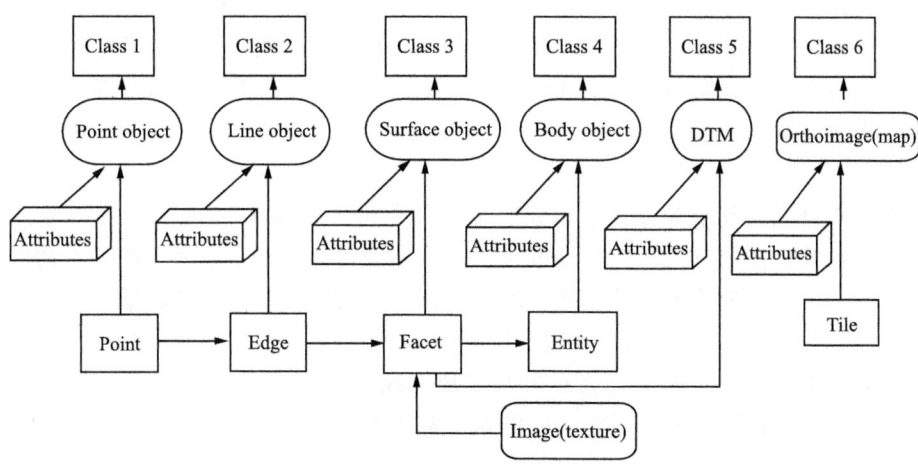

图 4.6　V3D 模型(Xinhua Wang, Armin Gruen, 2000)

2000)。虽然对体对象采用表面剖分进行表达可以减少不必要的数据冗余，但剖分操作较为复杂，且难以控制剖分精度。

**3. 混合结构数据模型**

为了集成栅格模型和矢量模型的优点，一些学者将两种或两种以上的数据模型加以综合，形成具有一体化结构的模型，即混合结构数据模型。下面介绍几种比较具有代表性的该类数据模型。Li Rongxing 建立了一种多种数据模型(CSG、TIN、Octree 等)集成的 3DGIS 系统，采用 BR 和 CSG 描述规则对象，用 TIN 和八叉树描述不规则对象(Li，1994)。李清泉以八叉树和不规则四面体为基础提出了三维 GIS 的混合数据模型。该模型以栅格结构的八叉树作为对象描述的总体框架，控制对象空间的宏观分布；以矢量结构的不规则四面体描述变化剧烈的局部区域，较为精确地表达了细碎部分(李清泉，1998)。龚健雅针对矿山管理系统提出了面向对象的矢栅一体化数据模型，定义了结点、弧段、断面、体元等 13 类空间对象，用概括、联合、聚集来表达不同类之间的关系(龚健雅，1997)。李清泉、李德仁提出了三种三维空间数据模型集成方法，用于城市三维构模基于 TIN 和 CSG 的集成模型，用于地质、海洋等领域的基于八叉树和四面体格网的混合模型，具有一般性的矢量栅格集成的三维空间数据模型(李清泉，1998)。史文中基于面结构和体模型集成的思想提出了 TIN 结合八叉树结构的混合数据模型，对于面结构用 TIN 表达用于可视化，对体结构用八叉树进行构造，用于三维操作分析(Shi，1998)。

**4. 对比分析**

上节讨论了目前国内外有关三维空间数据模型的研究进展，综合分析比较，可以发现基于栅格结构的数据模型具有数据结构简单，便于实现空间分析的优点；缺点是表达空间位置的几何精度低，数据量大，三维图形输出效果较差；基于矢量的数据模型具有三维模型描述精细、图形输出美观等优点，但是对实体的整体及内部的描述能力较弱，存在数据结构复杂、管理不方便等不足；而基于混合结构的数据模型利用了不同数据模型在表示不同空间实体时所具有的优点，可以实现对三维空间现象有效完整的描述，但同时也存在数据量大，必须在不同表示方法之间进行转换以及如何保持转换的一致性的问题。

由于现实世界的复杂多样性，以及不同应用领域需要重点表达的地理对象的差异性，导致了种类众多的三维空间数据模型。这些模型有的侧重于空间分析，有的侧重于可视化，有的侧重于拓扑关系的表达。就目前来看，要实现一个完整的数据模型既能满足所有领域用户的需要、又能完全的描述所有地理对象的性质是不可能的，也是不现实的。就不同的应用领域，根据研究对象及实现功能创建或使用不同的三维空间数据模型，仍将是现在及以后很长一段时间内的主要解决方案。

## 4.3 三维空间数据模型构建要求

定义和开发一个新的三维数据模型需要考虑三个方面的问题：确定需要描述的对象；三维数据的存储以及逻辑关系的表达；如何显示模型。具体来说，所构建的三维空间数据模型应尽可能满足以下 6 方面的要求。

**1. 空间描述精度**

从对现实世界的真实再现的角度看，所能描述的精度自然是越高越好；从应用的角度看，最主要的是要能满足实际需求；从数据库管理的角度看，对真实景观的描述精细层次越高，所需要的几何、属性数据量就越大，管理难度也越大。因此，在开发新的三维空间数据模型时，必须面向具体应用，结合实际数据采集能力，在以上 3 个方面之间谋取针对空间描述精度的平衡。

**2. 空间关系描述能力**

能够表达地理事物间的相互关系是 GIS 数据模型区别于其他数据模型的显著特点，而且完备、准确的空间关系描述也是进行空间分析的基础。要使三维 GIS 不仅作为展示工具，真正走向实用化，在数据模型中必须包含空间关系的描述。

**3. 数据存储空间及检索效率**

三维 GIS 系统所要处理的不仅仅是一些简单的单体对象，而是涵盖了一定地理区域内的所有要素特征，其数据往往是海量的。因此模型的数据存储量是影响系统运行的关键因素之一，虽然具有较好的现实描述能力但数据量过大的数据模型是不实用的。与此密切联系的数据检索的快慢也必须被同时考虑，其中包括几何信息的检索和属性信息的检索。

**4. 属性描述能力**

作为将现实世界尽量仿真再现的手段，三维空间数据模型不仅要强调几何特征的表现，更要关注地物的属性特征。属性可分为物理属性和社会属性，前者指地物的外在表现，如颜色、材质、纹理等；后者指地物的内涵性质，如类型、名称、权属等。只有在同时具备了所有这些信息后，三维 GIS 系统才能既可以进行真实的景观再现，又可以满足查询、检索等实际应用需求。

**5. 可视化的难易、效果和速度**

三维可视化是三维空间数据模型一个重要应用，三维显示效果、美观程度与数据模型和数据结构关系密切，如基于矢量结构的数据模型总比基于栅格结构的数据模型的显示效果美观。同时随显示场景的扩大和模型数据量的增加，三维渲染速度必然会下降，因此，如何在确定的硬件资源条件下，尽量提高模型显示的速度和美观程度，也是在数据模型构建时必须考虑的问题之一。

**6. 能否与其他模型相互转换**

为保证三维系统中数据的现势性，以及能为其他的系统或工程服务，该模型必须具备与其他系统的模型进行相互转换的能力，即既可以接受其他模型的转入，又能实现向其他模型的转出；并且保证这种相互转换具有较高的方便程度和较少的信息损失。

## 4.4　面向实体的三维空间数据模型

**1. 空间实体的定义**

GIS 是研究地球表层空间分布规律的科学，地表上的各类现象和事物相互之间是密切联系的。但是现有的一些空间数据模型将地理事物以空间分布上的个体为基本单位加以描述和表达，而未考虑其在社会意义上的联系，这在一定程度上简化了数据存储和组织的复杂度，但却人为地隔断了这些个体之间的联系，与人们的日常思维认知产生矛盾。例如，对一栋由若干单个建筑物体组成的复杂建筑物，一般 GIS 表达时总将其分为几个单独的厅，而在人们的观念中，它却是一个完整的整体。为此，本节在定义和划分空间实体时，将地理对象的社会意义引入，从物理意义和社会意义的双重角度确定待描述地理现象。

从数据库的角度定义，实体（entity）是客观存在并可相互区分的事物，它可以指具体的对象或目标，也可以指某种概念，还可以指目标之间的相互联系；实体型（entity type）是具有相同特征及性质的实体；实体集（entity set）是同一类型的实体的集合。本节所研究的三维空间实体指客观世界中可相互区分的对象，但与一般数据模型中所指实体的区别在于，本节的实体指现实世界中根据人的认知观念、具有完整地理意义的地物。根据人们的认知习惯和地物本身的物理特征，现实世界中的物体可以抽象为实体和单元实体两类。

**定义 1**：实体（entity）为现实三维世界中具有完整社会意义和物理意义的物体。其社会意义与人的认知观念相匹配，物理意义由自身物理特征所决定。实体由一个或多个单元实体构成。

**定义 2**：单元实体（unit entity）为具有完整物理意义的物体，但并不具有完整社会意义。对于建筑物体，单元实体分为三类：主体、特征及附属物。单元实体由一个或多个几何对象组成。单元实体对应于数据库中的实体定义。

实体对应于人们认识中的完整的地物，以一栋房屋为例，除了主体结构以外，它还可能包含天台出口、天线接收器、上步台阶、壁挂空调器等附属设施，而所有这些物体的综合才是人们日常观念中的这座房屋。建筑物体作为城市景观的主要组成部分，其描述信息在城市三维数据中占绝大比重，根据建筑物的主体、特征及附属物的三相剖分原则，对建筑物进行立体剖分，其结果即产生一系列的单元实体。对任一单元实体，虽然具有完整的物理意义，但究其本身不具有类似于实体的社会含义。

研究现实世界中的单元实体，在三维欧几里得空间中，均可抽象为四类空间对象：点（point）、线（line）、面（surface）和体（body），如图 4.7 所示。

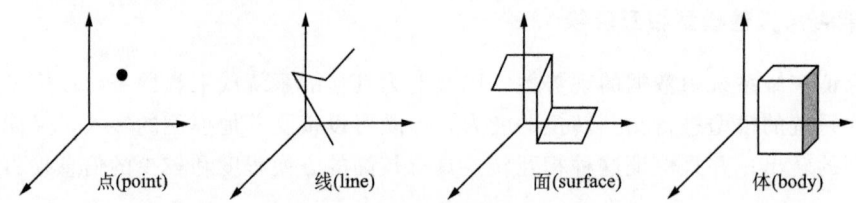

图 4.7 三维空间中的几何对象

其中点对象只有空间位置而没有空间形状，线对象具有位置和长度特征，面对象具有位置和面积特征，体对象有位置和体积特征。

本节所定义的空间实体都是 $n$ 维欧几里得空间（$R^n$，$0 \leqslant n \leqslant 3$）中的对象。

对于集合 $R^n = \{(x_1, \cdots, x_n) \mid x_i \in R, R$ 为实数集，$i = 1, 2, \cdots, n\}$，若其中任意两点 $x = (x_1, \cdots, x_n)$ 与 $y = (y_1, \cdots, y_n)$ 间的距离 $\rho$ 可定义为

$$\rho(x, y) = \sqrt{\sum_{i=1}^{n}(x_i - y_i)^2}$$

则 $R^n$ 称为 $n$ 维欧几里得空间。

所有的空间对象可以由更细分、更简单的构造几何要素组成，本节提出了三类基本几何元素：节点（node）、边（edge）和平面（face），如图 4.8 所示。下面分别给出了三类构造元素和四类空间对象的严格定义及约束条件。

**定义 3**：节点（node）可以为现实世界中的任意点，以唯一的顺序索引为标示，它满足以下条件。

(1) 设点集 $N$ 为欧几里得空间中的所有节点对象集合，则有

$$\overset{n}{\underset{i=0}{Y}} N_i = N, N_i \in N$$

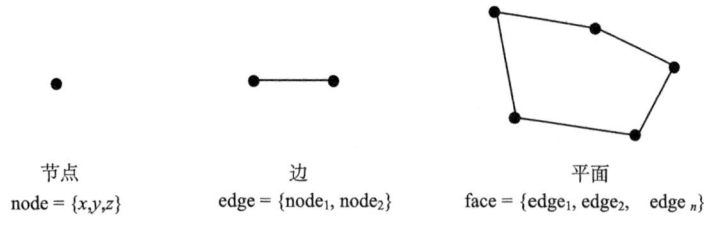

图 4.8 三类基本几何元素

(2) 设 $N_i$、$N_j$ 为点集 $N$ 中的两个节点对象，则有
$$N_i \cap N_j = \phi, i \neq j$$
(3) 对于点集 $N$ 中的任意两个节点对象，它们或者由一条边连接，或者是彼此分离的。

**定义 4**：边(edge)由两个节点确定，节点之间以直线段相连接。边以唯一的顺序索引为标示，它满足以下条件：

(1) 设 $E$ 为欧几里得空间中的所有边对象集合，则有
$$\overset{n}{\underset{i=0}{Y}} E_i = E, E_i \in E$$
(2) 设 $E_i$、$E_j$ 为边集 $E$ 中的两个边对象，则有
$$E_i \cap E_j = \phi, \text{或者 } E_i \cap E_j = N_k, i \neq j, N_k \in N$$
(3) 设 $N_i$、$N_j$ 为边 $E_k$ 的两个节点对象，则有
$$N_i \neq N_j$$

**定义 5**：平面(face)由 $m(3 \leqslant m \leqslant n)$ 条边按照一定的顺序连接封闭而成。平面以唯一的顺序索引为标示，它满足以下条件：

(1) 设 $F$ 为欧几里得空间中的所有平面对象集合，则有
$$\overset{n}{\underset{i=0}{Y}} F_i = F, F_i \in F$$
(2) 设 $E_i, E_j, \cdots, E_k$ 为构成 $F_m$ 的 $(k-i)$ 个边对象，则有
$$E_i \neq E_j \neq \cdots \neq E_k, E_i, E_j, \cdots, E_k \in E$$
(3) 所有的平面对象都为凸多边形；

(4) 设 $F_i$、$F_j$ 为平面集合 $F$ 中的两个平面对象，如果该两对象相交，则为以下三种情况之一(如图 4.9 所示)：

  a) $F_i \cap F_j = \phi$；

  b) $F_i \cap F_j = E_k, E_k \in E$；

  c) $F_i \cap F_j = N_k, N_k \in N$。

以上定义了用于构造点、线、面、体四类空间实体的三类基本几何元素节点、边和平面，其中点对象由节点、线对象由边、面对象和体对象由平面构造。

**定义 6**：点(point)对象为 0 维对象，它只有空间位置而没有空间扩展，由单个节点构

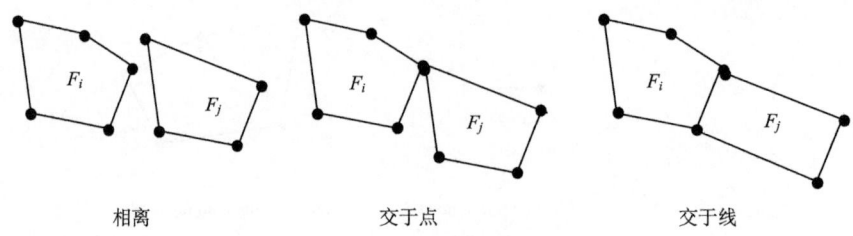

相离　　　　　交于点　　　　　交于线

图 4.9　平面对象相交的不同情况

成，其位置由三维坐标 $(X,Y,Z)$ 确定。它满足以下条件：

(1) 设集合 $P$ 为所有点对象集合，则有

$$\bigcup_{i=0}^{n} P_i = P, P_i \in P$$

(2) 设 $P_i$、$P_j$ 为集合 $P$ 中的两个点对象，则有

$$P_i \cap P_j = \phi, \text{或者} P_i = P_j, i \neq j$$

即存在两个节点对象相等的情况；

(3) 存在不构成点对象的节点，即

$$(N-P) \cap N \neq \phi$$

定义 7：线(line)对象为一维对象，它有空间扩展而没有面积，由一系列的边元素按照一定的顺序连接而成，其空间位置由构成边的空间位置确定。它满足以下条件：

(1) 设集合 $L$ 为所有线对象集合，则有

$$\bigcup_{i=0}^{n} L_i = L, L_i \in L$$

(2) 存在两个线对象相等的情况，即有

$$L_i = L_j, i \neq j$$

(3) 设 $L_i$、$L_j$ 为集合 $L$ 中的两个线对象，如果该两对象相交，则为以下三种情况之一：

　a) $L_i \cap L_j = \phi$；

　b) $L_i \cap L_j = E_k \cup E_l \cup \cdots \cup E_m, E_k, E_l, \cdots, E_m \in E$；

　c) $L_i \cap L_j = N_k \cup N_l \cup \cdots \cup N_m, N_k, N_l, \cdots, N_m \in N$。

(4) 设 $P_i$ 为一点对象、$L_j$ 为一线对象，如果该两对象相交，则为以下两种情况之一：

　a) $P_i \cap L_j = \phi$；

　b) $P_i \cap L_j = N_k, N_k \in N$。

(5) 存在不构成线对象的边，即

$$(E-L) \cap E \neq \phi$$

定义 8：面(surface)对象为 2 维对象，它既有空间扩展也有面积，由一系列的平面构造元素($1 \leqslant m \leqslant n$)按照一定的顺序拼接而成，其空间位置由构成平面的空间位置确定。它满足以下条件：

(1) 设集合 $S$ 为所有面对象集合，则有
$$\mathop{Y}\limits_{i=0}^{n} S_i = S, S_i \in S$$

(2) 存在两个面对象相等的情况，即有
$$S_i = S_j, i \neq j$$

(3) 设 $S_i$、$S_j$ 为集合 $S$ 中的两个面对象，如果该两对象相交，则为以下四种情况之一：

a) $S_i \cap S_j = \phi$；

b) $S_i \cap S_j = E_k \cup E_l \cup \cdots \cup E_m, E_k, E_l, \cdots, E_m \in E$；

c) $S_i \cap S_j = F_k \cup F_l \cup \cdots \cup F_m, F_k, F_l, \cdots, F_m \in F$；

d) $S_i \cap S_j = N_k \cup N_l \cup \cdots \cup N_m, N_k, N_l, \cdots, N_m \in N$。

(4) 设 $L_i$ 为一线对象、$S_j$ 为一面对象，如果该两对象相交，则为以下三种情况之一：

a) $L_i \cap S_j = \phi$；

b) $L_i \cap S_j = E_k \cup E_l \cup \cdots \cup E_m, E_k, E_l, \cdots, E_m \in E$；

c) $L_i \cap S_j = N_k \cup N_l \cup \cdots \cup N_m, N_k, N_l, \cdots, N_m \in N$。

(5) 设 $P_i$ 为一点对象、$S_j$ 为一面对象，如果该两对象相交，则为以下两种情况之一：

a) $P_i \cap S_j = \phi$；

b) $P_i \cap S_j = N_k, N_k \in N$。

(6) 存在不构成面对象的平面元素，即
$$(F - S) \cap F \neq \phi$$

定义 9：体(body)对象为 3 维对象，它同时有空间扩展、面积和体积特性，它由一系列的平面元素（$4 \leqslant m \leqslant n$）根据一定的空间关系和顺序封闭而成，其空间位置由构成平面的空间位置确定。它满足以下条件：

(1) 设集合 $B$ 为所有体对象集合，则有
$$\mathop{Y}\limits_{i=0}^{n} B_i = B, B_i \in B$$

(2) 存在两个体对象相等的情况，即有
$$B_i = B_j, i \neq j$$

(3) 对于任意 $N_i \in B_j$，至少同时存在三个平面对象 $F_k$、$F_l$、$F_m$ 且满足
$$N_i \in F_k, N_i \in F_l, N_i \in F_m, k \neq l \neq m$$

(4) 设 $B_i$、$B_j$ 为集合 $B$ 中的两个体对象，如果该两对象相交，则为以下四种情况

之一：

 a) $B_i \cap B_j = \phi$；

 b) $B_i \cap B_j = E_k \cup E_l \cup \cdots \cup E_m, E_k, E_l, \cdots, E_m \in E$；

 c) $B_i \cap B_j = F_k \cup F_l \cup \cdots \cup F_m, F_k, F_l, \cdots, F_m \in F$；

 d) $B_i \cap B_j = N_k \cup N_l \cup \cdots \cup N_m, N_k, N_l, \cdots, N_m \in N$。

（5）设 $S_i$ 为一面对象、$B_j$ 为一体对象，如果该两对象相交，则为以下四种情况之一：

 a) $S_i \cap B_j = \phi$；

 b) $S_i \cap B_j = F_k \cup F_l \cup \cdots \cup F_m, F_k, F_l, \cdots, F_m \in F$；

 c) $S_i \cap B_j = E_k \cup E_l \cup \cdots \cup E_m, E_k, E_l, \cdots, E_m \in E$；

 d) $S_i \cap B_j = N_k \cup N_l \cup \cdots \cup N_m, N_k, N_l, \cdots, N_m \in N$。

（6）设 $L_i$ 为一线对象、$B_j$ 为一体对象，如果该两对象相交，则为以下三种情况之一：

 a) $L_i \cap B_j = \phi$；

 b) $L_i \cap B_j = E_k \cup E_l \cup \cdots \cup E_m, E_k, E_l, \cdots, E_m \in E$；

 c) $L_i \cap B_j = N_k \cup N_l \cup \cdots \cup N_m, N_k, N_l, \cdots, N_m \in N$。

（7）设 $P_i$ 为一点对象、$B_j$ 为一面对象，如果该两对象相交，则为以下两种情况之一：

 a) $P_i \cap B_j = \phi$；

 b) $P_i \cap B_j = N_k, N_k \in N$。

（8）存在不构成体对象的平面元素，即

$$(F - B) \cap F \neq \phi$$

以上定义了用于现实世界三维描述的三类基本构造元素、四类空间对象和两类抽象实体，下面就这种定义在城市景观重建中的适用性进行分析。第二章归纳总结了城市描述中的 10 类地理要素，包括建筑物、水系、交通、境界、地形、地貌、植被、管线及附属设施、垣栅、独立地物。其中，建筑物作为城市景观重建的核心内容，根据属性意义、复杂程度的不同可以抽象为体对象或面对象进行表示，对于形状相对规则、结构简单的，直接用体对象就可以表达；对于形状不规则、结构复杂的，可以用多个平面元素按顺序组合来构造。水系、交通等要素根据选择的空间描述粒度的不同，可以抽象为面对象或者线对象表示，如路面达到一定宽度的道路用面表示，小于该宽度的则可以抽象为线。地形用数字高程模型表示。地貌用以描述地表覆盖特征，一般用面对象表示。植被可以抽象为面对象或者点对象，如树林、草坪用面表达，独立树用点表达。管线、垣栅、境界等要素可以用线对象予以抽象。独立地物如路灯、电话亭、邮箱、垃圾桶等，都可以抽象为点对象。单元实体和实体由这些空间对象根据物理逻辑和社会认知概念逻辑组合而成，单元实体可以由多个多种类型的空间对象组成。

现实世界纷纭多样，而作为人类主要聚集地的城市，其外在表现就更加复杂，三维重建只是对其仿真化的近似表达，描述的抽象性和高度的逼真性之间存在天生的矛盾，如何实现两者之间的平衡就是三维数据模型和空间实体定义的任务。显而易见，所定义的实体类型愈多，元素愈详尽，对城市景观的描述就愈精细，但同时数据量也愈大，数据管理维护愈困难；而如果仅用简单的几种几何对象表达现实世界，虽然易于实现，但却难以达到真实再现的要求。经过分析，城市中的绝大部分景观要素都可以抽象为本文所定义的空间对象类型，这些空间对象又由更简单的构造元素组成，简单元素易于实现空间关系分析。因此，这种实体定义既可以满足城市景观的描述要求，又为较容易的实现拓扑关系查询和空间分析提供了基础。

**2. 实体间拓扑关系的描述和表达**

空间关系描述就是以数学或逻辑的方法区分不同的空间关系并做出形式化的描述（Alber，1987）。空间关系的描述要遵照完备性（completeness）、严密性（soundness）、唯一性（uniqueness of representation）和通用性（generability）准则（Abdelmotym，1994）。空间实体间的拓扑关系作为在拓扑空间中拓扑变换下的拓扑不变量，在空间关系理论中占据着极其重要的地位。目前二维实体间拓扑关系的描述方法已比较成熟，尤以 Egenhofer 提出的九元组模型为代表。该模型基于点集拓扑理论来描述实体间的定性空间关系，将空间实体分为外部点集、边界点集和内部点集，通过各部分的交集来描述空间关系（Egenhofer，1993），即

$$R_9(A,B) = \begin{bmatrix} \partial A \cap \partial B & \partial A \cap B^0 & \partial A \cap B^- \\ A^0 \cap \partial B & A^0 \cap B^0 & A^0 \cap B^- \\ A^- \cap \partial B & A^- \cap B^0 & A^- \cap B^- \end{bmatrix}$$

其中，$A^0$、$\partial A$ 和 $A^-$ 分别为空间实体 $A$ 的内部、边界和外部，$B$ 同。九元组模型的缺陷在于描述结果是一二值矩阵，只能用空和非空作为交集的值，并且仍有一些情形不能区分。为此 Clementini 提出基于维数扩展法的描述框架，即将两个点集交集的维数作为九元组矩阵元素的取值（Clementini，1993）。与二维的情形相比，三维实体间的拓扑关系更为复杂，对其研究目前主要集中在基于九交模型进行扩展，用关系矩阵来描述单纯形间的拓扑关系推导复杂三维实体间的关系。

根据九元组模型，其矩阵元素取值为 0 或 1，则该模型共可以区分 $2^9 = 512$ 种不同的拓扑关系；而基于维数扩展法的描述框架矩阵元素取值为 $\phi$、0、1、2 或 3，最多可以区分 $5^9 = 1953125$ 种不同的拓扑关系。但是这些情形并不都具有实际意义，即其中的很大一部分在现实中是无法实现的，例如对于两个体对象而言，它们之间可能的拓扑关系只有 8 种，如图 4.10 所示。

因此，确定三维空间中共存在多少种可能的拓扑关系是首先要解决的问题，国内外的许多学者对此进行了深入研究。Zlatanova 总结了点、线、面、体四类空间对象之间的 69 种可能的拓扑关系（Zlatanova，2000）。Clementini 将实体之间大量的拓扑关系进行分类，提出了包括相邻、包含、相交、部分覆盖、相离五种基本形式的拓扑关系最小

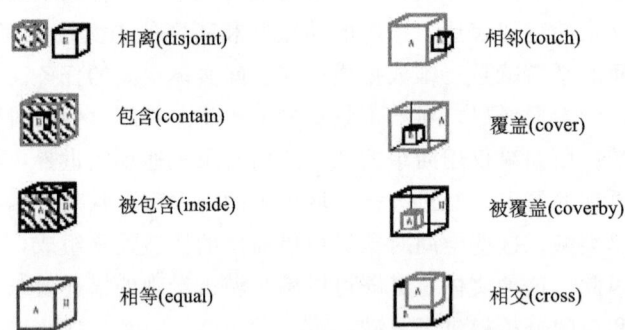

图 4.10 两个体对象之间的拓扑关系

集(Clementini,1993)。在此基础上,国内有学者又将相等关系引入,定义了共六种拓扑关系的三维空间关系最小集,并给出了互斥性与完备性的理论证明。

本模型综合该领域的前期研究成果,使用相离(disjoint)、相邻(touch)、包含(in)、相交(cross)、部分覆盖(overlap)、相等(equal)共六种类型来区分三维实体间的拓扑关系。对于点、线、面、体共四类三维空间实体,它们之间存在 10 类拓扑关系集合,即点/点、点/线、点/面、点/体、线/线、线/面、线/体、面/面、面/体、体/体间的拓扑关系集合。具体见表 4.1。

表 4.1 三维实体间拓扑关系集合

|   | 点 | 线 | 面 | 体 |
|---|---|---|---|---|
| 点 | 相离 (disjoint)<br>相等 (equal) | | | |
| 线 | 相离 (disjoint)<br>相邻 (touch) | 相等 (equal)<br>相离 (disjoint)<br>相邻 (touch)<br>包含 (in)<br>部分覆盖 (overlap)<br>相交 (cross) | | |
| 面 | 相离 (disjoint)<br>相邻 (touch)<br>包含 (in) | 相离 (disjoint)<br>相邻 (touch)<br>包含 (in)<br>相交 (cross) | 相等 (equal)<br>相离 (disjoint)<br>相邻 (touch)<br>包含 (in)<br>部分覆盖 (overlap)<br>相交 (cross) | |
| 体 | 相离 (disjoint)<br>相邻 (touch)<br>包含 (in) | 相离 (disjoint)<br>相邻 (touch)<br>包含 (in)<br>相交 (cross) | 相离 (disjoint)<br>相邻 (touch)<br>包含 (in)<br>相交 (cross) | 相等 (equal)<br>相离 (disjoint)<br>相邻 (touch)<br>包含 (in)<br>部分覆盖 (overlap) |

一般而言，空间实体间的拓扑关系信息是通过拓扑空间中定义的拓扑不变量来表达，它可以与欧几里得空间中空间实体的几何坐标无关（Breunig,1996）。但它可以通过空间实体在欧几里得空间中的坐标、形状、大小等信息，经过分析计算得出。目前，空间实体间的拓扑关系的表达主要有以下两种方法。

(1) 计算生成，即系统不直接的存储空间实体间的拓扑关系信息，仅在需要时，通过空间实体间的几何坐标和组成关系分析计算得出。这种方法减少了数据的存储量，有利于数据的有效管理和维护，但是计算量大，会影响系统的运行效率。如何实现高效的即时生成算法是目前国际上三维 GIS 拓扑关系研究的前沿问题之一，例如有学者提出了利用 Voronoi 图的临近拓扑关系推导或判断其他空间关系的方法（郭薇，1997）。

(2) 显式存储，即系统将空间实体间的某些拓扑关系信息直接存储在数据库中，在需要时直接查询数据库即可获得所需信息。这种方法更接近于自然语言中对空间关系的描述，如需要确定某两个空间目标的位置关系时，常用的方法是给出如具体关系描述（相邻、相离），而不是单纯的空间坐标；其次，空间实体间的拓扑关系的显式存储可以改进空间查询等处理过程的算法（郭薇，1998）；另外，拓扑关系语义独立于空间实体几何坐标的描述，是将拓扑关系推理从度量关系推理中分离出来的前提（Brisson，1989）。虽然通过存储空间实体间的拓扑关系信息，可以减少共享数据的存储空间；但同时也会带来数据冗余，引起数据存储量过大、数据管理和更新困难等问题。

在 EO3DM 中，我们采用隐含方法表达空间实体间的拓扑关系，即在数据中不存储具体的相互关系信息，当进行空间分析时，再根据空间实体的基本构造元素间的拓扑关系推断实体间的拓扑关系。例如对两个体对象而言，当构成面之间的交集都为空时，则可以断定这两个体对象是相离的。

### 3. 面向实体的三维空间数据模型

根据前文三维空间实体的定义，现实世界中的地物可以被抽象为四种几何对象：点、线、面、体。要实现对地物原型的真切描述，每个空间对象的数据应该包括四方面的内容：几何数据（geometry data）、属性数据（thematic data）、空间关系（spatial relation）和时间数据（time data）。各类数据之间通过唯一的对象标示（object identifier, OID）相联系，如图 4.11 所示。

时间特征作为表明事物不同阶段不同状态的一类属性，反映了事物的历史变迁，有着十分重要的意义；但是其表达方法却非常复杂，迄今为止，无论在二维领域还是三维领域，都还没有出现能对其进行完备描述和准确表达的方法。因此，本节设计的模型暂时没有考虑时间数据的表达，重点针对其他三类信息的表达与管理。

前文已有分析，点、线、面、体四种抽象形式可以基本囊括城市景观中的所有地理要素内容。而四类几何对象又是由节点、边、平面三类空间基本构造元素所确定的，其中体对象由至少四个或者更多个平面元素封闭而成，面对象由两个以上平面元素连接构成，线对象由一个或多个边元素首尾顺序连接而成，点对象由一个节点元素确定。基本构造元素之间也存在逻辑关系，边由两个节点确定，平面是由三条或更多条边顺序连接组成的封闭的凸多边形。点、线、面、体的形式化描述为

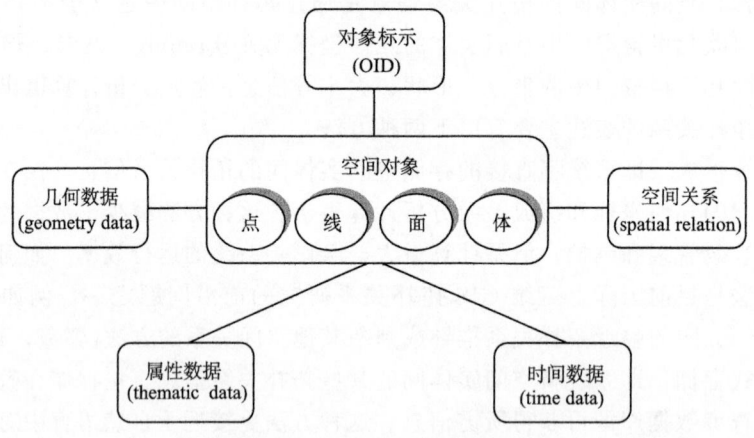

图 4.11 空间对象数据构成

$$Body = \langle Face_1, \cdots, Face_n \rangle$$
$$Surface = \langle Face_1, \cdots, Face_n \rangle$$
$$Line = \langle Edge_1, \cdots, Edge_n \rangle$$
$$Point = \langle Node_k \rangle$$

边、平面的形式化描述为

$$Face = \langle Edge_1, \cdots, Edge_n \rangle$$
$$Edge = \langle Node_1, Node_2 \rangle$$

点、线、面、体四类几何对象和节点、边、平面三类基本构造元素之间的空间层次关系如图 4.12 所示。

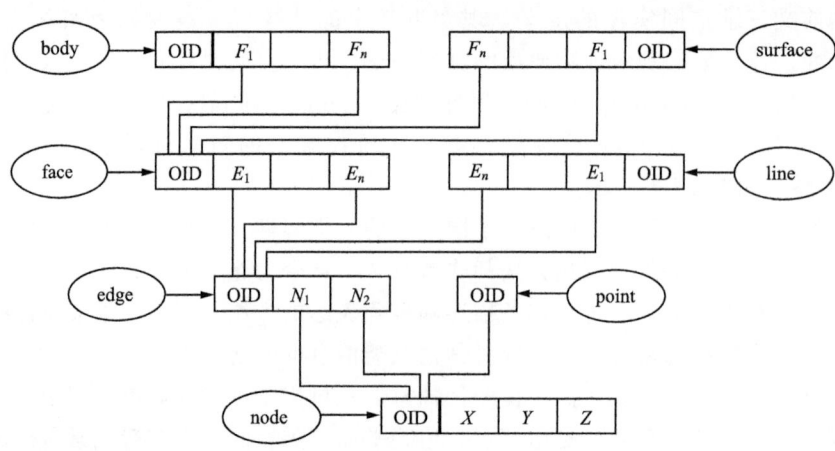

图 4.12 空间对象间的层次关系

虽然可以根据地物的外形特征将其抽象为点、线、面、体四类几何对象，但现实世界的具体表现形式却多种多样，并且不同地物之间彼此联系、相互影响。三维 GIS 开发的最终目的是为人类认识世界、适应世界服务,为此本节将人们的认知习惯引入到空间实体的定义中来,结合知识和物理特征确定三维 GIS 的实体概念。根据前文给出的实体和单元实体的定义,实体是现实世界中同时具有社会意义,即认知意义,和完整物理意义的物体,它可以由一个或者多个单元实体构成;单元实体是具有完整物理意义的物体,但就其本身而言没有社会意义,它由一个或多个几何对象构成,这些对象可以为多种类型,即单元实体的组成要素可以同时包括点、线、面、体。实体和单元实体的形式化描述为

$$Entity = \langle UnitEntity_1, \cdots, UnitEntity_n \rangle$$

$$UnitEntity = \langle Body_1, \cdots, Body_n \rangle Y \langle Surface_1, \cdots, Surface_n \rangle$$
$$Y \langle Line_1, \cdots, Line_n \rangle Y \langle Point_1, \cdots, Point_n \rangle$$

以上讨论了三维数据模型应描述的信息内容以及模型中空间对象之间的逻辑层次关系,由此可以建立面向实体的三维空间数据模型(Entity-Oriented 3D Model,EO3DM)。EO3DM 的结构如图 4.13 所示。

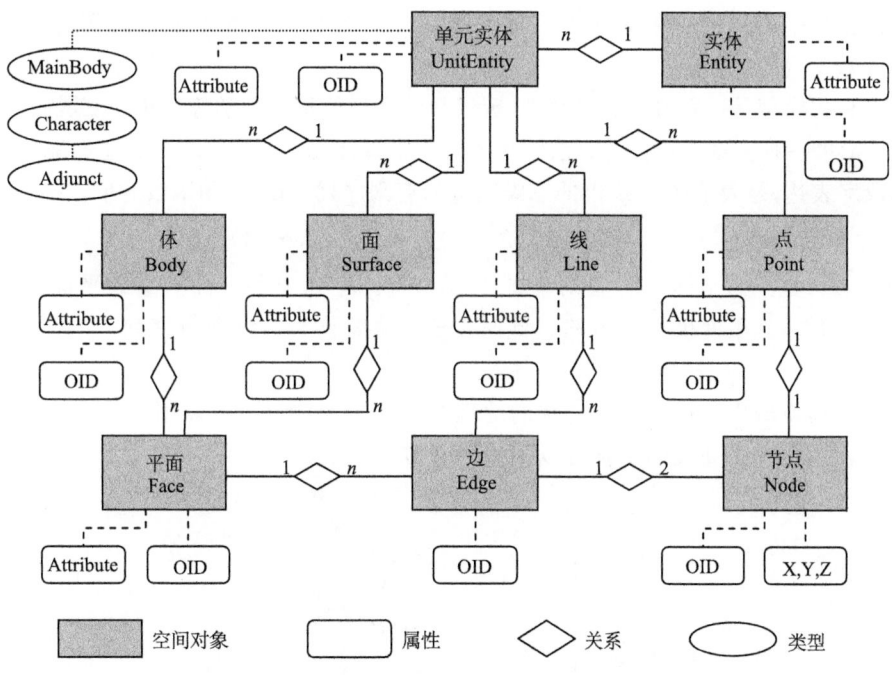

图 4.13 面向实体的三维空间数据模型

其中 OID 指空间对象的唯一标识,具有互斥性;attribute 指空间对象的属性,对于点对象而言,包括类别、模型等。对于面对象而言,包括材质、颜色、纹理等。对于实体,包括名称、权属、价格等;关系指各类对象间的组成对应,如一一映射、一对多、多对一等;类型指单元实体的分类属性,包括主体(mainbody)、特征(character)和附属物(adjunct)三类。

在 EO3DM 中,任意空间对象都可以分解为基本构造元素的集合,而不论其形状怎

样；且通过基本元素彼此之间的拓扑关系，能够推导复杂对象间的空间关系以满足查询分析需要。

因此，面向实体的三维空间数据模型能够从人们的既有知识出发，提供适应社会经济意义的实体区分，将地物的所有特性作为整体来看待处理，符合人类的认知习惯；EO3DM 采用多级组合方式描述现实世界，既能表达具有规则外形的空间对象，也能表达外形不规则的空间对象；同时，空间对象之间的拓扑关系根据构成元素之间的拓扑关系动态推断，即时生成关系表，可以极大地减少数据存储量，从而简化系统维护和管理的复杂度。

## 4.5 三维地形模型

虽然城市的三维表达内容以地物为主，但是地形同样也是必须考虑的内容之一。计算机对地形地貌的表示，不再是人们常见的地形图形式，而是通过存储在介质中大量的、密集的、呈规则分布或不规则分布的地面点的空间坐标和地形属性代码，以数字的形式加以描述。地形的这种表达形式称为数字地面模型，当地形属性代码为地面高程时，即为数字高程模型。

数字高程模型是伴随着计算机科学、现代数学和计算机图形学等学科的发展而产生的，是数字地形的一种三维图像描述方法。从数学上来讲，DEM 是对地球表面地形地貌的一种离散的数字表达，是表示区域 $D$ 上的三维向量的有限序列。DEM 用函数的形式描述为

$$V_i = (X_i, Y_i, Z_i) \quad (i = 1, 2, 3, \cdots, n)$$

其中 $(X_i, Y_i)$ 是平面坐标，$Z_i$ 是对应的高程。当该序列中各平面向量的平面位置呈规则格网排列时，其平面坐标可省略，此时 DEM 就简化为一维向量序列 $\{Z_i, i=1, 2, 3, \cdots, n\}$。

数字高程模型用于描述地表起伏的地理特征，一般情况下可以用数学方法或图形方法来进行表达。地表高程的变化可以采用多种方法来表达，如图 4.14 所示。

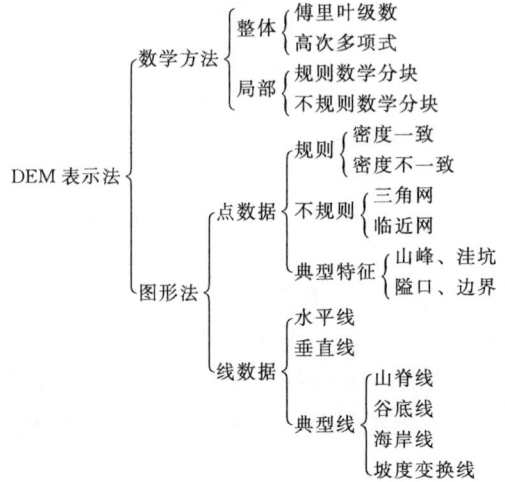

图 4.14 地表高程表示方法

**1. 数学方法**

用数学方法来表达 DEM 数据时，可以采用整体拟合方法，根据区域内所有高程点数据，用傅里叶级数和高次多项式拟合统一的地面高程曲面；也可以用局部拟合方法，将地表复杂表面分成正方形规则区域或面积大致相等的不规则区域进行分块搜索，根据有限个点进行拟合形成高程曲面。

**2. 图形方法**

可分为线模式和点模式。

线模式：等高线是表示地形最常见的形式。其他的地形特征线也是表达地面高程的重要信息源，如山脊线、谷底线、海岸线及坡度变换线等。

点模式：用离散采样数据点建立 DEM 是建立 DEM 常用的方法之一。数据采样可以按规则格网采样，可以是密度一致的或不一致的；可以是不规则采样，如不规则三角形、邻近网模型等；也可以有选择性地采样，采集山峰、洼坑、隘口、边界等重要特征点。

其中图形表达方法在日常工作中应用较多，下面据此分类介绍。

（1）等高线模型

等高线是地面上高程相等的相邻各点连成的闭合曲线，也就是一定高度的水平面与地面相截的截线。水平面的高度不同，等高线表示地面的高程也不同（如图 4.15）。也就是说，等高线是一组高度不同的空间平面曲线，在地形图上表示的仅是它们在大地水准面上的投影。等高线作为一种地面模型的表示方法，通常被存为一个有序的坐标点对序列。它具有一些特性：在同一条等高线上的各点的高程值相等；等高线是闭合的曲

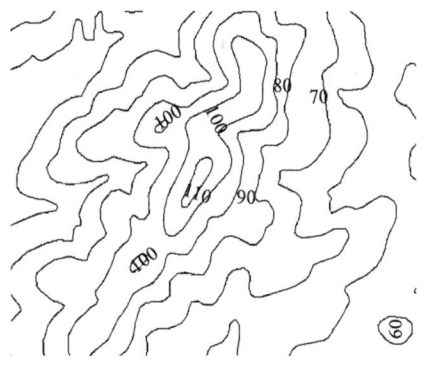

图 4.15 等高线模型

线；不同高程的等高线不相交；等高线与山脊线、山谷线正交；坡度陡的地方等高线密集、坡度缓的地方等高线稀疏。

（2）规则格网模型

把数字高程模型的覆盖区域按一定的单元大小划分成为规则排列的正方形格网（图 4.16），DEM 实际就是规则间隔的正方形格网点或经纬网点阵列，每一个格网点与其他相邻格网点之间的拓扑关系都已经隐含在该阵列的行列号当中。这时，根据该区域的原点坐标和格网间距，对任意格网点的平面位置可用相应矩阵元素的行列号经过简单的运算获得。因此 Grid 数据模型除了每个格网点处的高程以外，只需要记录一个起算点的位置坐标和格网间距。由于正方形格网 DEM 的存储量很小、结构简单、操作方便，因而非常适合于大规模的使用和管理。

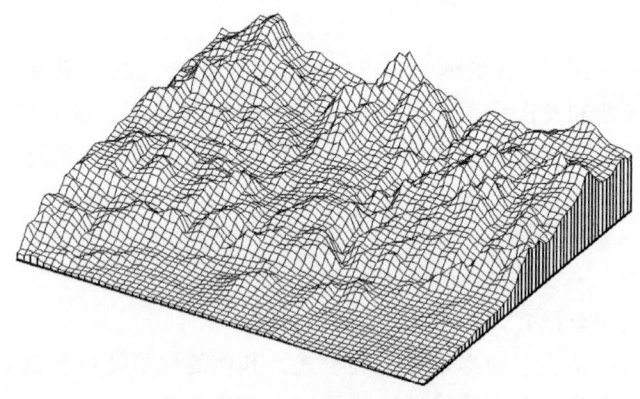

图 4.16　规则格网模型

如图 4.17，Grid 数据模型为典型的栅格结构，这非常适合直接采用栅格矩阵进行存储，采用栅格矩阵不仅结构简单，占用存储空间少，而且还可以借助于其他简单的栅格数据处理方法进行进一步的数据压缩处理，如行程编码法、四叉树方法、多级格网法和霍夫曼码法等。

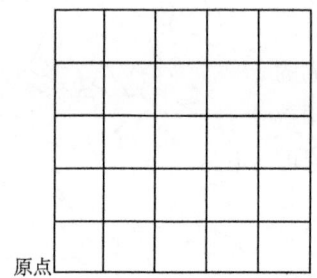

图 4.17　Grid 模型结构

一个 DEM 的 Grid 数据一般包括三个逻辑部分：

（1）元数据：描述 DEM 一般特性的数据，如名称、边界、测量单位、投影参数等；

（2）数据头：定义 DEM 数据的起点坐标、坐标类型、格网间隔、行列数等；

（3）数据体：沿行列分布的高程数字阵列。

如前所述，DEM 的规则格网数据模型是将区域空间划分为规则的格网单元，每个格网单元对应一个数值，代表该单元的高程值（如图 4.17）。规则格网模型在数学上可以表示为一个矩阵，在计算机实现中则是一个二维数组。

对于每个格网的数值有两种不同的解释。第一种是格网栅格观点，认为该格网单元的数值是其中所有的高程值，即格网单元对应的地面面积内高程是均一的高度，这种数字高程模型是一个不连续的函数。第二种是点栅格观点，认为该网格单元的数值是网格中心点高程或该网格单元的平均值，这样就需要用一种插值方法来计算每个点的高程；

这样计算任何不是网格中心的数据点的高程值，使用周围 4 个中心点的高程值，采用距离加权平均方法进行计算，也可以使用样条函数和克里金插值方法。

利用规则格网 DEM 数据模型可以很容易地计算等高线、坡度坡向、山坡阴影和自动提取流域地形，因此它是 DEM 应用最广泛的格式，目前许多国家提供的 DEM 数据都是以规则格网的数据矩阵形式提供的。但是它也有一些缺点，如不能准确表示地形的结构和细部、数据量过大等。

**3. 不规则三角网模型**

不规则三角网是另外一种表示数字高程模型的方法，它既可以减少规则格网模型方法带来的数据冗余，同时在计算效率方面又具有许多优于纯粹基于等高线的优势。

若将按地形特征采集的点根据一定规则连接成覆盖整个区域且互不重叠的许多三角形，构成一个不规则三角形网（Triangulated Irregular Network，TIN），通常称为三角形网 DEM 或 TIN（如图 4.18）。TIN 是通过从不规则分布的数据点生成的连续的三角面来逼近地形表面。TIN 模型根据区域内有限个点集将区域划分为相连的三角面网络，区域中任意点落在三角面的顶点、边上或三角形内。如果点不在顶点上，该点的高程

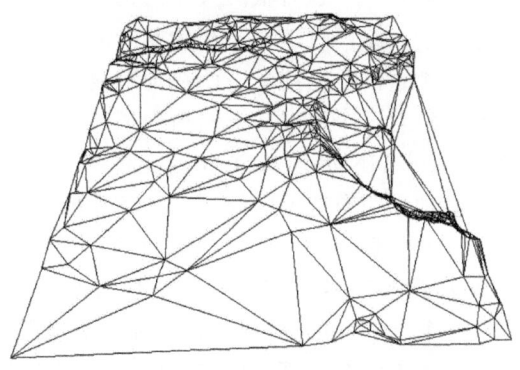

图 4.18 不规则三角网数字高程模型

值通常通过线性插值的方法得到。不规则三角网数字高程模型由连续的三角面组成，三角面的形状和大小取决于不规则分布的测点，或节点的位置和密度，所以 TIN 是一个三维空间的分段线性模型。

TIN 与 Grid 的存储方式有很大不同，它不仅要存储每个网点的高程值，而且还要存储相应点的位置坐标以及描述网点之间拓扑关系的信息，但是它具有可变分辨率的优点，即当表面粗糙或变化剧烈时，TIN 能包含大量的数据点；当表面相对单一时，在同样大小的区域 TIN 则只需要最少的数据点。

无论从显示的速度还是表示地形的精度角度来看，用 TIN 表示的数字地形模型都比用 DEM 表示的有优势。从显示速度来看，因为大部分三维显示设备的显示速度只与三角形的数量有关，而几乎与三角形的大小无关。同样精度的 DEM 地形通常可以通过合并或重构三角形简化为用 TIN 表示的地形，这时三角形的数量会大大减少，显示速度就可以大大提高。从表示地形的精度来看，由于 TIN 具有可变的分辨率，当地表粗糙或变化剧烈时，TIN 能包含大量的数据点，而当表面相对平整时，在同样大小的区域内 TIN 只需要最少的数据点。另外，TIN 还具有考虑地面重要的地性点或线（如山峰点、断裂线等）的能力。关于 TIN 和 Grid 的比较，目前一般认为：

（1）从等高线数据中选取重要的点构成 TIN 并生成 Grid，在两者数据量相同的情况下，TIN 具有最小的中误差 RMS。

(2) 根据 DEM 产生的地形晕渲图与数字正射影像（DOM）的比较，基于 TIN 的图像与正射影像吻合得更好。

(3) 当用于建立 DEM 表面的采样数据点减少时，Grid 的质量明显比 TIN 降低得快，且随着采样点或数据密度的增加，两者之间的性能差别越来越不明显。但从数据结构占用的数据量来看，相同顶点个数的 TIN 要比 Grid 多，通常在 3~10 倍。

因此，当用 TIN 对 Grid 进行简化表示时，只有 TIN 中的顶点数远远小于(1/10~1/3)Grid 的顶点时，实际内存的使用量才可能减少。

**4. 混合结构模型**

用规则网格 DEM 表示地形的缺点是整个区域的格网尺寸必须完全一致，难以随地形的起伏而变化。这时格网大小的选择通常会陷入两难境地：格网过密对于平坦地区造成数据冗余，格网过疏对于起伏复杂的地区不能表示地貌细节。常常出现在地形简单地区已出现大量的数据冗余，而在地形复杂地区分辨率仍较低的矛盾，给实际应用带来众多困难。针对这个缺点，人们提出了许多对规则网格 DEM 的改进方法，如变格网大小 DEM、Grid-TIN 混合式 DEM。变格网大小 DEM 的采样间隔随地形复杂程度的变化而变化，在地形简单地区的间隔大，而在地形复杂地区则相应地减小采样间隔。改进后的这种 DEM 将不再是"规则"的网格，无疑给数据结构的设计与管理带来了巨大的麻烦，失去了规则格网 DEM 高程定位的方便性。Grid-TIN 混合 DEM 由德国慕尼黑大学的 Ebner 教授于 1989 年提出，它在一般地区采用规则格网 DEM 数据结构（也可以采用变格网大小 DEM），沿地形特征（断裂线、结构线、河流线等）处则采用不规则三角网的数据结构，如图 4.19。这种 Grid-TIN 混合式 DEM 数据结构虽然能很好地避免平坦地区的数据冗余，但数据结构更为复杂，管理起来更不方便，实际应用中使用较少。

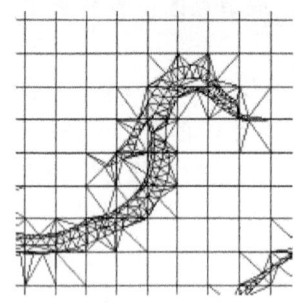
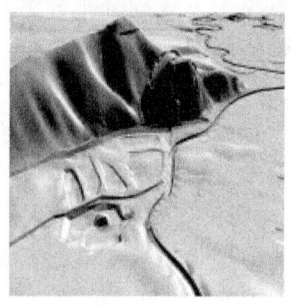

图 4.19　混合结构 DEM

# 第五章　三维信息组织与管理

　　信息处理是指对数据进行收集、组织、加工、存储、提取、传播等工作，而信息管理是指对数据的组织、存储、检索和维护工作，信息管理是信息处理的中心。在计算机发展过程中，信息和数据的管理经历了不同的阶段。最早，数据用文件直接存储，这是由于早期的计算机主要用于科学计算。虽然计算工作量大，但结果比较单一，文件系统足以满足数据管理的要求。随着计算机技术的发展，开始越来越多地用于信息处理，这类应用领域处理的数据量大、结构复杂，而且面临数据共享的要求，于是出现了数据库系统。数据库是在计算机存储设备上合理存放的、互相关联的数据集合。随着计算机应用的普及，数据库应用领域不断扩展，其自身技术也不断向前发展。数据库技术与其他学科的内容相结合，是新一代数据库技术的一个显著特征，涌现出各种新型的数据库系统。例如，与分布处理技术相结合，出现了分布式数据库系统；与并行处理技术相结合，出现了并行数据库系统；与人工智能相结合，出现了演绎数据库系统、知识库和主动数据库系统；与多媒体处理技术相结合，出现了多媒体数据库系统；与模糊技术相结合，出现了模糊数据库系统；与面向对象技术相结合，出现了对象关系数据库和完全面向对象数据库系统；等等。

　　用以存储描述现实世界的空间数据的数据库称为空间数据库，空间数据库提供对空间数据存储、管理和访问的手段。正如信息是任何信息系统的基础一样，三维空间数据是三维地理信息系统的基础，而三维空间数据是一个类型繁多、多层嵌套、无限延展和异常复杂的地理信息空间，如何存储和管理这些数据自然也就成为三维 GIS 领域中最基本的研究课题。本章首先对三维空间数据管理的几种可行模式进行比较，并分析各自特点；在此基础上介绍 Oracle 的空间数据存储技术；进而分别针对城市三维模型中的特征地物、数字地形和影像分别探讨了数据库的管理方式。

## 5.1　三维空间信息管理方式

**1. 几种可选择的方式**

　　如何高效地管理三维空间数据是目前三维 GIS 领域的一个难点问题。目前大多数 3D GIS 的数据管理仍采用 2D GIS 系统，只在可视化方面以三维方式表达空间实体，只有少数模型是从根本上以三维方式来管理和表达三维空间数据的。综合比较 3D GIS 的可行数据管理方式，可以归纳为以下几种。

（1）文件方式

　　空间数据、属性数据、影像纹理数据、多媒体数据等都采用文件系统进行存储，文件格式以及数据组织方式由开发者自己定义，如 Arc/Info、MapInfo 等软件都用自定义的文件格式存储空间数据。一般在构建简单的地形景观时常采用这种管理方式，如使用 VRML 将航空影像与 DEM 叠加生成地形景观时，航空影像与 DEM 分别以文件的方式管理。这种管理方式简单易于实现，在数据量不是很大、对数据不涉及并发操作等情况下，可以发挥积极的作用，但随着数据量的激增、数据类型的多元化、数据应用新形式如网上发布等新特征的出现，这种管理模式越来越不能满足空间数据管理的要求。其难以实现几何数据、属性数据、影像纹理数据等一体化管理的缺陷使它已经不能适应三维 GIS 软件的要求。

（2）混合管理方式

主要数据仍由二维 GIS 管理，其中几何数据用文件系统管理，属性数据用商用关系数据库系统管理，另外在这些数据的基础上附加图像文件。这种管理方式主要用来生成简单的模拟景观，主要体现在建筑物的三维可视化表达上，即将图像文件与来自 2D GIS 数据库的数据用一个新的数据结构，以最有利于表达的方式重新组合，然后使用可视化软件生成景观模型。这种数据管理方式的最大缺点是对三维数据缺乏有效统一的管理。

（3）关系数据库

即用当前通用的商业关系数据库对多类型的空间数据一起管理，一般有两种实现方式：①利用 BLOB 等大二进制数据类型。现在的关系数据库都提供了 BLOB 等大二进制数据类型，这些数据类型存储的内容可由用户自定义，且允许数据长度不固定，因而解决了空间数据的不定长问题。②利用关联表。对每一个空间表，都有另外一个表通过 OID 与此表关联。几何坐标将存放在这个关联表中，所有的几何对象都看成是由点构成，每个点的 $X$、$Y$、$Z$ 存放为一行，获取空间数据时进行联合运算。无论用哪种方式，用户都必须自己定义空间数据结构以及建立、管理相应的空间索引，操作复杂，同时从空间数据对象的角度看，二进制块和关联表与之还存在较大的差距。

（4）对象关系型空间数据库

通过对商用关系数据库的扩展和开发，使之不仅能管理结构化的属性数据，也能管理非结构化的几何数据。关系数据库已有较成熟的理论技术和广泛的应用，为支持空间数据管理的扩展关系数据库系统已经被研制出来并商业化，目前还在进一步完善，如 Oracle、DB2、Informix 等都提供了空间数据的扩展模块：Oracle Spatial、DB2 Spatial Entender、Informix Spatial DataBlade。此种方式解决了空间数据的变长记录的管理，但不能由用户自定义空间数据结构，使用上仍受到一定限制。

（5）面向对象数据库

面向对象模型最适应于空间数据的表达和管理，它不仅支持变长记录，而且支持对象的嵌套、信息的继承与聚集。与传统关系数据库相比，面向对象的空间数据库管理系统具有诸多优点，如允许用户定义对象和对象的数据结构以及它的操作、增加管理数据内在动态联系的能力、支持复杂数据类型、不存在语言失配等。现在已经推出了一些面向对象的数据库系统，如 GEO++、Small World、TITANIUM、MATISSE、GODOT、PSE Pro、ObjectStore Enterprise Edition 等。由于面向对象数据库还不够成熟，目前还没有能够在 GIS 领域通用，但随着其理论和技术的不断进步，面向对象数据库将可能成为 GIS 空间数据管理的主流。

(6) 后关系型数据库

后关系数据库是在关系数据库的基础上融合了面向对象技术和 Internet 网络应用开发背景的发展。它结合了传统数据库如网状、层次和关系数据库的一些特点，以及 Java、Delphi、ActiveX 等新的编程工具环境，适应于新的以 Internet 和 Web 为基础的应用。后关系型数据库的主要特征是将多维处理和面向对象技术结合到关系数据库上，它使用强大而灵活的对象技术将经过处理的多维数据模型的速度和可调整性结合起来（程渝荣，2001）。目前已有的后关系型数据库管理系统以美国 InterSystems 公司发布的 Caché 为代表，该系统具有面向对象的许多功能和一个事务型多维数据模型。在国内还鲜见此类系统的开发应用。总体来说，虽然后关系型数据库支持的多维数据模型非常适合于描述复杂的现实世界，但其实现技术还有待成熟。

**2. 对比分析**

文件管理系统从本质来说是不适合空间数据的管理要求的，只是由于技术水平的落后，早期的大多数 GIS 系统才不得不基于文件来组织数据。随着应用的深入、数据量的增加，文件管理系统的缺点日益暴露，它在数据的安全性、一致性、完整性、并发控制以及数据损坏后的恢复方面缺少基本的功能。因此，现在的主要 GIS 供应商纷纷将自己的产品转到数据库平台上来。

数据库方式与文件管理方式相比，具有更强的数据管理能力，主要体现在：

(1) 数据集中控制。在文件管理方法中，文件是分散的，每个用户或每种处理都有各自的文件，不同的用户或处理的文件一般是没有关系的，因而不能为多用户共享，也不能按照统一的方法来控制、维护和管理。数据库很好地克服了这一缺点，数据库集中控制和管理有关数据，以保证不同用户和应用可以共享数据。数据集中并不把若干文件拼凑在一起，而是把数据集成。

(2) 数据冗余度小。冗余指数据的重复存储。在文件方式中，数据冗余大。冗余数据的存在有两个缺点：一是增加了存储空间；二是容易出现数据不一致。设计数据库的主要任务之一就是识别冗余数据，并确定是否能够消除。

(3) 数据独立。数据独立是数据库的关键性要求。数据独立指数据库中的数据与应用程序相互独立，即应用程序不因数据性质的改变而改变，数据的性质也不因应用程序的改变而改变。数据独立分为两级，物理级和逻辑级。物理独立指数据的物理结构变化不影响数据的逻辑结构，逻辑独立意味着数据的逻辑结构的改变不影响应用程序。

(4) 数据保护。数据保护对数据库至关重要，一旦数据库中的数据遭到破坏，就会影响数据的性能，甚至使整个数据库失去作用。数据保护主要包括四方面的内容：安全性控制，防止数据丢失、错误更新和越权使用；完整性控制，保证数据正确、有效和相容；并发控制，既要能做到同一时间周期内允许对数据的多路存储，又要防止用户之间的不正常的交互使用；故障的发现和修复，数据库管理系统提供一套措施，警惕和发现故障，并在发生故障时，尽快恢复数据库的正常运行。

(5) 数据模型。数据模型能够表示现实世界中各种各样的数据组织以及数据间的联系。数据模型是实现数据集中控制、减少数据冗余的前提和保证。采用数据模型是数据库与文件方式的一个本质差别。数据库常用的数据模型有四种：层次模型、网络模型、关系模型和面向对象模型。

我们选择数据库系统作为三维空间数据的存储管理方式，但由于纯关系型数据库不能完全满足空间数据的管理要求，而完全面向对象数据库和后关系型数据库还有待成熟，对象关系数据库成为目前空间数据组织与管理的主要解决方案。对象关系数据库实际上是关系数据库和面向对象数据库这两者的一种折中方案，或者说是关系数据库和面向对象的数据库不断融合的结果。

关系数据库是现在的主流数据库，已发展得非常完善，有强大的管理功能和可操纵性，而且，关系模型具有坚实的数学基础。但是，关系数据库高度结构化的数据模型使得它难以表达现实世界中的复杂对象，尤其是地理空间中的非结构化数据；同时由于数据类型简单、固定，关系数据库只能存储表征事物属性的数据，而无法抽象化地模拟事物行为，从而对事物的信息记录是不完全的。

而面向对象的数据库基本上解决了这些问题。它把某一组对象所共有的特征（包括结构特征和行为特征）集中起来，以说明该组对象的性质和具有的功能，从而能够清楚有效地描述现实世界中事物的分类，理解和管理各类信息数据，具有较强的语义表达能力。但同时由于面向对象模型较为复杂，而且缺乏数学基础，使得很多系统管理功能难以实现，也不具备 SQL 语言处理集合数据的强大能力等等。另外对于具体数据库应用来说，面向对象的数据库技术及数据组织模型都尚未成熟。

由此就出现了一种折中的解决方案，通过扩充改进关系数据库的某些功能，使其支持面向对象的数据模型，并在应用界面上可以查询非结构化数据，即对象关系数据库。具体的扩充实现方法主要有两种：

（1）将非结构化数据以独立的操作系统文件形式存储在数据库之外，在数据库特定的字段中只存放一个定位指针，指向该文件的位置（路径）。查询数据时，首先找到包含该文件指针字段所在的记录，通过记录找到指针字段，根据指针找到存储在文件中的数据。这种方法适用于各种类型的数据库。

（2）非结构化数据存储在数据表格中或存储在单设的表格空间中，对用户透明，即数据库虽然存储了这部分数据，但不知道该数据的语义，无法像操纵结构数据那样操纵这部分数据。查询方法同第一种。

对象关系数据库结合了关系数据库和面向对象数据库的特点，因此而成为目前空间数据组织与管理的主流方式。

## 5.2 数据库系统平台

### 5.2.1 几种主流数据库平台对比

目前国际上主流的数据库管理系统有 Oracle、SQL Server、Sybase、Infomix、DB2。这些产品都支持多平台，如 UNIX、VMS、Windows。IBM 的 DB2 也是成熟的关系型数据库。但是，DB2 是内嵌于 IBM 主机中，只支持 OS/400 操作系统。这些数据库系统的性能和特点比较如表 5.1 所示。

表 5.1 主流数据库系统性能比较

| 项　目 | Oracle | Sybase | Infomix | DB2 | MS SQL Server |
|---|---|---|---|---|---|
| 易操作性 | 较高 | 高 | 一般 | 一般 | 高 |
| 稳定性 | 高 | 高 | 高 | 高 | 较高 |
| 兼容性 | 高 | 高 | 一般 | 一般 | 高 |
| 速度 | 最高 | 高 | 高 | 高 | 较高 |
| 网络性能 | 好 | 好 | 差 | 一般 | 好 |
| 海量数据下的表现 | 最好 | 好 | 好 | 好 | 一般 |
| 空间数据库结构 | 有 | 无 | 有 | 无 | 有 |
| 空间数据索引速度 | 高 | 无 | 一般 | 无 | 一般 |
| 数据安全性 | 高 | 高 | 一般 | 一般 | 高 |
| 支持三种操作系统 | 是 | 是 | 是 | 是 | 仅 Windows |
| 支持中文 | 好 | 一般 | 好 | 好 | 好 |
| Windows 客户端 | 有 | 有 | 有 | 有 | 有 |
| 标准数据接口 | ODBC、ADO、OLEDB | ODBC、ADO | ODBC | ODBC | ODBC、ADO、OLEDB |

下面是对这几种数据库系统的特点进行简要的比较分析。

**1. Oracle**

主要技术特点如下：

（1）无范式要求，可根据实际系统需求构造数据库。

（2）采用标准的 SQL 结构化查询语言。

（3）具有丰富的开发工具，覆盖开发周期的各阶段。

（4）支持大型数据库，数据类型支持数字、字符、大至 2GB 的二进制数据，为数据库的面向对象存储提供数据支持。

（5）具有第四代语言的开发工具（SQL * FORMS、SQL * REPORTS、SQL * MENU 等）。

（6）分布优化查询功能。

（7）具有数据透明、网络透明，支持异种网络、异构数据库系统。并行处理采用动态数据分片技术。

（8）支持客户机/服务器体系结构及混合的体系结构（集中式、分布式、客户机/服务器）。

（9）实现了两阶段提交、多线索查询手段。

（10）支持多种系统平台（HPUX、SUNOS、OSF/1、VMS、Windows、Windows/NT、OS/2）。

（11）数据安全保护措施：没有读锁，采取快照 SNAP 方式完全消除了分布读写冲突。自动检测死锁和冲突并解决。

（12）数据安全级别为 C2 级（最高级）。

(13) 数据库内模支持多字节码制，支持多种语言文字编码。
(14) 具有面向制造系统的管理信息系统和财务系统应用系统。
(15) Power Objects 图形开发环境，支持 OS/2、UNIX、Windows/NT 平台。

**2. Sybase**

主要技术特点如下：

（1）完全的客户机/服务器体系结构，能适应 OLTP（On-Line Transaction Processing）要求，能为数百用户提供高性能需求。

（2）采用单进程多线索（Single Process and Multi-Threaded）技术进行查询，节省系统开销，提高内存的利用率。

（3）支持存储过程，客户只需通过网络发出执行请求，就可马上执行，有效地加快了数据库访问速度，明显减少网络通讯量，有可能极大地改善网络环境的运行效率，增加数据库的服务容量。

（4）提供日志与数据库的镜象，提高数据库容错能力。

（5）通过存储和触发器（TRIGGER）由服务器制约数据的完整性。

（6）多种安全机制对表、视图、存储过程、命令进行授权。

（7）支持 image 和 text 的数据类型，为工程数据库和多媒体应用提供良好基础。

（8）多服务器系统不支持分布透明。

（9）Replication Server 数据方面的性能较差，并不能与操作系统集成。

（10）对中文的支持较差。

**3. Informix**

INFORMIX 运行在 UNIX 平台，支持 SUNOS、HPUX、ALFAOSF/1。采用双引擎机制，占用资源小，简单易用，适用于中小型数据库管理。提供并行索引功能，是高性能的 OLTP 数据库。

但其存在以下缺点：

（1）网络性能不好，不支持异种网络。即只支持数据透明不支持网络透明。

（2）数据备份具有软件镜像功能，速度慢、可靠性差。

（3）对大型数据库系统不能得到很好的性能。

（4）开发工具不成熟，只具有字符界面，多媒体数据弱，无覆盖全开发过程的 CASE 工具。

（5）无 Client/Server 分布式处理模式。

（6）可移植性差，不同版本的数据结构不兼容。

**4. DB2 数据库管理系统**

DB2 是内嵌于 IBM 的 AS/400 系统上的数据库管理系统，直接由硬件支持。它支持标准的 SQL 语言，具有与异种数据库相连的 GATEWAY。因此它具有速度快、可靠性好的优点。并且支持面向对象的编程，支持多媒体应用程序，支持存储过程和触发器，用户可以在建表时显示的定义复杂的完整性规则。但是，只有硬件平台选择了 IBM 的 AS/400，才能选择使用 DB2 数据库管理系统。

**5. SQL Server**

SQL Server 数据库系统因其处理的数据量较大，具有可视化开发应用界面，使用方便而成为我国应用最广泛的数据库。SQL Server 适用于企事业单位中各类信息处理系统。由于与微软开发的操作系统和应用平台的兼容性、交互性较好，SQL Server 越来越多地被应用于各种不同应用类型的应用系统。

### 5.2.2 Oracle 的空间对象存储

Oracle 的对象关系技术经过多年的发展已经十分成熟，它提供了完整的对象类型系统、广泛的语言绑定 API 以及丰富的实用程序和工具集。这一完整的对象类型系统基于最新的 ANSI SQL-99 标准。Oracle 为面向对象的应用程序在数据库服务器中优化了对象类型的性能。Oracle 在 Java、C/C++ 和 XML 中的语言绑定 API 提供了到数据库服务器对象类型系统的直接接口。这些广泛的 API 支持最新的标准，可以访问数据库对象类型系统服务。附带的对象关系数据的丰富实用程序集包括导入/导出、SQL 加载器、复制等。

Oracle 扩展了 SQL(DDL 和 DML)，允许用户定义他们自己的类型以及这些类型间的关系(例如继承、集合)、将它们作为基本或本地类型存储在数据库中，以及执行查询、插入和更新操作。它们可以在一个对象中包括另一个对象、从一个对象指向另一个对象(使用称作 REF 的指针)，以及使用称作 VARRAYS 和"嵌套表"的结构访问和操作这些对象的集合或组合。

Oracle 允许用户相关地对待对象数据，同时将关系数据作为对象看待。例如，用户可以使用 SQL 按照与访问关系数据相同的方式查询对象数据。用户使用扩展的路径表达式可以访问对象、对象类型、属性和方法。他们也可以使用 SQL 在表中的各个对象间执行显式连接。另外，通过将 REF 从一个对象传送或导航到另一个对象，Oracle 允许用户执行对象间的隐式联合。对象类型可以编入索引，使用 MAP 或 ORDER 方法将对象类型转换为标量值，然后可以对这些值进行索引。

Oracle 提供了大型对象(LOB)类型，以处理图像、视频剪辑、文档和其他类似形式的非结构化数据的存储需要。采用能优化空间利用和提供高效访问的方式存储大型对象。更明确地讲，大型对象由定位器和相关的二进制或字符数据组成。LOB 定位器内嵌地存储在其他表记录列中。在具有内部 LOB(BLOB、CLOB 和 NCLOB)的情况下，数据可存储在单独的存储区域。但是，对于外部 LOB(BFILE)，数据则存储在操作系统文件中的数据库外。

## 1. Oracle Spatial 简介

Oracle Spatial 是甲骨文公司对其数据库产品进行扩展后的一个模块,它面向空间数据,是进行空间数据管理的一项重要技术。Oracle Spatial 可以使用户和程序员把空间数据无缝地集成到应用软件中,并充分利用 Oracle 数据库的高可信度和高灵活性。

Oracle Spatial 提供了一整套函数和过程集合,使在 Oracle 中对空间数据的存储、访问和分析更加快捷和高效。这意味着空间和属性数据现在能在一个物理数据库中进行管理,因而减少了高端处理及调整和同步异步数据集时的复杂度。

Oracle Spatial 在 DBMS 中,对空间数据的管理提供了完全开放的体系。Oracle Spatial 提供的这种功能完全被集成到了数据库服务器中。用户通过 SQL 语句定义和控制空间数据,并且访问标准的 Oracle 特征,如灵活的 N 层结构、面向对象、健壮的数据管理工具、Java 存储过程。这实际上确保了数据的完整、恢复和安全性。

在 Oracle 中,空间数据能被存储在相关表中和被当作抽象对象数据类型。这种新的对象数据类型(SDO_GEOMETRY)被核心 Oracle 引擎所直接支持。相关对象类型的使用使用户可以在 Oracle 数据库中快速而高效地存储、访问和分析空间数据。这有助于开发人员在符合工业标准的数据库服务器中更加容易地存储定位信息,而不需要求助于外部索引和函数以获得所需要的性能。空间数据的用户可以访问标准的 Oracle 的特征,并且可以获得增强的特性,如大数据库容量限制的增加,更快的数据备份和恢复。

## 2. 存储模式

Oracle Spatial 支持两种空间对象存储模式,即对象关系模式和关系模式,两者的主要区别为:对象关系模式下用列来存储对象,而关系模式下用二维表来存储对象。关系模式支持三种基本几何对象(Point、LineString、Polygon;如图 5.1 所示)及由这些对象构成的复杂对象。与之相比,对象关系模式支持多种扩展的对象类型,包括弧(ArcLineString)、弧多边形(ArcPolygon)、复合多边形(CompoundPolygon)、复合线(CompoundLineString)、三点圆(Circle)和矩形(Rectangle)等,如图 5.2 所示;另外,对象关系模式还易于创建和维护空间索引及实现空间查询。关系模式的主要特点在于对分布式数据库的支持。Oracle Spatial 白皮书中建议用户在能满足需求的条件下尽量采用对象关系模式(Oracle,2003)。

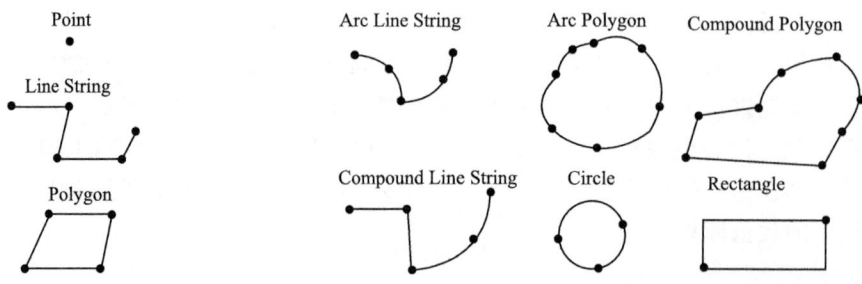

图 5.1 Oracle 几何对象　　图 5.2 对象关系模式下 Oracle 的扩展几何对象

### 3. 查询模式

Oracle Spatial 采用两层结构的查询模式实现空间查询，即初级（primary filter）和次级（secondary filter）过滤操作。其中初级过滤是低消耗的操作，它通过对几何对象的近似比较来降低计算复杂度，其返回结果是精确查询内容的父集；次级过滤通过在初级过滤结果集上的进一步精确计算，形成空间查询的准确结果（图5.3）。比较而言，前者速度较快，但精度较差；后者是建立在前者基础之上的，虽然增加了计算消耗，但查询的准确度较高。

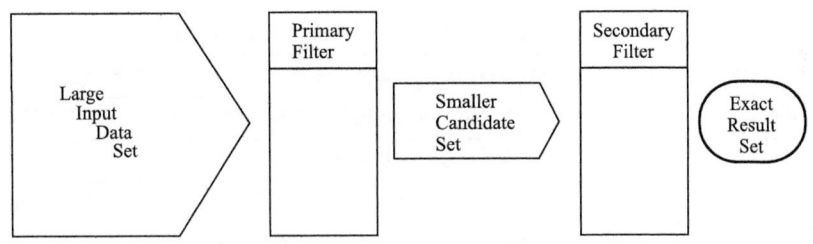

图 5.3　Oracle Spatial 的查询模式（Oracle，2003）

### 4. 空间索引

Oracle Spatial 的空间索引直接被数据库引擎支持，这也是 Oracle Spatial 的一个关键特征。Oracle Spatial 目前提供了线性四叉树索引、R 树索引和两者结合的混合索引。R 树索引能代替线性四叉树索引或和其一起使用。

构建空间索引的语法如下：
CREATE INDEX <index_name> ON <table_name>
　　　INDEXTYPE IS MDSYS. SPATIAL_INDEX
　　　　PARAMETERS ('SDO_LEVEL=<LEVEL>,
　　　　　　SDO_NUMTITLES=<numtitles>
　　　　　　SDO_COMMIT_INTERNAL=<N>,
　　　　　　[(Parameter<param_value>...)]')

### 5. 空间数据对象 SDO_GEOMETRY

在 Oracle Spatial 中，空间对象数据模型与 OpenGIS 对几何对象模型定义基本一致。SDO_GEOMETRY 是专门存储空间数据的数据类型，其构建语法如下：
CREATE TYPE SDO_GEOMETRY AS OBJECT (
　　　SDO_GTYPE NUMBER,
　　　SDO_SRID NUMBER,
　　　SDO_POINT SDO_POINT_TYPE,
　　　SDO_ELEM_INFO MDSYS. SDO_ELEM_INFO_ARRAY,
　　　SDO_ORDINATES MDSYS. SDO_ORDINATE_ARRAY)

各项属性的含义如下：

SDO_GTYPE：描述几何对象的类型，用一个四位数表示，表5.2显示了可取值。其中第一列中的D表示坐标维数，可取值为2、3或4之一，如2003表示二维面，3001表示三维点。

表5.2 空间对象类型

| 数值 | 几何类型 | 描述 |
| --- | --- | --- |
| D000 | UNKNOWN_GEOMETRY | 忽略 |
| D001 | POINT | 单点 |
| D002 | LINESTRING | 线，如不通过同一个点两次，则为简单类型 |
| D003 | POLYGON | 简单多边形，可带岛，先外圈后内圈，都是简单类型 |
| D004 | Collection | 集合对象，可由不同几何类型的对象组成，多边形必须不相连 |
| D005 | MULTIPOINT | 点群，如没有两点相等，则为简单类型 |
| D006 | MULTILINESTRING | 线群，由多条单线组成。当且仅当所有元素都是简单类型，且任何两个元素的交叉点都位于两元素的边界上 |
| D007 | MULTIPOLYGON | 多边形群，由多个不相连的多边形组成 |
| D100 | ANNOTATION | 注记 |

SDO_SRID：用于指定空间对象使用的坐标系，一般为空。

SDO_POINT：存储点对象的坐标$(X, Y)$或者$(X, Y, Z)$，当几何对象非点类型时，此项为空。

SDO_ELEM_INFO：变长数组。一个由三个数值组成的三元组（SDO_STARTING_OFFSET，SDO_ETYPE，SDO_INTERPRETATION），表示一个几何元素。用来解释SDO_ORDINATES中的坐标串。其中SDO_STARTING_OFFSET用于说明当前元素第一个坐标在坐标串中的偏移量，从1开始。SDO_ETYPE用于说明当前元素的类型，有效值为0~5。SDO_ETYPE如为1、2、3时则为简单元素，为4和5时，是混和元素，例如2003。SDO_INTERPRETATION有两种含义，取决于是不是混和元素。如是混和元素（4、5），这个值表明它由多少个子元素组成，即有多少个三元组。如不是混和元素（1、2、3），这个值表明这个元素坐标如何解释，如可由直线或圆弧组成。

SDO_ORDINATES：变长数组。按$(X, Y)$或者$(X, Y, Z)$的形式依次存储坐标。

### 6. 栅格数据对象 GeoRaster

GeoRaster是Oracle Spatial在Oracle 10g中新推出的用于存储遥感、航拍图像的栅格数据的一个新特性，它允许用户存储、索引、查询、分析和传送GeoRaster数据，即影像和网格化栅格数据及其相关元数据。使用GeoRaster来存储多维的网格化数据和栅格层，而这些网格化数据和栅格层可以参照到地球表面或本地坐标系统中的坐标位置。如果数据是地理参照数据，则您可以找到栅格单元的所对应的地理位置，而如果给定地球上的位置,则您可以找到与该位置相关的栅格层的单元。GeoRaster 旨在为大型影像和栅格数据处理解决方案提供企业级数据管理功能。

1) GeoRaster 的体系结构

GeoRaster 包括以下 6 个基本组件:

(1) GeoRaster 引擎:核心 GeoRaster,功能包括对数据、元数据、方法和索引的管理。

(2) SQL API:提供对 GeoRaster 中栅格及基于网格的数据的 SQL 访问接口。

(3) C/C++/Java API:通过或者不通过调用 GeoRaster API 而对 GeoRaster 中栅格及基于网格的数据的 OCI、OCCI 和 Java 访问。

(4) 浏览工具:有多种第三方浏览和分析工具支持 GeoRaster。此外,Oracle 提供一个免费的浏览器。

(5) 输入数据适配器:便于将栅格数据从通用的文件转换加载到 GeoRaster 中。

(6) 输出数据适配器:便于将栅格数据从 GeoRaster 转出成通用的文件格式。

GeoRaster 的体系结构是栅格单元数据加上 GeoRaster 元数据(包括层的元数据)的混合体。栅格单元数据包含实际的栅格数据本身。GeoRaster 元数据包括那些描述栅格数据的元数据的 XML 表示。这种元数据包括对象元数据,如描述和版本信息。GeoRaster 还包括单元深度(1bit、8bit、32bit_S 或 64bit_Real)、维数、分块、单元交替格式以及其他信息。此外还可以存储空间参照系统元数据,这些元数据包含地理定位所需的仿射变换信息。

2) GeoRaster 的特点

GeoRaster 的体系结构决定了它的以下优点:

(1) 当跨区域漫游或进行图像拼接时,用文件系统需要同时打开多个文件,这将占用系统的多个 IO 资源;而用数据库则直接从表中根据空间索引提取所需数据,并没有物理上的区域分割。

(2) 光栅数据库对于数据的并发访问的速度上优于文件系统的读取速度。

(3) 存放在数据库的光栅图像数据可支持局部加载,只加载需要显示的部分。

(4) 图像金字塔的信息存储在数据库中,按照实际需要从数据库中不同级别的图像金字塔信息,而文件系统的金字塔信息是全部存放在内存中。

(5) 数据库管理的数据访问控制的安全级别明显强于文件系统的。

(6) 对于图像信息和元数据信息的存储、组织、查询、维护等,要明显强于文件系统。

(7) 光栅数据库的建立可与矢量空间数据库结合,可用于更专业领域的空间信息分析。

(8) GeoRaster 数据库的很多功能由 Oracle 和在 GIS、遥感领域的合作伙伴(PCI、ESRI、MapInfo 等)共同进行开发、扩展、增加或利用的,这些技术可作为提取/变换/装载(ETL)工具、广泛的遥感和图像处理客户工具,或者是建立在 GeoRaster 模型上的可视化引擎形式。和这些专业厂商的工具、技术、标准可以很好地结合。并且相互支持彼此的最近技术和标准,ArcInfo 和 PCI 早在 2004 年 8 月就有支持 Oracle 10g 空间数据库和空间光栅数据库的产品。

(9) 是 GIS、遥感、规划、各个行业影像数据中心等领域的专业发展趋势。

(10) 三、四级产品和 DEM 数据精度都很高,所以其安全性尤为重要,放在光栅数据库中将可保证其安全性。同时，对高精度产品将来会有更多的拼接任务，把它们放在光栅数据库中，会更加灵活地适应将来的高级生产任务。

（11）数据库的各种备份方法和策略都可以应用到光栅数据上，例如增量备份。

## 5.3 城市地物信息的数据库管理

由于目前三维城市模型构造的方式较多，因此在实现城市三维信息的数据库管理时也存在多种方式：一种称为集成存储方式，采用该种方式的一般是进行城市的精细建模，或者是精细建模结合自动建模来生成城市模型；另一种是完全的数据库管理模式，采用该种方式的一般是通过三维空间数据模型实现城市建模，例如采用本书第四章建立的面向实体的三维空间数据模型。

**1. 集成存储**

一种方式是用数据库来管理全部信息，无论是进行了精细建模的所有地物模型，还是通过软件工具实现的自动建模的模型，均作为单个对象的形式进入数据库，同时附加相应的属性信息。

一种方式是混合管理，几何模型数据、相应的纹理数据用文件系统管理，而属性数据用数据库系统管理。

虽然这种集成管理的方式从本质上与我们上文分析推荐的对象关系数据库的管理方向不完全一致，但仍是目前所广泛采用的一种手段。因此本节仍将其作为一种可选方式略述。

**2. EO3DM 的数据库存储结构**

针对城市景观的三维表达，在第四章中我们建立了面向实体的三维空间数据模型 EO3DM，本节我们实现了该模型在 Oracle 数据库中管理。

采用 EO3DM 表达的信息依照如图 5.4 所示的逻辑次序进行组织。对于实体，几

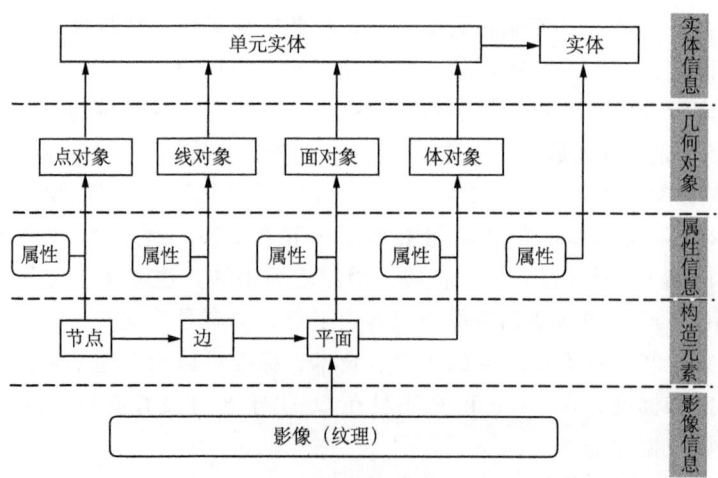

图 5.4　EO3DM 信息组织逻辑

信息由单元实体确定，附加社会属性信息，包括名称、类型、权属、历史等；单元实体没有属性，只存储指向其构成元素点、线、面、体的指针；点、线、面、体四类几何对象包含指向对应的基本构成元素节点、边、平面的指针，同时包含物理属性信息，如颜色、大小、模型的指针（应用第三方建模工具预先开发完成的复杂对象模型）等；平面存

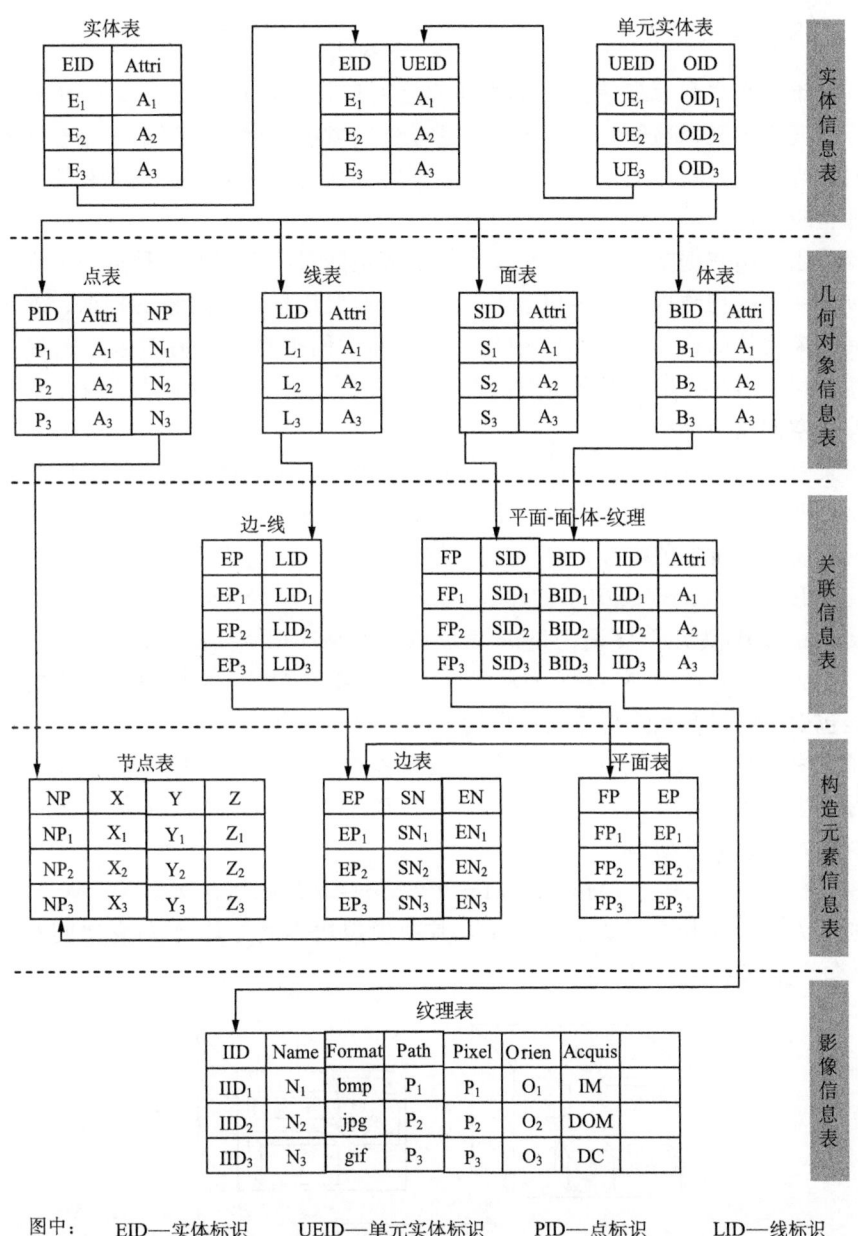

图 5.5 EO3DM 的数据表结构

储构成边要素的编码，附加对应纹理的存储地址；边存储起节点和终节点的编码；节点存储三维坐标($X$, $Y$, $Z$)。

依照上述的信息组织逻辑，用 EO3DM 模型表达的地物在 Oracle 数据库中的数据表结构如图 5.5 所示。

**3. 三维空间索引**

空间查询是用户和地理信息系统之间连接的纽带，也是用户感知 GIS 能力最直接的体现。当要查询某个地物时，如果没有建立空间索引，就要对当前工作空间中的所有对象与目标点进行一对一的比较，将会非常耗时和费力。因而如何建立有效的空间索引结构是非常重要的。

空间索引是指依据空间对象的位置和形状或空间对象之间的某种空间关系按一定的顺序排列的一种数据结构，其中包含空间对象的概要信息，如对象的标识、外接矩形及指向空间对象实体的指针。在 GIS 中常用的空间索引类型主要有对象范围索引、格网索引、四叉树索引、R 树索引和 R+树索引等。这些索引方法各有优缺点，本节选择 R 树索引建立空间索引结构。

R 树索引在二维空间数据的组织中应用十分普遍，其原理是：设计一些虚拟的矩形目标，将一些空间位置相近的目标，包含在这个矩形内，这些虚拟的矩形作为空间索引，它含有所包含对象的指针。该矩形的数据结构为

$$\text{RECT}(\text{RectangleID}, \text{Type}, \text{Min-X}, \text{Min-Y}, \text{Max-X}, \text{Max-Y})$$

其中，RectangleID 为矩形标识，Type 表示该矩形是虚拟空间对象还是实际空间对象，Min-X、Min-Y、Max-X、Max-Y 表示矩形的最大最小范围。在虚拟矩形构造时，应遵循尽可能包含多的目标和矩形之间尽可能少的重叠的原则(龚健雅，2001)。

三维 R 树空间索引的构建与二维的情况基本类似，只是此时需要设计虚拟立方体目标，称为虚拟边界立方体(Virtual Bounding Box，VBB)，使此立方体包含一些邻近的空间对象，其数据结构为

$$\text{BOX}(\text{BoxID}, \text{Type}, \text{Min-X}, \text{Min-Y}, \text{Min-Z}, \text{Max-X}, \text{Max-Y}, \text{Max-Z})$$

图 5.6 为三维 R 树空间索引的例子，其中虚拟边界立方体 A 包含空间对象 a、b、c、d，B 包含空间对象 e、f、g。

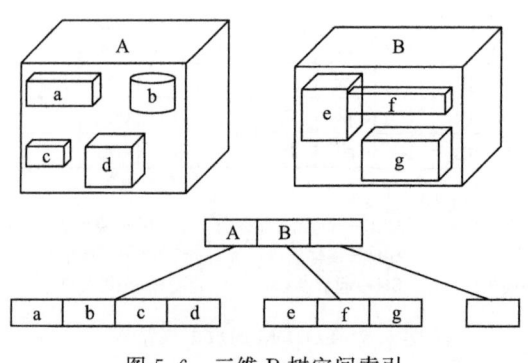

图 5.6 三维 R 树空间索引

## 5.4 数字地形信息的数据库管理

**1. 规则格网 Grid**

规则格网(Grid)是数字高程模型最常采用的表达方式。它将研究区按实际需要划分为固定大小的正方形网格,每一网格节点代表地形的一个采样值。节点的高程值可以由任何非格网的数字地形数据(如离散点、等高线或 TIN)利用内插算法得到,也可以由航空摄影测量、航天遥感等测绘方法直接采样得到。根据采集或生成时的高程精度,可以将 DEM 分为不同等级的产品,如我国 1∶25 万的 DEM 水平格网距离为 100m(地理坐标下的格网距离为 3″),1∶1 万的 DEM 水平格网距离为 12.5m,高程精度在 1/3 或 1/2 原始地形图等高距之间(1∶25 万原始地形图等高距分 50m、100m 两种,1∶1 万原始地形图等高距分 2.5m、10m 两种)。DEM 的水平格网距离可随地貌类型不同而改变,但在同一等级,其格网距离通常一致。

由于格网大小是固定的,任意一个节点的平面坐标都可以根据该节点在 DEM 中的行列号及左下角(或中心点)坐标、格网单元尺寸确定。通常,DEM 的节点行列号、左下角(或中心点)坐标、格网尺寸大小等可以存放在元数据结构中,而把各个节点的高程值用一个二维数组(或矩阵)存储起来。这样的高程矩阵数据排列规则,结构简单,容易被人理解,可视化或计算分析时每一点的高程值定位也比较容易。图 5.7 是常见的 DEM 数据结构,其中 NODATA_VALUE 为空白采样值,默认情况下为 −9999,显示或空间分析时可以忽略不计。利用元数据结构中的空白采样值,该数据结构可以表达任意不规则形状的 DEM,如图 5.8。可见,同 TIN 模型相比,Grid 模型具有较小的存储量和简单的数据结构,便于存储、管理、可视化和空间分析。

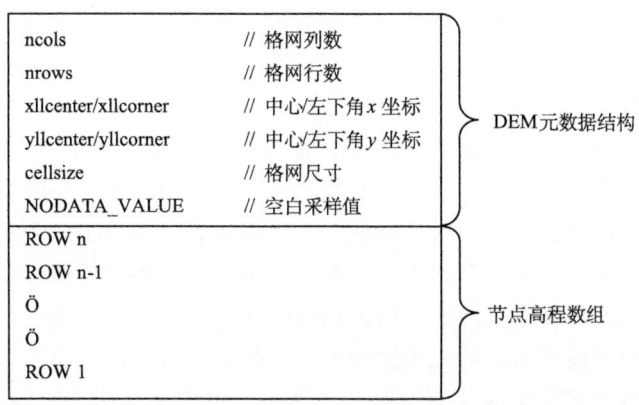

图 5.7 常见的 DEM 数据结构

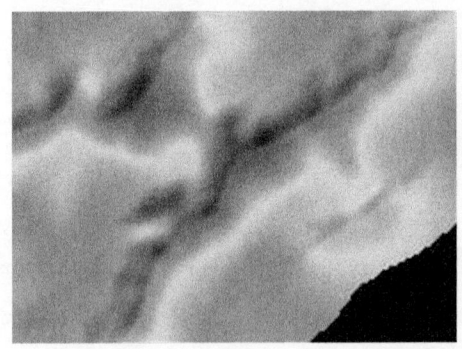

图 5.8 用空白采样值表示的不规则形状的 DEM

**2. 不规则三角网 TIN**

TIN 模型是由分散的地形点按照一定的规则构成的一系列不相交的三角形组成。TIN 适用于表达采样点呈不规则分布的情况，其描述地面的真实性由地形点的密度决定。由于它可以直接利用原始的离散采样点或地性线通过三角剖分形成地表三角网，可以根据地形的复杂程度在地形平坦和陡峭处采用不同的地形点数据，并且能够插入地性线和禁区边界等，从而能够真实地模拟复杂的地形表面。由于原始采样点、地形特征线通常作为 TIN 中三角形的顶点或边，充分利用了原始数据的信息，所以 TIN 可以很好地保持原始的地表动态特征。TIN 模型在表达数字地形时，既减少了常规 Grid 数据结构引入的数据冗余，同时在空间分析或计算的效率上优于纯粹基于等高线的数据结构。

然而，TIN 表达复杂地形数据的灵活性决定了它在数据组织上的复杂性。与 DEM 的其他数据结构相比，TIN 的数据结构较为复杂，它不但要存储每个数据节点的高程值，还要存储其平面坐标、节点连接的拓扑关系、三角形及邻接三角形间的拓扑关系等信息。基于上述原因，数据结构设计时通常考虑以下几个因素：

（1）占用的内存空间；

（2）是否包含三角网中各三角形、边及节点间的拓扑关系，这些拓扑关系便于基于 TIN 的分析应用；

（3）数据结构使用的效率。

这些因素之间可能存在着矛盾，因此，在设计 TIN 的数据存储结构时，通常要在时间效率、实现的复杂度与内存开销之间找到一个合理的平衡。一种常见的数据结构如图 5.9 所示，为三角形、边和节点分别建立一个记录表，每一个三角形、边和节点都对应于表中的一条记录。点表中存储了所有的节点编号及空间坐标信息，边表中的每一记录存储了边的起始点、终止点的编号以及该边所在的左、右三角形编号，三角形表中的每一记录存储了构成该三角形的三条边的编号。这里，所有的节点、边和三角形的编号从 0 开始递增，中间无重复编号的情况。当某一条边位于 TIN 的边界时，该边其中的一个三角形不存在，此时记三角形的编号为 −1。

利用图 5.9 所示的数据结构，由某一个三角形可以检索出构成该三角形的三条边，从而又可以检索出该三角形的三个顶点；另外，由某一条边又可以方便地检索出共享该

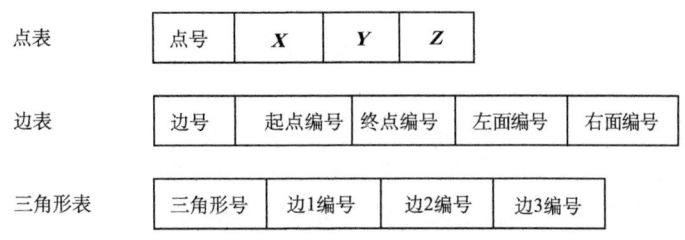

图 5.9 一种常见的 TIN 数据结构

边的两个三角形。在这种数据结构中,三角形、边、节点间的拓扑关系一目了然,这在追踪等高线等需要确定边所在的三角形等地形分析应用中使用较多。但这种结构的内存占用量稍大,效率也不是很高。

为了提高地形分析的效率,本节设计了另外一种较为简洁有效的数据存储结构,即只存储点表和三角形表,在三角表中存储对应的三个顶点和相邻三角形的编号,如图 5.10。其中三角形表中存储了节点、三角形之间的拓扑关系,边与节点、三角形间的拓扑关系也隐含在三角形的一条记录中。这样,由某一个三角形就可以检索到三角形的三个顶点、三条边及每条边所在的另外一个三角形。这种数据结构内存开销少,给定一个三角形查询其三个顶点高程和相邻三角形的执行效率高,而且其拓扑关系十分方便 TIN 中三角形、顶点及边的定位,在剖面线的生成等地形分析中较常使用。

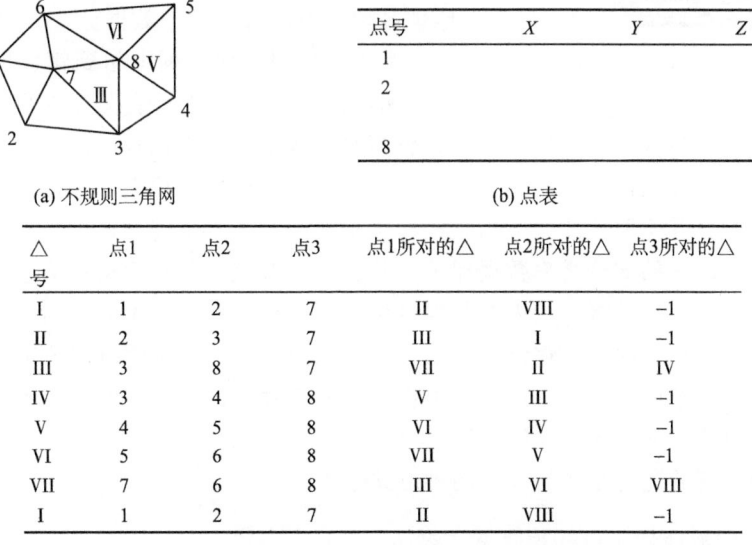

(a) 不规则三角网　　　　　　　　(b) 点表

| △号 | 点1 | 点2 | 点3 | 点1所对的△ | 点2所对的△ | 点3所对的△ |
|---|---|---|---|---|---|---|
| I | 1 | 2 | 7 | II | VIII | −1 |
| II | 2 | 3 | 7 | III | I | −1 |
| III | 3 | 8 | 7 | VII | II | IV |
| IV | 3 | 4 | 8 | V | III | −1 |
| V | 4 | 5 | 8 | VI | IV | −1 |
| VI | 5 | 6 | 8 | VII | V | −1 |
| VII | 7 | 6 | 8 | III | VI | VIII |
| I | 1 | 2 | 7 | II | VIII | −1 |

(c) 三角形表 (−1表示该点所对的三角形为空)

图 5.10 TIN 的数据结构

## 5.5 影像数据库管理

随着地理信息数据分辨率的逐渐提高,影像数据的数据量在成几何级数增长,其数据量可能达到几百个 TB,影像数据库需实现多源、多尺度、多时态的数据管理。为实现在海量的影像空间数据库中快速浏览和查找目标,空间数据的分级组织、分块存储和空间索引是解决海量数据高效管理问题的主要技术手段。

### 5.5.1 分级组织

分级组织,即多分辨率金字塔的数据组织,是大范围海量影像数据可视化中不可缺少的技术。多分辨率金字塔的概念最早出现在计算机图像处理领域,主要用于对同一幅图像的不同分辨率表达上。由于其分辨率从高到低的图像尺寸逐级减少,这一组图像就形成了一个分辨率递减的金字塔结构,如图 5.11。通常相邻上一级的图像分辨率为下一级的 1/2。但对于影像的多分辨率金字塔而言,尽管不同层次具有不同的分辨率,但其所表达的数据范围(地理区域)是完全一致的,是同一块地理区域的不同分辨率的数据。

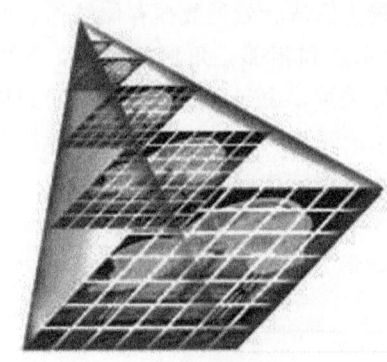

图 5.11 影像金字塔

为了实现对影像数据由粗到精、由整体到局部的快速漫游、浏览,对影像数据必须采用多级金字塔的结构来组织数据。当用户视点位置较高时,其视野范围比较广阔,但其所关注的细节信息相对较少,数据调度时只需加载多分辨率金字塔模型顶端低分辨率的数据;当用户视点降低时,其所关注的细节信息相对丰富,但其视野范围变得较为有限,只需加载视点前方局部范围的高分辨率数据即可。数据的分级组织与基于视觉信息量的数据调度机制,可以保证用户视野范围内的数据量保持不变,从而保持了对空间数据库数据量请求的平稳性,避免一次性数据读取造成的系统延迟,降低系统浏览的速度。这样,在系统对数据进行漫游或浏览时,就可以根据视点的高度、位置、方向访问不同金字塔层的数据,实现对数据的高效、无缝管理。

影像金字塔的建立主要有以下两种方式。

**1. 多分辨率数据源自动构建金字塔**

由于采集手段的不同,不同阶段生产的数据本身就是多分辨率的,如早期的 Landsat 5 TM 卫星影像的分辨率是 30m,SPOT 4、SPOT 5 卫星影像的分辨率分别是 10m 和 2.5m,现代的 IKNOS 卫星影像的分辨率是 1m,QuickBird 影像的分辨率是 0.61m,一些地方的航飞影像分辨率可达 0.2m。可以直接利用这些不同分辨率的图像经纠正、匹配后建立影像金字塔。

**2. 影像数据重采样构建金字塔**

对于只生产了高分辨率影像数据的情况,其金字塔的上层数据可以由下层数据经重采样构建。由高分辨率影像重采样成低分辨率影像的方法主要有隔行扫描策略、空间多分辨率编码等,其中隔行扫描策略是解决多分辨率数据生成最常用的手段。

## 5.5.2 分 块 存 储

由于在对海量数据库的访问中,每次调度和使用的数据只是数据库中的一小部分,为了避免调度与请求无关的数据,对数据进行分块是数据库管理的关键。通过数据分块可以将调度的数据大大接近于用户请求,减少数据的传输数量,方便对数据进行压缩和加载,有利于系统在计算机内存中对数据进行运算处理。下面简要介绍影像数据分块的规则以及分块的流程。

**1. 数据分块规则**

设 $I$(Image)是整个范围的影像空间,$I_1$,$I_2$,$\cdots$,$I_n$ 是影像空间 $I$ 上的一些子集,则在对影像进行分块时,上述子集空间满足下述四个条件:

(1) $I = \sum_{i=0}^{n} I_i$

(2) $\begin{cases} I_m \bigcap I_n \approx \Phi, & m \text{ 和 } n \text{ 相邻} \\ I_m \bigcap I_n = \Phi, & m \text{ 和 } n \text{ 不相邻} \end{cases}$

(3) $I_m \subset I$,$m < n$

(4) $I_m \subset \{X_{\min}, Y_{\min}, X_{\max}, Y_{\max}\}$

上述约束条件的几何意义是:

条件(1) 表示把影像 $I$ 分割成 $n$ 个子区域,并且各个子区域的并集等于整个影像空间 $I$;

条件(2) 表示任何两个不同的区域,如果它们是相邻的,它们会有一小部分重叠(为了能较好地接边);如果不相邻,它们的交集为空;

条件(3) 表示被分割成的任何一个区域 $I_m$ 都是原始影像空间 $I$ 的一个子集;

条件(4) 表示任何一个影像子区域,其在几何空间上所对应的几何空间区域 $(X_{\min}, Y_{\min}, X_{\max}, Y_{\max})$,$(X_{\min}, Y_{\min})$ 是几何空间区域的左下角空间坐标,$(X_{\max}, Y_{\max})$ 是几何区域的右上角的空间坐标能够确定纹理到地形空间的正确映射。

**2. 数据分块流程**

为了便于进行影像数据的管理和在三维模型纹理映射时进行有效调度和确定合理的分辨率,我们设计了如下的影像管理数据结构,用于管理地形三维建模时所需的纹理数据,如表 5.3。

表 5.3 多分辨率影像模型的数据结构

| 块编号 | 图幅号 | 影像层表示 | 空间位置 | 影像数据块 |
| --- | --- | --- | --- | --- |
| 001001 | 84953B | 0(LH0) | $X_1, Y_1; X_2, Y_2$ | 数据块 10 |
| | | 1(HL0) | | 数据块 11 |
| | | 2(HH0) | | 数据块 12 |
| | | 3(LL0) | | 数据块 13 |
| 001002 | 84954A | 0(LH0) | $X_1, Y_1; X_2, Y_2$ | 数据块 20 |
| | | 1(HL0) | | 数据块 21 |
| | | 2(HH0) | | 数据块 22 |
| | | 3(LL0) | | 数据块 23 |
| 001003 | NULL | 0(LH0) | $X_1, Y_1; X_2, Y_2$ | 数据块 30 |
| | | 1(HL0) | | 数据块 31 |
| | | 2(HH0) | | 数据块 32 |
| | | 3(LL0) | | 数据块 33 |
| ... | ... | ... | ... | ... |

从 5.3 表中可以看出，对整个影像空间进行了分块处理，每一子块 $I_i$ 对应着一影像块的编号、图幅号及这一子块对应的空间位置。同时，又对每个子块进行了多分辨率渐进层提取处理，每幅图像对应着四层数据 0、1、2、3。所谓多分辨率渐进层提取就是指对影像数据进行奇数列、奇数行和偶数行、偶数列像素提取，最终形成四幅子图像，每一幅图像称为一层（假设四层表示为 LL 层、HL 层、HH 层和 LH 层），并根据这四幅子图像可以完全无损的恢复到原始图像，其描述如下：

$$LL = \begin{cases} 2^i & 0 \leqslant i \leqslant m/2 \\ 2^j & 0 \leqslant j \leqslant n/2 \end{cases}$$

$$HL = \begin{cases} 2^i & 0 \leqslant i \leqslant m/2 \\ 2^j + 1 & 0 \leqslant j \leqslant n/2 \end{cases}$$

$$LH = \begin{cases} 2^i + 1 & 0 \leqslant i \leqslant m/2 \\ 2^j & 0 \leqslant j \leqslant n/2 \end{cases}$$

$$HH = \begin{cases} 2^i + 1 & 0 \leqslant i \leqslant m/2 \\ 2^j + 1 & 0 \leqslant j \leqslant n/2 \end{cases}$$

如果影像数据每个子块数据量较大的情况下，可以对这四层数据继续进行层提取处理。

为了减少用户管理数据库操作的复杂性，数据的分块存储、传输和加载采用对用户透明的方式。在数据预处理阶段，数据处理工具会根据数据量的大小、运行机器的性能对数据进行分块、入库，并记录相应的元数据信息；在数据读取时，系统根据用户请求，访问分块储存的数据及其元数据，并自动对分块数据进行重构，使用户觉察不到数据分块的存在。另外，在关系数据库中，以小的图像块作为一条记录来对其进行操作是非常适合的。

数据块的大小对图像调度效率的影响是至关重要的，对于影像数据库而言，数据的可视化是一个十分重要的应用，因此影像分块的速度主要考虑影像可视化的速度。

### 5.5.3 空间索引

空间索引的建立对数据库的数据管理效率是至关重要的。在关系数据库中，对于数值和字符的索引已经比较成熟，而且效率相当高。但是，对于存储复杂数据的二进制变长字段来讲，并没有提供现成的索引机制。由于影像数据库的数据源主要是数字正射影像产品，而正射影像本身是带有空间参考的，因此影像数据库的索引是以空间参考为基准的空间索引。

常见的空间索引一般是自顶向下、逐级划分空间的各种数据结构空间索引，比较有代表性的包括 BSP 树、KDB 树、R 树、R+树、CELL 树、四叉树和格网空间索引等。由于在影像数据库中数据是按照分块的方式存储的，数据块的划分非常规则且彼此之间没有重叠。因此，在上述空间索引中，格网索引对于影像数据库来说非常适合，其索引的建立和维护是相当方便的。可以按照格网对图像块进行编号，然后通过编号和数据块的对应关系来索引图像块。下面着重介绍地形三维可视化中海量影像数据空间索引的建立的过程：

（1）首先利用分块技术对海量影像数据进行分块；

（2）按照格网对各个影像子块进行编号；

（3）建立图像块的编号、图幅号和数据块的对应关系，如表5.3；

（4）然后通过编号、图幅号和数据块的对应关系来查找索引框范围的数据块。例如在搜索的过程中，假设索引框范围为$(X_1, Y_1, X_2, Y_2)$，$MinX$ 和 $MinY$ 为栅格图像的左下角坐标。则有下面的公式：

$$MinRow=(INT)((X_1-MinX)/\Delta X)$$

$$MinCol=(INT)((Y_1-MinY)/\Delta Y)$$

$$MaxRow=(INT)((X_2-MinX)/\Delta X)+1$$

$$MaxCol=(INT)((Y_2-MinY)/\Delta Y)+1$$

其中，MinRow、MinCol、MaxRow、MaxCol 分别对应索引框左下角和右上角在分块数据中对应的行及列，如图 5.12。再由这四个值可以在表 5.3 中检索到所包含的数据块。

由于在数据库中存取的是每个子块的四层数据块表式（每幅图像至少对应着四层子数据块），因此，本节采用一棵满四叉树来管理"层"数据块。四叉树的根结点为经过分割处理的子块影像 $I_i$，叶结点为父结点的四个层 LL、HL、HH、LH 表示，如图 5.13。

在进行纹理数据显示时，此四叉树结构能够很好地调度各个层数据块。首先显示四叉树的 LL 结点数据层，用此层数据作为原始影像的一次逼近表示，称作一级显示；然后，传输 HL 结点数据层，并和上一数据层做融合，得到原始影像的第二次逼近，称作二级显示；紧接着，分别传输 HL 和 LL 层数据，称作三级、四级显示，最终得到原始子块影像，其传输过程如图 5.14。

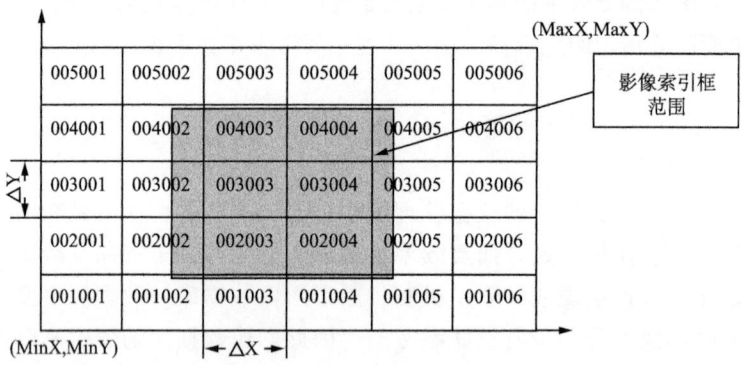

图 5.12　影像数据格网索引

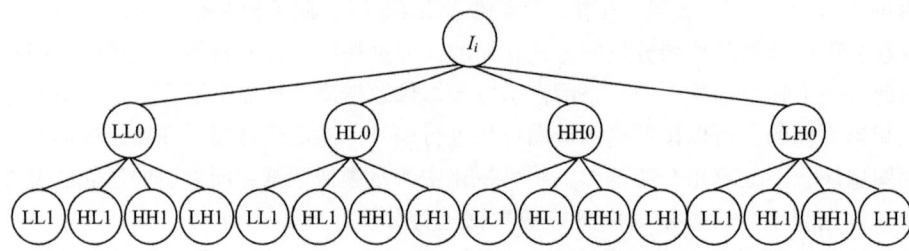

图 5.13　影像多分辨率"层"四叉树结构

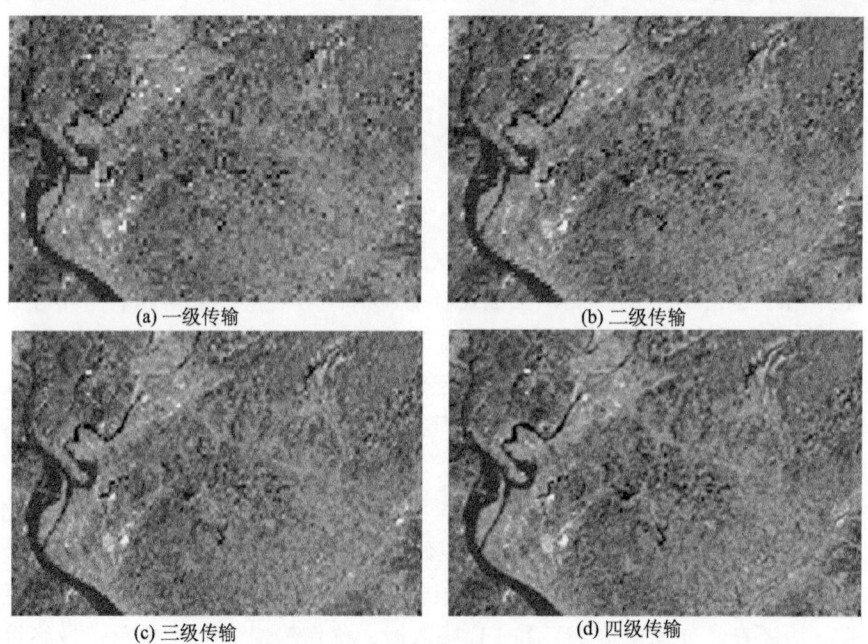

(a) 一级传输　　　　　　　　　　(b) 二级传输

(c) 三级传输　　　　　　　　　　(d) 四级传输

图 5.14　多分辨率影像渐进传输

这种数据管理及索引机制有以下优点：
（1）所有数据集中存储、管理，安全性好，有利于数据的一致性和完整性；
（2）有利于三维地形浏览时数据的分布式应用，该方法更有利于纹理数据的网络传输、调度；
（3）有利于纹理数据的充分共享；
（4）可以方便地管理多源、多时态的数据；
（5）可以方便地进行纹理数据及其属性数据集成，方便数据的查询。

另外，对于不同时态的数据，数据库在管理时可以将其作为不同的逻辑层（layer）来管理。按时态对数据进行分层组织与分块组织的关系如图 5.15 所示。

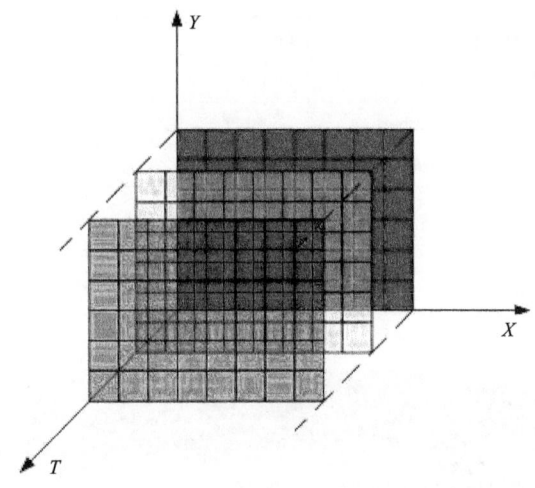

图 5.15　按时态的分层和分块组织

### 5.5.4　基于 GeoRaster 的影像数据库管理

如同 String、Number 类型一样，GeoRaster 也是一种数据类型，但它是一个基于对象关系模式的对象类型。使用此对象类型的同时需要此对象定义、包定义、函数、过程、后台 API、SQL 规范和其他对象-关系模式的资源。

GeoRaster 类型定义如下：
CREATE TYPE sdo_georaster AS OBJECT（
rasterType NUMBER，
spatialExtent SDO_GEOMETRY，
rasterDataTable VARCHAR2(32)，
rasterID NUMBER，
metadata XMLType）。

其中：rasterType 存储栅格数据类型的编号（如：20001 代表两维单通道栅格数据，21001 代表两维多通道栅格数据）；spatialExtent 存储栅格空间数据类型信息，坐标信息,空间索引信息;rasterDataTable 存储一个 raster data 表名称,此表用于存储栅格图像的块数据;rasterID 是栅格信息编号;metadata 为 XML 类型,存储栅格元数据。

下面我们来具体论述栅格图像信息导入到空间栅格数据的流程。

首先创建 GeoRaster_Table 和 Rdt_1 表,表结构为:

**GeoRaster_Table 表**

| GeorID | Number |
|---|---|
| Type | VARCHAR2(32) |
| GeoRaster | MDSYS.SDO_GEORASTER |

**Rdt_1 表**

| RasterID | Number |
|---|---|
| PyramIDLevel | Number |
| BandBlockNumber | Number |
| RowBlockNumber | Number |
| ColumnBlockNumber | Number |
| BlockMBR | MDSYS.SDO_GEOMETRY |
| RasterBlock | BLOB |

图 5.16 带有几何纠正后的地理坐标信息

对于图 5.16 这张需要存储到 GeoRaster 数据库的卫星遥感信息图像,GeoRaster 引擎要导入这张带有地理坐标信息遥感图像,并且提取遥感图像的光栅元数据信息 (Metadata),然后把光栅图像信息和元数据信息组织并存储到 GeoRaster 类型的数据表中。过程如下:

**1. 提取栅格图像的元数据信息,并存储到栅格数据库**

一幅栅格图像是由两部分组成,栅格图像信息和栅格元数据信息。GeoRaster 存储元数据信息是通过引擎提取出元数据信息存放在 GeoRaster_Table 表的 GeoRaster(MDSYS.SDO_GEORASTER)字段下 XML 类型的 metadata 对象下,每幅图像在 GeoRaster_Table 表为一条记录,GeoRaster_Table 表存放图像的所有栅格元数据信息。栅格图像的元数据信息一个 XML 文件,元数据信息里面描述了图像数据的属性信息,如描述和版本信息、单元深度(1bit、32bit_S 或 64bit_REAL)、坐标信息、通道信息、维数、分块、单元交替格式以及其他空间信息。

**2. 导入栅格图像到数据库**

GeoRaster 引擎把栅格图像划分成若干个等分的块,每个块是一个小图像,有一个 BlockNumber,每个块存储在 Rdt_1 表中的一行记录中,就是说一个栅格图像被划分为 $n$ 个等分块,那么存储在 Rdt_1 表中就是 $n$ 条记录,每个块的栅格图像信息存储在 Blob 字段下面。

**3. 建立栅格金字塔**

存储在栅格数据库后,建立栅格图像金字塔,为了提高浏览查看的速度,可以通过缩小分辨率来减少图像的尺寸。金字塔的原理就是以原始图像尺寸为金字塔的基座,每上升一层图像尺寸缩小一半,层数代表金字塔的级别,如:5 层金字塔就代表 0、1、2、3、4 级别的 5 种级别金字塔。

**4. 建立地理参照**

建立 GeoRaster 数据的单元坐标与实际世界的地理坐标(或一些本地坐标)之间的关系。地理参照将地面坐标映射到单元坐标,反之亦然。例如单元坐标(行,列)和坐标系代号为 82394 的地理坐标 $(X,Y)$ 映射关系,通过 GeoRaster 的 SQL API 建立这种映射关系。给定栅格坐标的行列坐标就能对应地理坐标 $xy$ 值,相反给定地理坐标 $xy$ 值就能对应栅格坐标的行列值。

**5. 索引 GeoRaster 数据**

对大量的栅格信息可以建立 R-Tree 和交叉空间索引,来提高空间数据的查询响应速度。对大量的栅格元数据信息建立 B-Tree 和倒序索引,对于 XML 类型可以建立 XMLType 索引,用于提高对栅格元数据的查询速度。

栅格图像信息和元数据信息都存放在数据库中后,利用关系型数据库和对象关系型数据库的数据存储架构及数据优化查询的机制,可以很方便地进行数据的组织、查询、导入/导出、数据交换、更新等操作;可以根据元数据信息来查询栅格图像信息,也可以反过来通过栅格图像信息来查询栅格元数据信息。此外,我们还可以通过块号范围查询、显示部分或完整的 Raster 图像,也可以根据栅格坐标(行,列)或地理坐标 $(x,y)$ 范围来查询显示 Raster 图像,并且这些查询结果可以导出到不同图像格式的(jpeg、tif、png 等)文件中。

# 第六章 城市景观三维可视化

可视化用于描述对模型和数据进行一定的处理后将其显示在计算机屏幕上的过程。科学计算可视化指的是运用计算机图形学和图像处理技术，将科学计算过程中及计算结果的数据转换为图形及图像在屏幕上显示出来并进行交互处理的理论、方法和技术。科学计算可视化将图形生成技术、图像处理技术和人机交互技术结合在一起，其主要功能是从复杂的多维数据中产生图形，也可以分析和理解送入计算机的图像数据。

三维可视化是三维地理信息系统的一项基本功能。在建立、维护和使用三维 GIS 系统的各个阶段，不论三维对象的输入、编辑、存储、管理，还是对它们进行操作分析或是输出结果，都存在三维对象的可视表达问题。本章重点研究三维城市模型的可视化过程与方法，首先分析三维模型的可视化原理及常用的一些三维渲染软件工具；接下来探讨海量数据的三维可视化关键技术，并实现城市特征地物的重建及地物模型和地形模型的集成，并探讨城市景观三维可视化中的若干优化策略。

## 6.1 三维可视化原理

三维可视化是指运用计算机图形学和图像处理技术，将三维空间分布的复杂对象（如地形、模型等）或过程转换为图形或图像在屏幕上显示并进行交互处理的技术和方法（唐泽圣，1999）。近年来，随着计算机图形显示设备性能的提高，以及一些功能强大的三维图形开发软件的推出，使得我们在普通微机上进行高度真实感的三维图形显示成为可能。为了保证由三维空间向二维平面映射时图像显示的立体感，三维数据显示前需要进行一系列计算机图形学的技术处理，其流程如图 6.1。

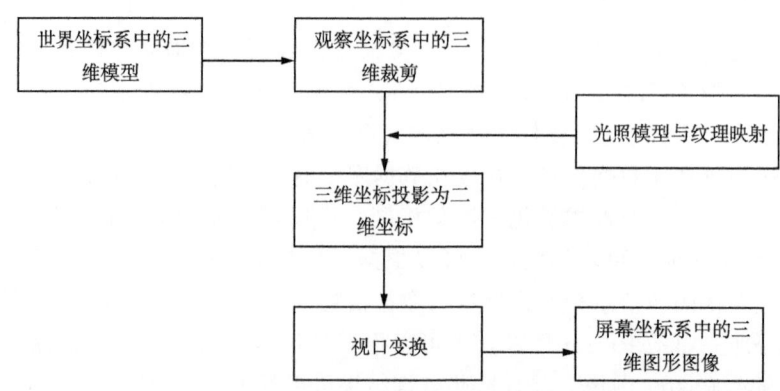

图 6.1 三维可视化的处理流程

地形、地物等三维对象的数学模型在世界坐标系$(x,y,z)$中建立，经坐标变换后转换为观察坐标系$(u,v,w)$，并在观察坐标系中实现三维地形在视景体的裁剪、光照以及纹理映像；之后的投影变换将观察坐标系的三维坐标转换投影平面的三维坐标，并经视口变换转换成屏幕坐标；最后经栅格化显示在屏幕上。其中，世界坐标系是指地理坐标系，也称用户坐标系，是右手坐标系；屏幕坐标系是用户观察坐标系，也称视点坐标系，该坐标系一般由观察视点与物体参考点的连线（作 $Z$ 轴）以及垂直该直线的观察平面上两条相互垂直的直线（$x$ 轴与 $y$ 轴）决定，为左手坐标系，如图6.2所示。

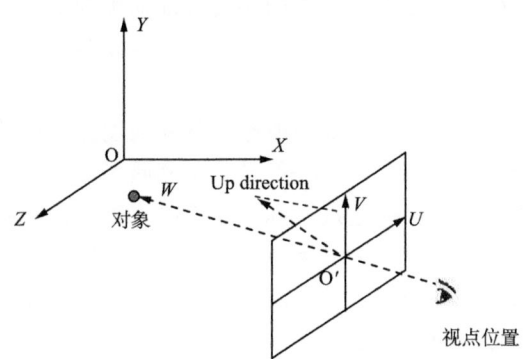

图 6.2　三维地形可视化的世界坐标系和观察坐标系

下面在简要分析人类视觉系统和视觉理论的基础上，针对与三维可视化的效率、真实感显示密切相关的裁剪、颜色、光照、纹理以及视口变换做一个简要的论述，进一步的说明请参考计算机图形学的相关书籍。

### 6.1.1　视　觉　理　论

人的视觉器官由眼球的视网膜、视觉神经和大脑皮质相应部位三个主要部分构成。在人的眼睛中，图像是在视网膜上形成的。为了得到观察对象在视网膜上的清晰图像，一般要经过称为符合和调节这两个过程。它们的主要功能是将眼睛瞄准观察对象，同时调整眼球的晶状体形状，获取必要的深度信息。晶状体像透镜一样，可以起聚焦作用。

视觉系统所能看到的光称为可见光，它们是波长在 400~700nm 的电磁波。光可以分为非彩色光和彩色光。非彩色光是由强度大致相同且包含所有波长的可见光混合而成。通常将非彩色光光源称为白色光源，而通过物体反射或投射而产生的非彩色光可能呈现白色、黑色或不同程度的灰色。假设在白色光源的照射下，物体能将80%以上的入射白光反射出来，则物体看上去是白色的。若反射出来的只有3%以下，则物体看上去是黑色的。若反射光在这两个比率之间，则物体呈现灰色，反射越多，就越接近白色。

对于彩色光，光源的颜色主要取决于它所发出的光的波长的分布情况。仅有一个波长成分的光波对应单色光。一定波长的电磁波本身并不带颜色，而我们所见到的颜色只是视觉系统对客观现象产生的一种感觉。对于彩色光，本身不发光的物体所表现出来的颜色就更复杂了。它既取决于照射它的光源的颜色，也取决于物体本身的反射或透射特性。不同颜色的光源与有不同反射特性的物体相结合，往往会导致意想不到的结果。例如用绿光去照射一个只能反射红光的物体（即在白光照射下呈现红色的物体）时，我们所看到的物体的颜色，既非绿色也非红色，而是黑色。

对于不同的颜色，晶状体的吸收率是不一样的。一般来说，对蓝色光吸收得多，几乎是红色光的一倍。而且视网膜对颜色最敏感的部分（中央部分），有一种能吸收蓝光又同时发射黄光的色素。这样我们对于蓝色或与其相近的颜色就不太敏感，而对黄、橙这样的颜色却很敏感。这种现象还会随着人的年龄增加而更加明显，因此大多数老年人看到的东西都不是很鲜亮的，其原因就是相当一部分的蓝光被过滤掉了，这种现象称为晶状体变黄。

当光的强度固定在一个区域时，我们所感受的光亮度在区域的边缘往往会超出实际值。于是原本是同样明亮的区域看上去好像是一个亮暗不同的区域，这种现象称为马赫带效应。这种现象在我们用多面体逼近实际物体后再来算表面亮暗时，会造成不理想的观感。由于对比亮度的不同，也会造成类似的错觉。将一明亮度一定的正方形，分别放在比其亮许多及比其暗许多的两个大的正方形中，前者看上去要比后者暗。这些错觉都是我们在用图形表达信息时应当注意的。

根据前面的分析，对色彩的使用应遵循以下原则：

(1) 不要过分地使用颜色。由于人一般很难在同一时刻记住 7 项以上的信息，因此如果显示的图形中每一种颜色都代表某一意义时，色彩数目不要超过 7 种。

(2) 用相同的背景色将相关要素组合起来，使用户感到那些要素是有联系的，背景色最好使用暗红、棕色、深绿色来衬托前景图形。

(3) 用高亮度来吸引用户的注意。

(4) 将颜色显示的次序与它们的波长挂钩。光谱上色彩按波长排列的顺序是：红、橙、黄、绿、蓝、青、紫。因此在显示器上显示多种色彩时最好以此为序。

(5) 用暖色表示动作或响应，用冷色来指示状态或背景信息。

### 6.1.2 观察坐标系的空间三维裁剪

由于人眼视觉范围的限制，人们只可能观察到视点前方一定角度和一定距离范围内的物体。因此，在计算机中显示三维图形时，其观察范围也是有限的。这一范围通常利用远、近、左、右、上、下六个平面来确定，即视景体（frustum）。根据视景体性质的不同，可以简单地将视景体分成两类，即平行投影视景体和透视投影视景体，如图 6.3。当投影中心到投影平面的距离无限远时，物体投影后在某一个方向的投影大小与距离视点的远近无关，即为平行投影；否则，距离视点越远的物体投影后越小，反之越大，即透视投影。平行投影能准确保留物体间的度量关系，经常用于工业制造或工业设计上；城市三维景观的某些二维表达，如侧视图或俯视也常采用这种表达方式。由于在单个方向的平行投影不能反映三维场景的全部信息，要获得物体的三维视觉，通常需要多个视角的平行投影图或透视投影。透视投影距离视点越远的物体投影后越小，反之越

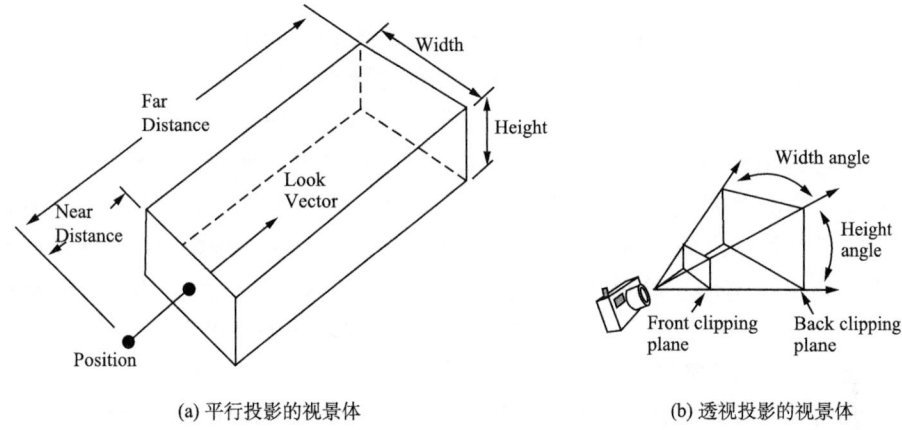

(a) 平行投影的视景体　　　　　　(b) 透视投影的视景体

图 6.3　两种不同类型的视景体

大的特点更符合人类的视觉特征，因而在表现户外三维景观中通常采用透视投影。

观察空间的三维裁剪就是指在图形显示时，位于视景体范围以外的物体将会被裁剪掉不予以显示，图 6.4 是透视投影视景体的裁剪示意图。通过判断图形对象与远、近、左、右、上、下六个裁剪面的关系可以确定对象是否在视景体内部。除了视景体定义的六个裁剪面外，用户还可以定义一个或多个附加裁剪面，以去掉与场景无关的目标。尽管计算机在实施裁剪过程中花费一定的运算时间，但在通常情况下，由于裁剪运算可以大大减少图形的绘制数量，因此三维裁剪无疑仍会提高图形绘制的整体性能。鉴于对象裁剪牵涉到复杂的求交运算，人们逐渐开发了基于显卡硬件的对象裁剪算法，进一步减少了图形裁剪的时间。

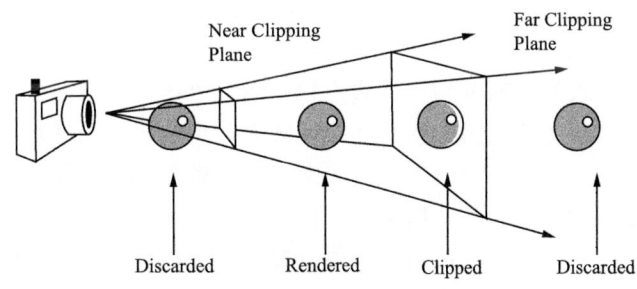

图 6.4　透视投影的视景体裁剪

### 6.1.3　颜色、光照与纹理

城市地表信息丰富多彩，细节精致而复杂，但归纳起来看，影响三维物体表达真实感的特性主要有二个：一是几何特性，即它在三维空间的位置、大小和方向；另外一个就是它的亮度、颜色、纹理和透明度。因此，三维可视化只有考虑了上述两点特性，才可能在二维平面上产生真实感的图形。

颜色对于生成高度真实感的图形来说必不可少。物体的颜色不仅取决于物体本身，还与光源、周围环境的颜色以及观察者的视觉系统有关。为了能够尽可能真实地模拟这些丰富多彩的视觉效果，计算机图形学中使用颜色模型和用具有明暗效果的光照模型一起形成多种配色方案，常见的如过渡色、分层设色等，如图6.5(a)。

尽管颜色模型和光照模型可以直观反映地表起伏状况和地物表面的明暗效果，但模型表面过于光滑和单调，不能重现其真实面貌，还需要表现物体表面的细节信息，如地表植被、建筑物墙壁上的材质、装饰物等，即纹理。可以用纹理映射的方法给模型表面加上纹理，如图6.5(b)。纹理映射的思想是把纹理影像"贴"到由几何数据所构成的三维模型上，其实现的关键在于如何实现影像与数据之间的正确套合。对于地形而言，就是要使每一个DEM格网点与其所在的影像位置一一对应。对于原始影像，可以根据成像时的几何关系，利用共线方程解算出每一DEM格网点所对应的像坐标，作为纹理映射时的纹理坐标依据。但为了避免纹理映射时复杂的纹理坐标计算，提高纹理映射的运算效率，通常采用经过数字微分纠正后的正射影像作为纹理影像，使地面坐标与纹理坐标间的对应关系变得十分简单。

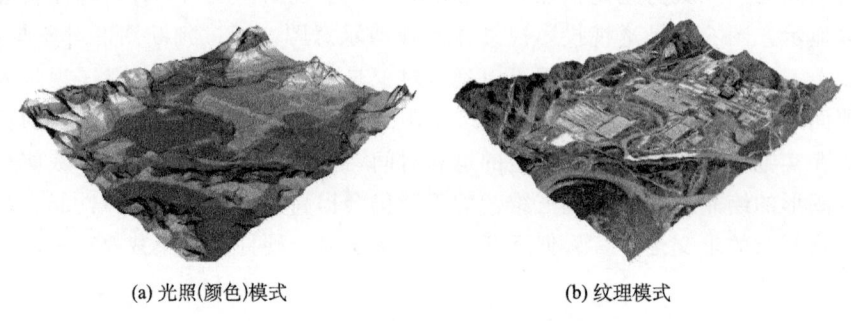

(a) 光照(颜色)模式　　　　　　　　(b) 纹理模式

图6.5　地形可视化的不同显示模式效果对比

对于几何模型的映射，需分别将多边形顶点的三维空间坐标与二维纹理的坐标相对应即可。绝大多数房屋的侧面为矩形，在纹理映射时可直接运用图形学中凸多边形填充绘图模式进行。而对于呈凹多边形的房屋表面，由于图形学中不能直接绘制填充凹多边形，需要先将其分割为凸多边形然后再进行绘制。通常可采用将凹多边形分割为不规则三角网的方法，其基本原理和方法是：对顶点按顺时针（或逆时针）顺序排列的凹多边形（不包括带空洞的凹多边形），依次判断相邻三个按顺序排列的顶点所构成的三角形是否满足下列两个条件：

(1) 该三角形中心落在确定边界的凹多边形内部；

(2) 该三角形的新边不与确定边界的凹多边形内部相交。

条件(1)防止产生边界以外的三角形，如图6.6中(a)所示的三角形ABC；条件(2)防止产生与边界相交的三角形，如图6.6中(b)所示的三角形DEF。一旦满足上述两个条件，如图6.6中(c)所示，则记录该三角形BCD或EFA，并对原凹多边形分割后所得到的多边形ABDEF或ABDE再运用上述法则进行递归去处，直到最终将凹多边形全部分割成三角形为止。图6.7表示了用该方法所生成的基于凹多边形的不规则三角网。

纹理映射时，则需根据上文所叙述的方法分别对三角网中的每一个三角形进行纹理映射。

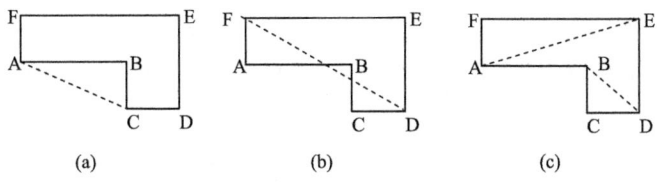

图 6.6　凹多边形中的三角形分割过程

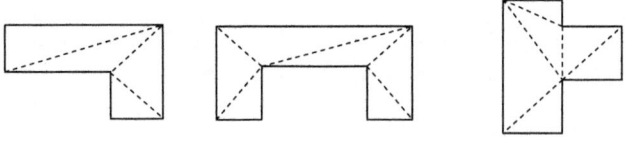

图 6.7　凹多边形中的三角形分割结果

### 6.1.4　视 口 变 换

　　视口变换是将经过坐标变换、几何裁剪、投影变换后的物体显示于屏幕窗口内指定区域内的过程，上述屏幕上的区域称为视口。视口变换类似于照片的放大与缩小，并取决于投影面与视口大小的比值。在实际应用中，视口的长宽比率总是采用与视景体相同的长宽比率。如果两个比率不相等，那么显示于视口内的投影图像会发生变形，不能显示真实感较强的图像。另外，当视角增大时，投影平面的面积增大，视口面积与投影平面面积的比值变小，但物体的投影尺寸并不变化，因此实际显示在屏幕上的物体将变小。反之，当视角增大时，实际显示在屏幕上的物体将变大。

　　此外，为了使屏幕中显示的立体图像能逼真地反映实际中的物体，还必须消除由于视线的遮挡而隐藏的点、线、面和体，即深度测试。消除隐藏点的算法很多，例如：z缓冲器算法，画家算法，跨距扫描线算法，区域子分算法等，常用的图形包里采取的深度缓存(Depth Buffer)就是 z 缓冲器算法。它在缓存中保留屏幕上每个像素的深度值(视点到物体的距离)，有较大深度值的像素会被带有较小深度值的像素替代，即远处的物体被近处的物体遮挡住了。当物体之间的遮挡现象严重时，深度测试可以大大降低实际绘制的图形数量。

　　目前通用的图形可视化开发包，如 OpenGL、DirectX、QD3D、VTK、Java3D 等，都封装了上述图形可视化的流水线(pipe line)，并提供了一系列的图形显示和交互接口。利用它们提供的 API，可以实现常规数据量地形数据在屏幕上的三维显示和交互控制。

### 6.1.5 三维立体显示技术

为了在三维可视化时增加用户的沉浸感，人们根据人眼立体视觉的原理，在三维可视化中引入了立体视觉来增强用户身临其境的感觉。形成人工立体视觉必须具备下列条件：

(1) 所观察的两幅图像必须有一定的左右视差，即立体像对。
(2) 左右两眼分别观察左右各一幅图像，即分像。
(3) 像片所放置的位置必须使相应视线成对相交，即无上下视差。

目前，在计算机上实现人工立体观察主要有下列几种方式：

(1) 分光法：把左右两个视力显示在计算机屏幕上的不同位置或两个屏幕上，借助光学设备按照立体观察条件使左右眼分别只看到相应的一个视图，或者把它们再投影到一个屏幕上，用偏振光眼镜进行观察。

(2) 补色法：将左右视图用红绿等两种补色同时显示出来并用相应的补色设备观察。该方法简便易行，除补色眼镜外不需要其他硬件设备，但它不适用于彩色立体观察。

(3) 场(幅)分隔法：也称分制法，该方法是将左右视图按场(幅)序交替显示，在计算机屏幕前用液晶方式或偏振光方式进行视图分拣。当显示器采用隔行扫描时，左右视图按奇偶场交替显示；采用逐行扫描时，左右视图按幅交替显示。场(幅)分隔法是目录计算机立体显示中被广泛采用的方法。

采用液晶方式的立体显示方法是：在计算机显示上沿水平方向交替显示两幅用不同视线参数生成的透视景观图，利用液晶眼镜在显示屏与观察者之间分别设置一个像场景遮光同步快门，该液晶快门受逻辑控制电路控制。逻辑控制电路的同步信号取自计算机的显示接口。在显示屏显示左视图期间，打开左眼液晶快门并关闭右眼液晶快门；在显示屏显示右视图期间，打开右眼液晶快门并关闭左眼液晶快门，从而获得立体视觉。与液晶方式的立体显示方法相比，偏振光方式的立体显示方法的不同点仅在于偏振屏和偏振光眼镜取代液晶眼镜来实现左右视图的分拣。

采用分隔法来进行三维景观立体显示时，显示卡必须能够先后显示左右视图，并且有足够的显示内存以容纳高分辨率的彩色图像和为实现图像交互所必需的空间。为了克服图像闪烁，所采用显示器的显示场频应大于 120Hz。水平方向采用不同视线参数的两幅透视图的实时显示可通过软件来控制实现。基于微机的立体视觉三维可视化的原理如图 6.8。

## 6.2 三维可视化渲染工具

近年来，由于计算机图形技术的不断发展，三维可视化的渲染工具也越来越多，其功能也越来越强，效果也越来越接近现实。在目前市面上流行的多种三维可视化渲染工具中，最有代表性的是 OpenGL、Direct3D，它们提供了三维图形显示的底层渲染

第六章　城市景观三维可视化

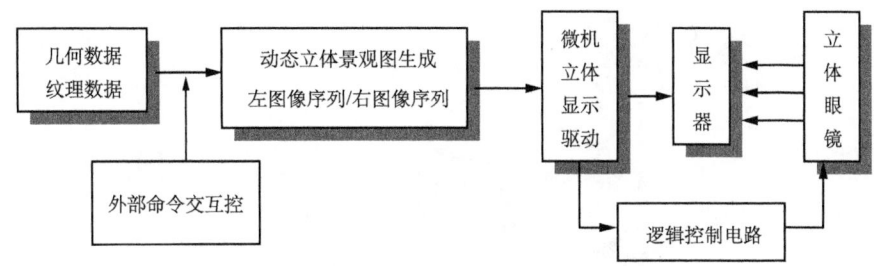

图 6.8　基于微机的立体视觉三维可视化原理

API。但如果直接用 OpenGL 或 Direct3D 来开发大型的三维应用，开发效率低，对开发人员素质要求高。1998 年以后至今，业界不断推出很多商业的或免费的高级图形工具包，如 OpenGL Peformer、OpenGVS、Vega、OpenSceneGraph、Vtree 等。用户可以在掌握 OpenGL 和 Direct3D 基本使用方法后，再去学习使用这些高层的工具包，就可以站在前人肩膀上，迅速开发出适合自己的三维可视化应用。下面从低到高简要介绍这些三维可视化渲染工具。

**1. OpenGL**

OpenGL 是一套独立于操作系统的三维图形库，具有良好的跨平台移植能力。其前身是 SGI 公司的 GL 三维图形库，最早用于 IRIS 图形系统中。在 SGI 等多家世界闻名的计算机公司的倡导下，以 GL 三维图形库为基础制定了一个通用共享的开放式三维图形标准，即 OpenGL，可以广泛用于 MAX、PC 和 UNIX 开发环境中。随着图形显示硬件的发展，OpenGL 标准已经被绝大多数的显示卡生产商作为工业标准，许多软件厂商也纷纷以 OpenGL 为基础开发出自己的产品，其中比较著名的产品包括动画制作软件 Soft Image 和建模软件 3DMAX、仿真软件 Open Inventor、VR 软件 World Tool Kit、CAM 软件 ProEngineer、GIS 软件 Arc/Info 等，涉及游戏娱乐、建筑、产品设计、医学、地球科学、计算流体力学等多个领域。

OpenGL 作为一个开放的三维图形软件包，它独立于窗口系统和操作系统，以它为基础开发的应用程序可以十分方便地在各种平台间移植，并有使用简便、效率高的优点。OpenGL 的工作流程如图 6.9 所示，它展示了 OpenGL 从定义几何要素到把像素写入帧缓冲区的数据处理过程。命令由左边进入，首先根据基本图形单元建立景物模型，并且对所建立的模型进行数学描述（OpenGL 把点、线、多边形、图像和位图都作为基本图形单元）。数据可以通过流程立即执行这些命令；或者组织到一个"显示列表"后再执行它们。接下来的"各顶点操作及图元集"阶段主要是处理 OpenGL 的几何图元——点、线段和多边形。"光栅化"生成了一系列的帧缓冲区地址和相应的用于描述点、线段或多边形的二维值。在这些步骤的执行过程中，OpenGL 可能执行其他的一些操作，例如自动消隐处理等。另外，景物光栅化之后被送入帧缓冲器之前还可以根据需要对像素数据进行操作。

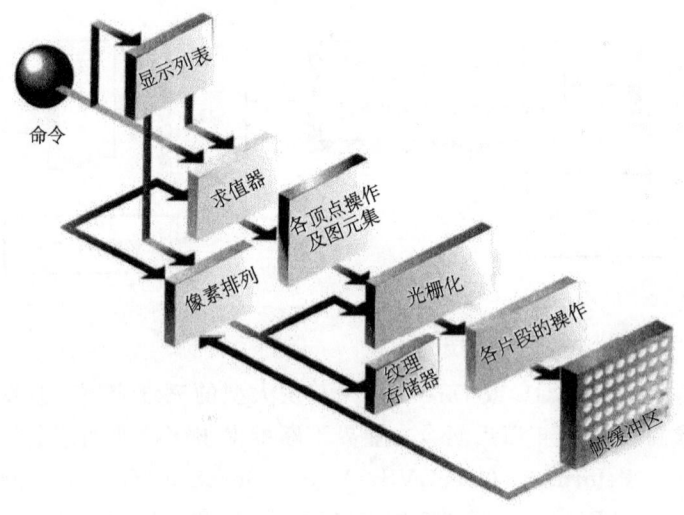

图 6.9　OpenGL 工作流程图

**2. Direct3D**

　　DirectX 是 Microsoft 公司的一个多媒体软件开发工具包，最早出现在 1995 年，当时称为"GameSDK"。它提供了大量的标准应用程序编程接口来与图形卡、声卡、输入设备等进行交互。DirectX 从具体的硬件中抽象出来，并且将一组通用指令转换成硬件的具体命令。如果没有这组标准 API，您需要为图形卡和声卡的每个组合和每种类型的键盘、鼠标和游戏杆编写不同的代码。

　　Direct3D 是 Microsoft DirectX9.0 的一个组件，主要用于游戏开发，但是由于 Microsoft 的巨大投入，目前已经成为足以与 OpenGL 相抗衡的 3D 标准。DirectX 9.0 基于 COM（Component Object Model）技术，它由下列组件组成：

　　（1）DirectX Graphics 集成了 9.0 以前版本里的 Microsoft DirectDraw 和 Microsoft Direct3 两大组件，统一了 2D 和 3D 的编程接口。该组件包括了可以简化许多图形编程任务的 Direct3D 扩展实用库（Direct3D extensions utility library）；

　　（2）Microsoft DirectInput 提供对多种输入设备的支持，包括对力反馈技术的支持；

　　（3）Microsoft DirectPlay 提供多用玩家网络游戏的支持；

　　（4）Microsoft DirectSound 用来开发高品质的音频应用，可播放或抓取波形音频；

　　（5）Microsoft DirectMusic 为基于波形的游戏音乐提供了完整的解决方案；

　　（6）Microsoft DirectShow 提供了抓取和回放高品质多媒体流的支持；

　　（7）DirectSetup 提供安装 DirectX 组件简单 API 支持；

　　（8）DirectX Media Objects 提供读写包括视频、音频编码、解码和效果等数据流对象的支持。

　　与 OpenGL 相似，Direct3D 由几个层组成，高级的保留模式层能对复杂的几何物体进行控制,而低级的立即模式层则代表真正的多边形渲染管理。Direct3D 的逻辑结构如图 6.10 所示。

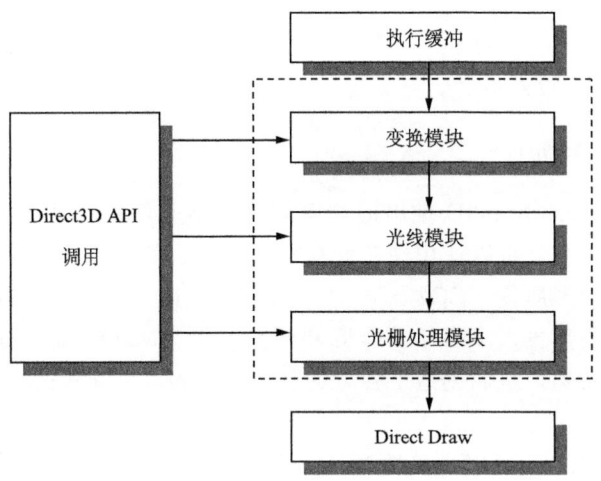

图 6.10 Direct3D 的逻辑结构图

### 3. SGI OpenGL Performer

SGI 公司是图形显示与处理行业的领导厂商之一,在实时可视化仿真或其他对显示性能要求高的专业 3D 图形应用领域里,OpenGL Performer 为创建此类应用提供了强大而容易理解的编程接口。相对使用 OpenGL 开发时的巨大工作量相比,使用 Performer 可以大幅度减轻 3D 开发人员的编程工作,并可以容易地提高 3D 应用程序的性能。它的软件模块对数据的组织和显示做了广泛的优化。

OpenGL Performer 是 SGI 可视化仿真系统的一部分,它提供了访问 Onyx4 UltimateVision、SGI Octane、SGI VPro 图形子系统等 SGI 视景显示高级特性的接口。Performer 和 SGI 图形硬件一起提供了一套基于强大的、灵活的、可扩展的专业图形生成系统。Performer 已经被移植到多种图形平台,在使用的过程中,用户不需要考虑各种平台的硬件差异。

在众多高端用户试用的过程中发现,OpenGL Performer 的通用性非常好,其应用并不局限于某一种视景仿真,可以满足各种视景显示需要。尽管 Performer 提供了功能非常强大的 API 和美观的 GUI 开发支持,但它的 C 和 C++接口也相当复杂,对开发人员的素质要求较高。

### 4. Quantum3D OpenGVS

OpenGVS 是 Quantum3D 公司早期成功的产品,直接架构于世界领先的三维图形引擎(包括 OpenGL、Glide 和 Direct3D)上,既封装了繁杂的底层图形驱动函数,又保持了良好的性能。OpenGVS 用于场景图形的视景仿真实时开发,易用性和重用性较好,有良好的模块性、巨大的编程灵活性和可移植性。OpenGVS 提供了各种软件资源，利用资源自身提供的 API，可以很好地以接近自然和面向对象的方式组织视景诸元和进行编程，来模拟视景仿真的各个要素。目前，OpenGVS 的最新版本为 4.6，支持 Windows 和 Linux 等操作系统。

由于 Quantum3D 已经收购了 CG2，而 OpenGVS 又是基于 C 的老套架构，对 OpenGVS 的后续开发投入不足。

### 5. Quantum3D Mantis

Mantis 系统是 Quantum3D 推出的一整套视景仿真解决方案。Mantis 系统作为一种图形生成器开发平台，可以使用现有计算机和图形硬件，得到高效率、高性能、高帧速率，以及较好的图形质量。CG2 公司的 VTree 是实时 3D 可视化仿真的首选开发包，此前已经为美国国防部投入了多年的研究和开发工作。Mantis 合并了 VTree 开发包和可扩展图形生成器架构，从而创造了强大的、可伸缩的、可配置的图形生成器。重要的特征包括：

(1) 跨平台：Mantis 可以在包括 Win32 和 Linux 等多种操作系统上运行；

(2) 公共接口：Mantis 支持分布式交互仿真(DIS)，也支持更现代的公共图形生成接口(CIGI)；

(3) Mantis 支持许多高级特性，包括同步的多通道，包括各种特效，比如仪表、天气、灯光、地形碰撞检测等；

(4) 可伸缩性：多线程可视化仿真应用可能有多种多样的显示需求，Mantis 可以根据需要进行器件的裁减；

(5) 灵活性和可配置性：Mantis 作为一个开放系统硬件平台，可以利用最新的硬件和图形卡，而基于客户端/服务器端的架构，又可以使 Mantis 的配置可以通过网络在客户端上即可进行，可配置功能极为丰富；

(6) 可扩展性：不像传统的硬件图形生成器，Mantis 系统的扩展和修改并不昂贵，软件模块可以通过插件的形式增强软件功能；

(7) Mantis 支持地形数据库，支持场景管理。

### 6. MultiGen-Paradigm Vega

Vega 是美国 MultiGen-Paradigm 公司应用于实时视景仿真、声音仿真和虚拟现实等领域的三维图形软件包。Vega 将先进的模拟功能和易用工具相结合，对于复杂的应用，能够提供便捷的创建、编辑和驱动工具。使用 Vega 可以迅速地创建各种实时交互的三维环境，以满足各行各业的需求。它还拥有一些特定的功能模块，可以满足特定的仿真要求，例如：船舶、红外、雷达、照明系统、人体、大面积地理信息和分布式交互仿真等等。附带的 LynX 程序，这是一个用来组织管理 Vega 场景的 GUI 工具，在 LynX 图形用户界面中只需利用鼠标点击就可配置/驱动图形，几乎不用编任何源代码就可以实现三维场景漫游。LynX 的实时交互性能为开发系统提供更经济的解决方案。

Vega 基于 SGI 公司的 Performer 软件包开发，使用的是 C 接口，作为一款专业图形软件，其应用平台主要是大型的图形工作站，移植到 Windows 后存在很多先天不足。

为了克服 Vega 在运行效率、功能支持和平台稳定性的不足，MultiGen-Paradigm 公司在 2001 年推出 Vega Prime 取代 Vega。Vega Prime 全部用 C++写成，是全新的产品，而不是 Vega 的后续版本。虽然 Vega Prime 目前的版本在功能上比 Vega 3.7 没有大的提高，但是其核心 Vega Scene Graph 是完全面向对象的先进架构，采用了许多现代 C++的特性和技术，比如泛型、设计模式等，大大增加了软件功能和灵活性、通用性，降低了二次开发的难度。尽管 Vega Prime 有很好的发展前景，但由于是新推出的产品（最新版本号是 1.2），且其研发进度较慢，有的方面还不够成熟。

### 7. OpenSceneGraph(OSG)

OSG 是一个可移植的、高层图形工具包，它专门为战斗机仿真、游戏、虚拟现实或科学可视化等高性能图形应用而设计。OSG 提供了基于 OpenGL 的面向对象的框架，使开发者不需要实现、优化低层次图形功能调用，并提供了很多附加的功能模块来加速图形应用开发。

OSG 通过动态加载插件的技术，广泛支持目前流行的 2D、3D 数据格式，包括 OpenFlight(.flt)、TerraPage(.txp)（多线程支持）、LightWave(.lwo)、Alias Wavefront(.obj)、Carbon Graphics GEO(.geo)、3D Studio MAX(.3ds)、Peformer(.pfb)、Quake Character Models(.md2)、Direct X(.x)，以及 Inventor ASCII 2.0(.iv)、VRML 1.0(.wrl)、Designer Workshop(.dw)、AC3D(.ac)；.rgb、.gif、.jpg、.png、.tiff、.pic、.bmp、.dds、.tga 和.quicktime。另外还可通过 freetype 插件支持一整套高品质、反走样字体（英文）。OSG 内含 LADBM 模块，加载大地形速度较快，帧速率高，在运行过程中占用计算机资源少。

另外，OSG 是自由软件，公开源码，完全免费。用户可自由修改，来进一步完善功能。目前已经有很多成功的基于 OSG 的 3D 应用，效果不亚于商业视景渲染软件。

### 8. CG2 Vtree

CG2 VTree 是一个面向对象，基于便携平台的图像开发软件包。前面提到 Mantis 系统的强大功能，其中的一个重要原因是 Mantis 的软件部分主要基于 VTree。VTree SDK 包括大量的 C++类和压缩抽象 OpenGL 图形库、数组类型及操作的方法。VTreeSDK 功能强大，能够节省开发时间，获得高性能的仿真效果。利用此工具包开发者可充分展开想象力，置身于鲜活的虚拟世界中，比如战场战术的实现、探索火星表面的过程等。对于希望得到跨平台、高性能低成本、可实时响应虚拟仿真应用，VTree 无疑是最佳选择。

CG2 设计、优化了代码，使得在同一硬件上得到更快的实时显示速度变成可能。Vtree 能用于多平台的三维可视化应用，它既可用在高端的 SGI 工作站上，也能用在普通 PC 上。VTree 针对仿真视景显示中可能用到的技术和效果，如仪表、平显、雷达显示、红外显示、雨雪天气、多视口、大地形数据库管理、3D 声音、游戏杆、数据手套等等，均有相应的支持模块。

此外，Vtree 开发包附带例子代码结构清晰，实现的功能全面，用户容易在阅读例子代码的基础上开发自定义应用。

### 9. Java3D

Java3D 是 SUN 公司 1998 年底随 Java 1.2(Java2)的推出而正式推出的，是 Java 语言在三维图形领域的扩展 API，主要用于三维图形显示。Java3D 封装了流行的 3D 开发工具——OpenGL 和 DirectX，提高了三维图形程序的编写层次，同时它作为 Java 的 3D 图形包，具有 Java 语言的一切优点，如完整的跨平台特性、良好的网络环境的开发等。Java3D 作为 Java 扩展包的一个部分，是用于实现三维图形显示和基于 Web 的 3D 小应用程序的编程接口。它具备了从网络编程到三维几何图形显示等各方面的功能，为用户在 Internet 上创建和操作三维几何图形、描述宽大的虚拟世界提供了新的技术。由于 Java3D 继承了 Java 语言的所有特点如平台无关、健壮、安全、多线程等，因此特别适合于网络三维景观的开发和显示。

与目前用于开发三维图形软件的 3D API(OpenGL、DirectX 等)基于摄像机模型的思想不同，Java3D 提出了一种新的基于视平台的视模型和输入设备模型的技术实现方案，即通过改变视平台的位置、方向来浏览整个虚拟场景。基于摄像机的视模型是模仿虚拟环境中的摄像机，通过控制摄像机与视点的相关参数来控制所显示的场景。Java3D 提出了新的基于视平台的视模型概念，同时将其推广到包括显示设备和 6DOF 外围输入设备(如头部跟踪器等)的接口支持中。而且新的视模型继承了 Java 的平台无关特性，这意味着由 Java3D 视模型开发的应用程序或 applet 可广泛地应用于各种显示环境，这种显示环境可以是标准的计算机显示屏、多元显示空间，也可以是头盔显示器。Java3D 视模型是通过将虚拟环境和物质环境完全独立的方式来实现上述功能的，且该视模型可将虚拟环境中视平台的位置、方向和大小，与 Java3D 绘制的与视平台位置、方向相一致的虚拟场景相区分。一般应用程序控制视平台的位置和方向，而绘制着色系统则依据终端用户的物质环境以及用户在物质环境中的位置和方向来确定显示场景。

Java3D 视模型由虚拟环境和物质环境两部分组成。其中，虚拟环境由 View Platform 对象来表示，它是虚拟对象存在的空间；而物质环境则由 View 对象以及和它相关的对象来表示，View 对象和它的相关对象描述了用户所处的显示和操纵输入设备环境。虽然视模型将虚拟环境和物质环境相互独立，但可通过一一对应关系来建立两种世界之间相互通信的桥梁，这样将使得终端用户的行为会影响虚拟环境中的对象，同时虚拟环境中的对象行为也会影响终端用户的视点。

Java3D 可通过对象来定义视模型参数，这些对象包括 View Platform、View 及其相关对象、Physical Body、Canvas3D、Physical Environment 和 Screen3D 对象。其中 View Platform 用来标志场景图中视点位置的节点；View 用于指定需要处理场景图的信息；Canvas3D 定义了 Java3D 绘制图像的窗口，它提供了 Canvas3D 在 Screen3D 对象中的大小、形状和位置信息；Screen3D 用于描述显示屏幕的物理属性；Physical Body 用于封装那些与物质体相关的参数；Physical Environment 用于封装那些与物质体环境相关的参数。

Java3D 是在 OpenGL 基础上发展而来的，因而 Java3D 的数据结构也和 OpenGL 一样,采用的是场景图(Scene Graph Structure)的数据结构,这一灵活的树状结构与显示列表多少有些相似之处,但更加健壮。Java3D 的场景图是 DAG(Directed-acyclic Graph),即具有方向性的不对称图形,如图 6.11 所示。场景图中有许多线和线的交汇点,交汇点称为节点(node),不管什么节点,它都是 Java3D 类的实例(Instance of class),线(arc)表示实例之间的关系。

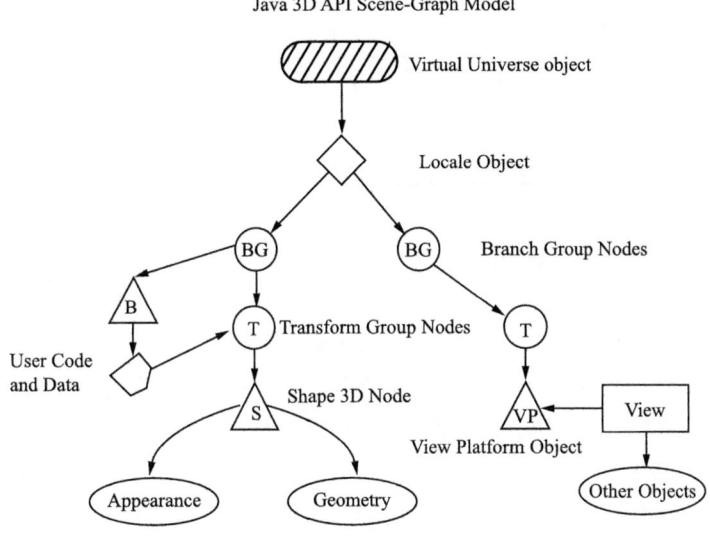

图 6.11  Java3D 场景图结构

在 Java3D 的场景图中,最底层(根部)的节点是 Virtual Universe,每一个场景图只能有一个 Virtual Universe。在 Virtual Universe 上面,就是 Locale 节点,每个程序可以有一个或多个 Locale,但同时只能有一个 Locale 处于显示状态,就好像一个三维世界非常大,有很多个景点,但我们同时只能在一个景点进行观察。当然我们可以从一个景点跳到另一个景点,不过绝大多数程序只有一个 Locale。每一个 Locale 上面拥有一个到多个 Branch Group 节点。要想建立三维应用环境,必须建立所需要的形体(shape),给出形体的外观(appearance)及几何信息(geometry),再把它们摆放在合适的位置,这些形体及其摆放位置都建立在 Branch Group 节点之上,摆放位置通过另一个节点 Transform Group 来设定。另外,在安放好三维形体之后,还需要设定具体的观察位置,暂时用 View Platform 代替,它也是建立在 Transform Group 节点之上的。

**10. 各种渲染工具对比**

以下对上述几个主要渲染工具在产品效率、平台支持、对开发人员的要求以及购买费用等方面进行比较,见表 6.1。

表 6.1 三维可视化渲染工具对比表

| 产品名称 | 产品性质 | 渲染效率 | 平台支持 | 开发人员要求 | 购买费用 |
|---|---|---|---|---|---|
| SGI Peformer | 商业 SDK | 中 | IRIX、Linux、Windows | 中 | 高 |
| Quantum3D OpenGVS | 商业 SDK | 低 | Windows、Unix、Linux | 中 | 低 |
| Quantum3D Mantis | 全套商业解决方案 | 高 | 本身提供系统平台 | 低 | 高 |
| MultiGen-Paradigm Vega | 商业 SDK | 中 | Windows、Unix、Linux | 低 | 中 |
| OpenSceneGraph OSG | 自由软件 | 中 | Windows、Unix、Linux | 高 | 免费 |
| CG2 VTree | 商业 SDK | 高 | Windows、Unix、Linux | 低 | 中 |
| Java3D | 自由软件 | 中 | 平台无关 | 中 | 免费 |

此外，为了解决三维可视化渲染效果和渲染效率的矛盾，实现对象高保真度下的快速绘制，各大图形硬件开发商绞尽脑汁，在图形硬件及其开发上做足了文章。传统可视化渲染方法中将 3D 模型经投影转换成 2D 图像需要的大量数学运算以及操作系统的运行、所有后台处理、前台交互只能全部使依赖 CPU 完成，使得运算速度远远不能满足复杂三维场景的要求，实时渲染性能会大打折扣，常常出现显卡等待 CPU 数据的情况。如果我们能够将图形处理部分的计算交给独立的处理器，则可以加速图形渲染的整个过程。现代图形卡拥有的图形处理器（Graphics Processing Unit，GPU）的出现，能够从硬件上支持多边形转换与光源处理（Transform and Lighting，T&L）运算、Shader 运算、可编程等功能，大大减轻了 CPU 的负担，加速了图形渲染的效率，提高了图形渲染的效果。

## 6.3 LOD 细节层次模型

细节层次模型（Level Of Detail，LOD）最早由 Clark 于 1976 年提出（Clark，1976）。他提出，当物体覆盖屏幕较小区域时，可以使用该物体较低分辨率的模型来表示，以便对复杂场景进行快速绘制。细节层次模型也称多分辨率模型（Multi-resolution Modeling）（Heckbert and Garland，1994）、层次模型（Hierarchical Model），它们的共同目的是在满足用户视觉误差的前提下减少图形绘制数量。LOD 模型是在三维可视化中普遍使用的技术方法。

### 6.3.1 基本原理

根据三维可视化的实现原理，物体在屏幕上的投影面积由物体的实际面积、距离视点的位置以及物体与屏幕的夹角共同决定，如图 6.12。设视点张角为 $\alpha$，投影平面的边长为 $L$，被投影线段的长度为 $l$，视点与该线段中心的距离为 $d$，线段与投影平面的夹角为 $\beta$，物体单位长度在投影平面上的像素数为 $\lambda$，则线段 $l$ 在投影平面上的投影长度 $\tau$

(像素数)为

$$T = \frac{l \times \cos\beta \times L \times \lambda}{2 \times \text{tg}\frac{\alpha}{2} \times d}$$

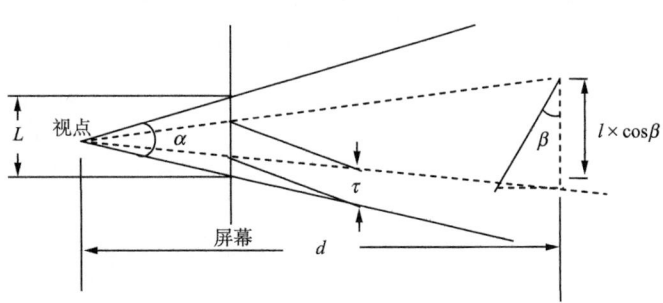

图 6.12 投影面积与实际面积、距离视点的位置以及视线与图形单元夹角的关系

可见，物体的实际面积越小、距离视点越远、与投影平面的夹角越大，图形单元在屏幕上的投影面积就越小。根据人们的视觉特征，可以降低显示时使用的模型分辨率，而不会对视觉有太大的影响。LOD 模型通过降低图形模型的复杂度减少了图形单元的绘制量，从而提高了物体的绘制速度。

使用 LOD 模型实现简化的基本原理是：物体绘制前，根据不同的控制误差 $\delta_i$ 提前生成若干个不同分辨率的简化模型，即金字塔模型；在绘制时，根据物体距离视点的位置 $d$、用户允许的屏幕误差 $\rho$ 计算实际物体的最大允许误差 $\delta_{\max}$，即

$$\delta_{\max} = \frac{2 \times \text{tg}\frac{\alpha}{2} \times d \times \rho}{\cos\beta \times L \times \lambda}$$

然后在上述多个简化模型中选择 $\delta_i \leqslant \delta_{\max}$ 且与 $\delta_{\max}$ 最相近的简化模型。当视点位置变化时，重新计算 $\delta_{\max}$ 并选择相应的简化模型进行绘制。

各分辨率简化模型的生成原则是：在尽可能保持原始模型特征的情况下，最大限度地减少原始模型的三角形和顶点数目。它通常包括两个准则：①顶点最少准则，即在给定误差上界的情况下，使得简化模型的顶点数最少；②误差最小准则，给定简化模型的顶点个数，使得简化模型与原始模型之间的误差最小。

LOD 模型自提出以来，一直在计算几何、计算机图形学、计算机视觉等领域得到了广泛应用。在地学可视化应用中，考虑到地理环境中几何对象数量巨大的特点，国内外研究者提出了许多对 LOD 模型的改进方法(Chen et al.，1987；Garland and Heckbert，1995、1997；Hoppe，1996；Lindstrom，1995、1996、2001、2002；Röttger，1998；Duchaineau，1998；王海滨、阮秋琦，2000；孙红梅等，2000；徐鸿、舒广，2001；赵友兵等，2002；周石琳，2002；张剑波等，2002)。按照不同的分类标准，可以将这些LOD 模型归纳为不同的类型：根据 LOD 模型的生成原理，可以分为自底向上(bottom-up)的简化(simplification)和自顶向下(top-down)的细化(refinement)两种生成方法；根据生成 LOD 模型的地形数据源，可以分为基于 Grid 的 LOD 模型和基于 TIN 的 LOD

模型两类；根据 LOD 模型的生成时机，分为提前静态生成和实时动态生成两类。用于地形可视化的 LOD 模型的分类体系以及相应的代表算法如表 6.2 所示。

表 6.2  LOD 模型的分类体系以及相应的代表算法

| 分类标准 | LOD 模型类型 | 代表算法 |
|---|---|---|
| 生成原理 | 简化方法 | PM；Hoppe，1996，1998<br>CLOD；Lindstrom，1996<br>区域合并法；汤晓安等，2002 |
|  | 细化方法 | 贪婪插入法；Garland，1995<br>ROAM；Duchaineau，1997<br>SOAR；Lindstrom，2001，2002 |
| 数据源 | 基于 Grid 的 LOD 模型 | CLOD；Lindstrom，1996<br>ROAM；Duchaineau，1997<br>RTIN；Evans，2001<br>HTIN；Floriani，1992 |
|  | 基于 TIN 的 LOD 模型 | 贪婪插入法；Garland，1995<br>PM；Hoppe，1996，1998<br>VIPM；Bloom，2000 |
| 生成时机 | 静态 LOD 模型 | Chunked LOD；Ulrich，2002<br>EIH；王宏武，1999；徐章炜，2000 |

### 1. 简化方法和细化方法

简化方法由最详细的原始数据出发，经过逐步删除那些符合一定控制准则的顶点或三角形，直至达到规定的点、三角形数目或指定的几何误差。这类简化方法一般用局部的几何距离、面积或角度作为误差控制的阈值，如删除点、边、三角形的删除算法（decimation algorithm）、顶点聚类（vertex cluster）算法、边折叠（edge collapse）算法、三角形合并（triangle collapse）算法等。

细化方法则是在最粗略模型的基础上，逐步增加超过一定控制准则的节点，从而改善模型分辨率，直到误差小于指定的控制误差或达到规定的点、三角形数目。这类细化算法用作误差控制的阈值主要是高程误差、节点或三角形的个数等，如贪婪插入法（greedy insertion method）、SOAR 等。

在相同的控制误差条件下，简化方法比细化方法能得到效果更好的简化模型，即能用较少的三角形得到与原始地形更为接近的简化模型。从计算复杂度上看，简化方法由于每一个简化计算都牵涉到输入数据，其计算复杂度与原始输入的数据量成正比。因此，简化方法适用于原始数据量不大，但对模型简化精度要求较高的应用。与简化方法不同，细化方法的计算复杂度只与输出的数据量有关。通常情况下，由于简化后的输出数据量远远小于输入的数据量，所以细化方法的生成效率要远远高于简化方法的生成效率。基于此，目前大多数算法都是自顶向下的细化方法，这也是由当前要处理的数据量、图形的显示效率决定的。从输入数据来看，由于三维扫描仪的出现，几何数据的精度越来越高,表达的空间也越来越大,不可能将输入数据一次性驻入内存进行简化处理;从计算机的图形显示效率来看,随着图形处理器(GPU)的出现,图形显示的效率也越来越高,能实时处理的三角形数量大大增加,细化算法较简化算法多出的那些三角形对显示效率的影响不大。采用细化算法来减少 CPU 的计算量,而将相对多出的三角利用 GPU 来显示,也是一种加速图形绘制的策略。

**2. 静态 LOD 模型和动态 LOD 模型**

一直到 20 世纪 90 年代前半期,LOD 模型的研究主要集中在静态 LOD 模型(也称离散 LOD 模型)的生成和实时显示方面。由于静态(离散)LOD 模型只是原始物体的有限个简化快照,各个简化模型间差别较大,不能表示物体由粗到细的渐变过程,而且在相邻层次之间切换时经常会出现视觉上的抖动(popping)现象。为了从根本上改变静态 LOD 模型存在的上述问题,Lindstrom 于 1996 年提出了连续 LOD(Continuous LOD,CLOD)模型,也称动态 LOD 模型。Hoppe(1996)提出的累进网格(Progressive Meshes,PM)、Schmalstieg(1997)提出的平滑 LOD(Smooth LOD,SLOD)也都是连续 LOD 模型的典型代表。连续 LOD 模型是一种紧凑的模型表示方法,它可以生成任意多个不同分辨率的模型,相邻模型之间通过局部的删除点、折叠边或其逆操作转换得到,从而实现了模型细节的连续变化。

由于动态 LOD 模型在显示前实时地生成每一误差条件下的地形,LOD 模型的级别大大增加,避免了静态 LOD 不能表示由粗到细的过渡,并且可以避免静态 LOD 模型存储时各细节层次间的数据冗余。其缺点是:①需要在显示前实时地对每一个顶点进行误差计算,当数据量特别大时计算量非常巨大;②要求将数据全部驻入内存,每一帧计算后的结果传送给 GPU 进行绘制。对于高速 AGP 总线和 GPU 来讲,图形数据的传送、绘制过程不是数据显示的瓶颈,而复杂的实时计算才是动态 LOD 模型关键要解决的问题。与此相比,静态 LOD 模型将每一细节层次的误差计算用多个三角形或整个格网块的整体误差表示,在全局的层次上对误差进行控制,实时显示时的计算量大大减少。在基于网络的地形可视化中,利用静态 LOD 模型可以只获得低分辨率的数据显示地形的大致轮廓,而动态 LOD 模型只能待数据全部下载后才能动态简化显示。此外,静态 LOD 模型可以通过预处理将每一细节层次的三角形可以进行优化,如生成三角形条带(triangle strip)或三角形扇(triangle fan),以加速图形的显示效率。为了避免静态 LOD 模型切换时的视视觉抖动,Röttger(1998)提出了几何形状过渡(geomorphing)的策略来避免。它利用在两个 LOD 层次间进行 z 方向的插值,相当于在两个离散 LOD 模型间插入多个中间的 LOD 模型,实现了 LOD 模型切换过程中突变向渐变的转换。

**3. 基于 Grid/TIN 的 LOD 模型**

在表达数字地形的两种数据模型中,Grid 和 TIN 在可视化及空间分析应用中各有优劣:Grid 数据结构简单,LOD 模型的建立和操作方便,基于其上的空间分析类型也较多;TIN 数据表达的数字地形精度较高,所需要的三角形数量比同等精度的 Grid 数据小得多，实时显示效率较高。基于此，地形的 LOD 模型也就产生了分别针对 Grid 和 TIN 的算法。

### 6.3.2 规则格网 LOD

基于规则格网的连续细节层次实时高度场绘制算法最早是由 Lindstrom 于 1996 年提出的，该算法使用层次四叉树进行自底向上细分，并采用屏幕误差判定条件，提出了具体的误差计算公式。首先对每一块计算其需要细分的误差范围，选择该块的初始分辨率并进行视景体裁剪，然后逐步加入或减去其他顶点，实现 LOD 处理。虽然这种基于块的细节层次增量方式充分考虑了帧间和对象空间的相关性，但在随视点移动中增加或删除顶点时会出现抖动现象，况且块的自底向上的顶点删除也限制了算法的性能。其后，Röttger(1998)在此基础上进行了改进，提出一个几何形状过渡(geomorphing)算法，采用自顶向下的方法按照顶点与视点的距离及局部地形的粗糙度计算顶点误差的移去法则，能很便利地进行四叉树裁减，通过误差计算保证相邻四叉树节点之间的分辨率相差不超过一个层次，很好地处理了抖动或消除裂缝问题。此后，Lindstrom 又对其算法进行了多次优化，实现了基于 Out-of-Core 方法的大范围地形数据可视化。

四叉树是目前应用非常广泛的地形数据组织方式之一，它是一种自顶向下的方法，通过递归的方式将一个矩形区域不断进行四分操作，直到满足条件为止。

地形四叉树划分的步骤一般如下：

(1) 用原始正方形区域的四个顶点和四条边的中点进行四分操作，并将这一操作作为四叉树的根结点进行四叉树的初始化。

(2) 对每个正方形区域进行地形误差计算，如果当前正方形区域的最大误差大于四叉树划分的误差阈值，则继续通过插入正方形区域四个顶点和四个边中点的方式进行递归划分。

(3) 当所有正方形区域的最大误差都小于误差阈值时，则四叉树划分完毕。

但四叉树划分带来两个问题：首先，用四叉树划分的地形节点数必须是 $2n$，即节点的数量必须是 2 的整数次方；其次，由于每个被分割的正方形区域层次大小可能不一样，即相邻区域的分辨率不相同如图 6.13 中(a)、(d)，这样在正方形块交界处会出现地形表面的不连续，在地形显示时会出现空洞。第一个问题可以通过重新增加或减少地形格网来解决；对第二个问题，有以下三种解决办法：

对较大正方形增加节点，如图 6.13 中(b)所示。

对较小正方形重叠边上的点不处理，如图 6.13 中(c)所示。

使用限制四叉树(Restricted QuadTree)的方法加以解决，如图 6.13 中(e)所示。这种方法实际上是对四叉树划分模型进行了扩展，即当某一区域与其邻接区域不连续时，通过对较低分辨率的四叉树区域进行强制化分，以满足与邻接区域连续性的要求。

但上述针对四叉树划分的处理方法相对增加了算法的复杂度，针对这个问题，Wiliam 和 Duchaineau 等提出采用等腰直角三角形进行处理的方法，如 Binary Triangle Tree(BTT)(Turner, 2000)、Right Triangulated Irregular Network(RTIN)(Wiliam,

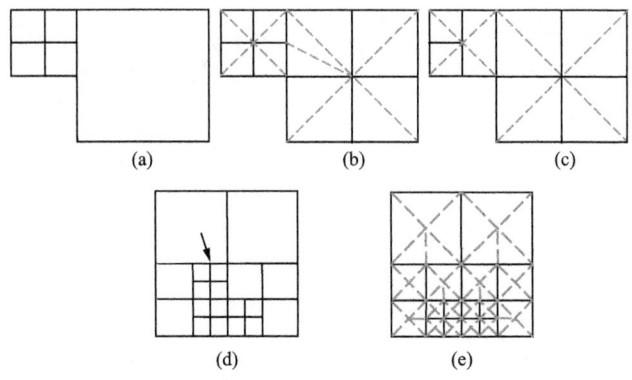

图 6.13 四叉树划分结构图

1997)或 Triangle Bintree(Duchaineau, 1997),其实质相同,本文统称为二元三角树,如图 6.14 所示。Duchaineauy(1997)提出基于二元三角树结构的实时优化适应性网格(Real-time Optimal Adaptive Meshes,ROAM)算法,是目前应用最广的一种算法。它是自顶向下的方式进行的,算法中的每一个小片(patch)都是一个单独的等腰直角三角形,从它的顶点到对面斜边的中点分割三角形为两个新的等腰直角三角形;分割是递归进行的,可以被子三角形重复,直至达到期望的细节层次;合并操作按照分割的逆方向进行的。Jonahan 于 2000 年等对 ROAM 做了改进,认为屏幕误差丢弃了二维平面上的信息,而且每次对优先级的重新计算(尽管只是一小部分)降低了算法效率。为此抛弃了原来根据视点计算误差的方法,改为根据误差函数对每个顶点预先计算一个包围球,当视点进入球之内时,就加入该顶点,否则就不加入,各个顶点包围球之间可以构成层次关系。

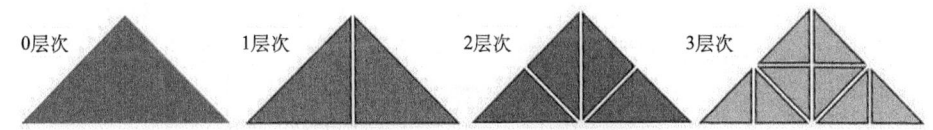

图 6.14 二元三角树的不同层次模型

基于二元三角树的方法是通过生成一个二叉树的数据结构来建立直角三角形层次网,树的根表示矩形地域,将地形分成两个直角三角形作为初始三角形。对每个直角三角形,如果最大误差大于误差阈值,则连接直角三角形斜边的中点和直角三角形直角顶点,将该直角三角形分成两个新的直角三角形。由于新直角三角形的形成造成相邻二元三角树之间的不连续分割,会出现裂缝而影响地形的连续性,这样需要对相邻的三角形进行强制分割,如图 6.15。重复进行分割处理,直至所有的直角三角形都满足给定的精度要求。

在进行处理时,只有当前节点与它的下邻节点呈现相互下邻关系时才进行分割,即构成正方形形状时,这样就可以保证相邻树之间的同步,在网格上不会出现裂缝。这种

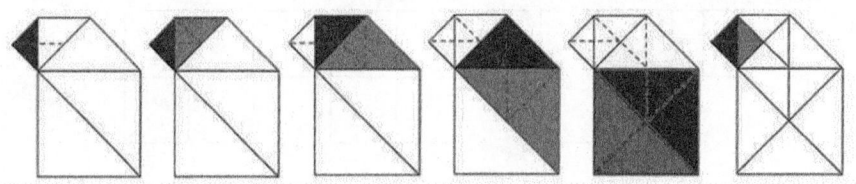

图 6.15 二元三角树的强制分割处理

情况是分割一个节点时存在的一种关系,还有当前节点是网格的边、当前节点与下邻节点不构成正方形两种情形。如果当前节点是网格的边时,直接分割当前节点就行了;如果当前节点与下邻节点是下邻关系,但没构成正方形,就要对下邻节点进行强制分割,如图 6.15 所示。强制分割的工作流程为:当分割一个节点时,首先判断该节点是否为正方形的一部分,如果不是,则在下邻节点上调用第二个分割操作建立一个正方形,然后继续进行最初的分割;如果出现可以递归的分割,就一直分割下去。

二元三角树被 BinTriTree 结构管理,如图 6.16 所示,它包含 5 个最基本的元素:

```
struct BinTriTree {
    BinTriTree * pLeftChild;        //左孩子;
    BinTriTree * pRightChild;       //右孩子;
    BinTriTree * pBaseNeighbor;     //基准(下)邻域;
    BinTriTree * pLeftNeighbor;     //左邻域;
    BinTriTree * pRightNeighbor;    //右邻域;
};
```

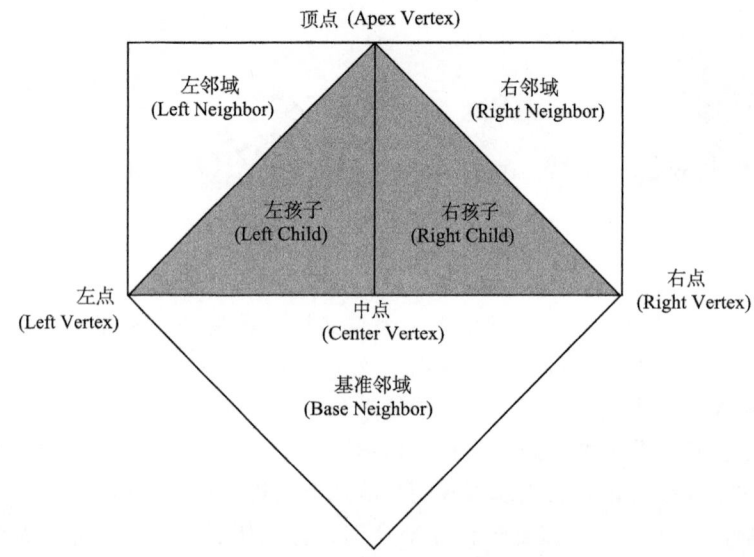

图 6.16 二元三角树的基本数据结构

在模拟实际地形时，需要向二元三角树中添加子节点直至达到需要的细节层次。关于分割到什么程度才能满足要求，本节为每一个二元三角树定义了一个误差值 Variance，表达树节点中三角形斜边中点平均高程与实际高程的差值，实现的伪代码为：

```
float CalVariance(BinTriTree * tri) {
    float fRealHeight = 中点高程值;
    float fAvgHeight = (左点高程值 + 右点高程值)/2.0;
    float fVar = ABS(fRealHeight - fAvgHeight);        //求差值的绝对值；
    if (tri->pLeftChild)
        fVar = MAX(fVar, CalVariance(tri->pLeftChild));
    if (tri->pRightChild)
        fVar = MAX(fVar, CalVariance(tri->pRightChild));
    return fVar;  //把当前三角树、左、右孩子树的最大误差值作为返回值；
}
```

由于计算带来的误差较大，不能仅计算两个初始二元三角树的误差值，还要计算树的深度，这样就形成了与两个原始三角树（左、右三角树）相对应的两个误差值树（左、右误差树）。矩形区域（Patch）的数据结构为：

```
class Patch {
protected:
    float * m_pHeights;                 //该矩形区域的高程值；
    double m_dMinX, m_dMinY;            //该矩形区域的起始偏移量；
    BinTriTree m_pLeftRootTriTree;      //左三角树的根节点；
    BinTriTree m_pRightRootTriTree;     //右三角树的根节点；
    float * m_pLeftVariance;            //左误差树；
    float * m_pRightVariance;           //右误差树；
    ......
};
```

二元三角树分割的实现为：

```
SplitBTT (BinTriTree * tri) {                    //对二元三角树 tri 进行分割；
    if (tri->pBaseNeighbor) {                    //如果 tri 的基准邻域不为空；
        if (tri->pBaseNeighbor->pBaseNeighbor != tri) {  //不构成正四边形
            SplitBTT (tri->pBaseNeighbor);       //分割基准邻域；
        }
        //分割 tri、tri 的基准邻域，并调整相应拓扑关系；
        New2BTT (tri);
        New2BTT (tri->pBaseNeighbor);
        tri->pLeftChild->pRightNeighbor = tri->pBaseNeighbor->pRightChild;
        tri->pRightChild->pLeftNeighbor = tri->pBaseNeighbor->pLeftChild;
```

```
        tri->pBaseNeighbor->pLeftChild->pRightNeighbor = tri->pRightChild;
        tri->pBaseNeighbor->pRightChild->pLeftNeighbor = tri->pLeftChild;
    } else {                                            //tri 的基准邻域为空；
        New2BTT (tri);                                  //分割 tri，并设置拓扑关系；
        tri->pLeftChild->pRightNeighbor = NULL;
        tri->pRightChild->pLeftNeighbor = NULL;
    }
}
New2BTT (BinTriTree * tri) {   //分配左、右新的二元三角树，并调整拓扑关系；
    tri->pLeftChild = AllocateBinTriTree();
    tri->pRightChild = AllocateBinTriTree();
    tri->pLeftChild->pLeftNeighbor = tri->pRightChild;
    tri->pRightChild->pRightNeighbor = tri->pLeftChild;
    tri->pLeftChild->pBaseNeighbor = tri->pLeftNeighbor;
    if (tri->pLeftNeighbor) {
        if (tri->pLeftNeighbor->pBaseNeighbor == tri) {
            tri->pLeftNeighbor->pBaseNeighbor = tri->pLeftChild;
        } else {
            if (tri->pLeftNeighbor->pLeftNeighbor == tri) {
                tri->pLeftNeighbor->pLeftNeighbor = tri->pLeftChild;
            } else {
                tri->pLeftNeighbor->pRightNeighbor = tri->pLeftChild;
            }
        }
    }
    tri->pRightChild->pBaseNeighbor = tri->pRightNeighbor;
    if (tri->pRightNeighbor) {
        if (tri->pRightNeighbor->pBaseNeighbor == tri) {
            tri->pRightNeighbor->pBaseNeighbor = tri->pRightChild;
        } else {
            if (tri->pRightNeighbor->pRightNeighbor == tri) {
                tri->pRightNeighbor->pRightNeighbor = tri->pRightChild;
            } else {
                tri->pRightNeighbor->pLeftNeighbor = tri->pRightChild;
            }
        }
    }
    tri->pLeftChild->pLeftChild = NULL;
```

```
tri->pLeftChild->pRightChild = NULL;
tri->pRightChild->pLeftChild = NULL;
tri->pRightChild->pRightChild = NULL;
}
```

基于规则三角网的海量数据是采用四叉树结构、按照误差逐次递减的方式进行组织的，子四叉树的误差为父四叉树误差的 1/2，这样就形成一个层次四叉树结构。在一个四叉树内部按照二元三角树方式根据给定误差自顶向下分裂的方式进行预处理，把每一个层次的点进行集中存储，把该细节层次的三角形按照三角形条带方式进行组织管理。

**1. 基于四叉树的细节层次模型**

四叉树结构在 LOD 模型以及图像纹理的数据管理中具有很大的便利性。由于规则三角网的基础是规则格网，所以很便于按照四叉树方式进行划分和管理。

为便于按照四叉树进行管理，本文对格网数据进行了预处理，使其大小为 $N*N(N=2n+1)$。假设给定的最大误差代价为 $\delta$，则该格网块四叉树的始祖节点的误差代价 $\theta$ 的范围为 $(\frac{\delta}{2}<\theta\leqslant\delta)$，其 4 个子四叉树的误差代价 $\theta$ 的范围为 $(\frac{\delta}{4}<\theta\leqslant\frac{\delta}{2})$，以此类推，下一深度的子四叉树的误差代价依次按 1/2 进行递减，直至达到给定的 LOD 模型层次数目。这样，就形成了基于误差代价的层次四叉树结构，对其进行文件组织，并为不同的 LOD 模型建立索引信息，指示不同 LOD 模型在文件中的存储位置、大小等信息，为其高效存取提供便利。

对于一个格网块，如果要建立 $n$ 个层次的 LOD 模型，则第 0 层次包括 1 个四叉树节点，第 1 层次包括 4 个四叉树节点，……，第 $i$ 层次包含包括 $4^i$ 个四叉树节点，全部的四叉树节点数为 $\sum_{i=0}^{n-1}4^i$。

**2. 二元三角树结构**

应用二元三角树按照误差自顶向下方式进行 LOD 处理时，如果相邻层次差别比较大，则采用强制分割方法进行处理，使得相邻区域不会出现裂缝。如图 6.17 所示，三角形 012 的误差代价较大，需要在点 7 处进行分割，这样在点 8、9、10 处必须进行强制分割处理。这种方式无法预测其影响的深度，要求全部数据必须全部驻入内存，所以这种常规的二元三角树处理方法无法直接应用。本节是按照给定误差代价逐步细化的方法进行预处理，把所有在给定误差代价范围内的点以及误差代价不在该范围但受该误差代价范围内的点影响的点都包含在该误差代价所在层次。譬如，图 6.17 中的点 8、9、10 的误差范围不在点 7 所在层次，但由于它们是点 7 所在层次的受影响的点，所以也包含在点 7 所在层次内。

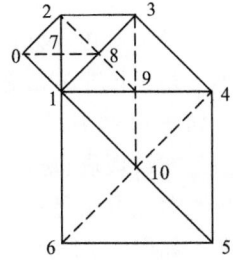

图 6.17 二元三角树的强制分割处理

### 3. 三角形条带组织

基于四叉树的三角形条带是按照四叉树的顺序进行组织的，如图 6.18 所示，从起始三角形按照相邻关系构建三角形条带列表，这种表达方式部分数据可以重复利用。图 6.18 中，点的顺序与三角形条带连接的顺序相一致，如果该四叉树节点由于误差的改变需要分裂为 4 个四叉树节点 0、1、2、3，其中一个或几个需要改变 LOD 模型，而其他不需改变 LOD 模型的四叉树节点就可以从已有的内存数据中提取所需的点和三角形条带列表，而不必再从文件中读取，这样就减少了 I/O 操作时间，提高系统的整体运行效率。

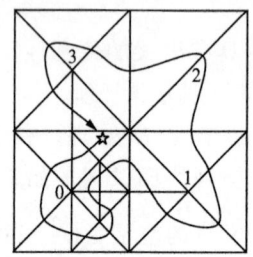

图 6.18 基于规则三角网的三角形条带组织

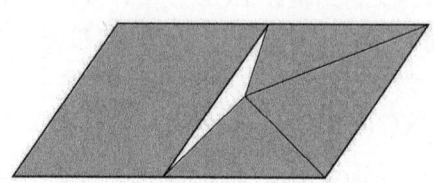

图 6.19 不同块之间的缝隙

### 4. 格网块边界的接缝处理

同一块数据内是统一进行处理的。按照上面的方法进行处理时，其内部不会出现缝隙。但不同块的边界处数据可能不一致，将出现缝隙而影响可视化质量（图 6.19），故必须进行边界接缝处理。

常见的基于视点相关的动态 LOD 模型可以通过动态影响其邻接格网块的 LOD 层次或调整边界连接方式的方法，使不同 LOD 模型块之间不出现缝隙，如上述的限制四叉树、ROAM 中的二元三角树等，都是通过影响其邻接格网的 LOD 层次使得在边界处不出现缝隙；基于四叉树的 LOD 模型则是通过调整连接方式实现无缝，如图 6.13 中 (b)、(c) 所示。这些方式由于计算量比较大，在解决小数据量的实时 LOD 模型中是可行的，但在大数据量中会严重影响系统效率。

另外一种方式与上述动态调整的思路不同，它不影响格网的形状及绘制，而是在后续过程中增加对边界处接缝处理，常见的方法有小三角形填充和凸缘填充。

小三角形填充方法是根据相邻块边界处的两条边上的点，动态构建垂直三角形进行填充，如图 6.20 所示。由于相邻块的边界处的误差很小，三角形的颜色或纹理用其顶点的颜色或纹理进行过渡，用眼睛观察一般不能察觉。

凸缘填充方法是在块的边沿增加凸缘，相邻块的凸缘互相渗透，从而达到填充缝隙的目标，如图 6.21 所示。

但是，这两种方法都有其不足之处，构建小三角形相对比较费时，并且在避免抖动操作时难以控制；而凸缘方式在选择角度和大小时由于依赖于相邻块的分辨率而相对比

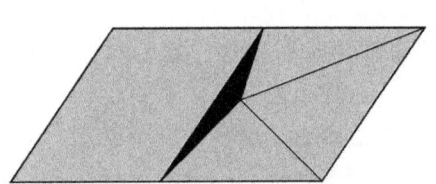
图 6.20 利用垂直小三角形的填充方式

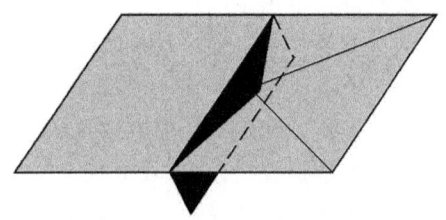
图 6.21 基于凸缘的填充方式

较麻烦,并且不易匹配纹理。

本书采用垂直边缘填充方法,其主要思想是在格网块边界周围生成垂直边缘以填充缝隙[图 6.22 中(a)],垂直边缘的顶部为该块格网的边界值连成的折线[图 6.22 中(b)],其底部为该格网块最高分辨率模型时在该边界处的最小值,这样可以确保在该边界的所有边界格网点肯定在该底部之上。垂直边缘比较容易构建,其纹理可直接采用格网块纹理,由于它是双面绘制的,在该边界处其相邻格网块也采用同样方式绘制,这样相互填充缝隙就可有效地避免缝隙的出现。这种方式在相邻格网块的边界处可能重复绘制,但由于相关的数据量很小,所以相对其他方法而言总体效率仍然比较高。

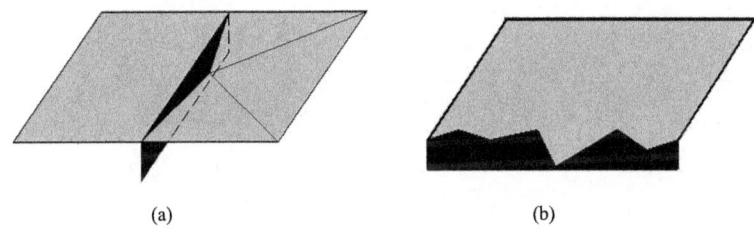
图 6.22 基于垂直边缘的填充方式

### 6.3.3 不规则三角网 LOD

不规则三角网 LOD 模型是 LOD 模型自诞生以来一直使用的一种表达方式。由于 TIN 在表达地形上的精确性和灵活性,基于 TIN 的 LOD 模型也是地形 LOD 模型的主要表现形式。与基于 Grid 的 LOD 模型不同,基于 TIN 的 LOD 模型通常按几何或视觉误差实施简化,在简化过程中能完全顾及地形的特征。

在众多基于 TIN 进行 LOD 处理的算法中,由于边折叠方法中边折叠操作容易构成连续过渡的多个 LOD 模型,并且便于管理,是目前使用最多的 TIN 的 LOD 模型生成方法,下面简要介绍这种算法。

边折叠简化操作的算法是 Hoppe 于 1993 年最早提出的,该算法的核心思想是通过全局能量函数最小化的原则来简化模型,但由于要建立和求解复杂的全局能量优化方程,因而计算复杂度高,很难达到实时;在之后的 1996 年和 1997 年,Hoppe 对其进行了两次改进，提出了与视点相关的渐进网格，以支持多层次 LOD 模型表示。算法的基本思想是首先搜索平面区域和特征边，对特征边基于能量方程计算的误差进行排序，通过使用边折叠操作来进行模型简化，移去两个三角形和两个顶点，然后增加一个新顶点，循环进行，直到特征边为空或误差达到限定值，这样将形成了一个简化的网格模型和一系列的边折叠操作（顶点分裂的逆操作）。这个算法可以生成连续细节层次，支持模型的渐进生成和有选择地简化，并且还考虑到面片上彩色和纹理信息的处理，多个细节层次所占用的存储空间很小。Garland(1997)提出的网格简化算法可以对原始模型产生高质量的近似结果，它首先计算原始模型中每个顶点的误差矩阵，然后选择有效的可进行折叠的顶点对，并为每个顶点对计算替代点并用二次误差度量方法来计算近似误差，边折叠后还要修改受影响的顶点对的误差，重复取出顶点对进行替代，直至顶点对为空或误差到达限定误差。Xia(1996)提出的动态的、与视点相关的基于边折叠的多边形网格简化算法，它与视点方向、光照和可见性相关，并且算法充分利用图像空间、对象空间以及帧与帧之间的相关性，可以产生实时连续的 LOD 表示。

在进行边折叠 LOD 处理时，一般有两种方式，一种方式是将边折叠为一个新的顶点，即每次操作相当于移去两个三角形和两个顶点，增加一个新顶点；另一种方式是将一个顶点并入到另一个顶点，即移去两个三角形和一个顶点而保持另一个顶点不变。由于第二种方式的边折叠算法能很好地应用于地形简化，所以本书主要应用这种方式进行地物的简化，使用二次误差度量（Quadrics Error Metrics）或曲线参数（Curved Parametric）方法计算折叠边的误差代价。用于边折叠操作中顶点的数据结构为：

```
struct Vertex {
    int nIndex;                                  //索引号；
    Vector pPos;                                 //点的坐标位置(float x, y, z)；
    bool bBorder;                                //是否为边界点；
    float fErrorCost;                            //移去该点的误差代价；
    Array<Vertex*> aryVertNeighbors;             //与该点相连的相邻点的数组；
    Array<Triangle*> aryTriNeighbors;            //包含该点的三角形的数组；
    ……
}
```

基于边折叠算法进行 LOD 细化处理的步骤为：

第一，读入初始网格。

第二，对网络中可以进行边折叠的边分别计算误差代价，并排序形成误差代价队列。

第三，取出误差代价队列中的起始边进行折叠处理（假设点 $u$ 移向点 $v$），删除使用 $uv$ 作为边的三角形，调整包含点 $u$ 的三角形，使用点 $v$ 代替点 $u$，删除点 $u$，并记录其折叠信息，修改相关折叠边的误差代价并重新排序。

第四，重复执行上一步，直至误差代价队列为空或达到给定的简化目标。

第五，为下一次使用时不需重新计算其误差代价队列，把这些值和过程进行存储。

在进行地物 LOD 处理时，边界点一般要到最后才能进行处理的。常规的边界点判断方法是判断是否只有一个三角形与该点连接，如果是，则该点为边界点，否则就不是。由于地物是由三角形互连而围成，一般情况下很少有边界点。但在进行三角网地形LOD处理时，就不能按照常规的判断方法进行，而是把凸包边界上的点都作为边界点进行处理，只有内部点移去完才能进行边界点的移去操作。

图 6.23 为使用边折叠方法进行三角网地形 LOD 处理的示意图，依次简化为上一模型三角面数目的 50%。

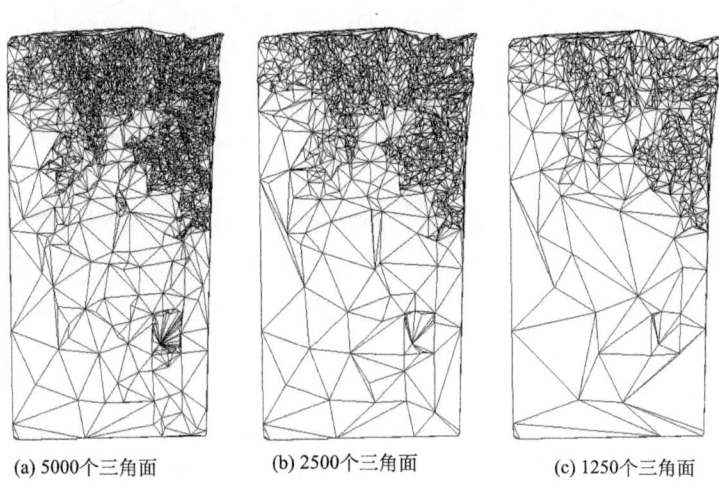

(a) 5000个三角面　　　(b) 2500个三角面　　　(c) 1250个三角面

图 6.23　基于边折叠的地形 LOD 模型

在基于 TIN 的边折叠算法中，一般是采用自底向上的简化方式进行 LOD 处理，它要求全部数据一次性驻入内存进行计算，这种方式对处理海量数据来说是不可取的，况且由于边折叠算法中计算误差代价的计算量非常大，必须事先进行数据的预处理，使其按照自顶向下的方式进行组织。

**1. 增量式存储**

基于增量式存储的方式按照依次增加或减少点、按照边折叠或边合并的方式实现对不规则三角网的细化或简化操作，由于数据传输量较少，比较适合于面向网络的渐进传输，可以应用于网络三维可视化。

基于边折叠简化操作是依次把一条边上的一点移动合并到另一点，其逆操作为逐步细化的过程，是不断在一个三角形内(在边上为其特殊情况)添加一点、并相应增加两个三角形的过程。如图 6.24 所示，从左图到右图为添加一点的细化过程，在该过程中需要输入 LOD(或简化、细化)因子，LOD 因子的数据结构为：

```
struct LODUnit {
    unsigned short nLODPtID;        //预分裂的点；
    unsigned short x, y, z;         //新增点的坐标；
    unsigned short nInTriID;        //新增点所在三角形；
    unsigned short nFirstPtID;      //新形成三角形一的另一点；
    unsigned short nLastPtID;       //新形成三角形二的另一点；
```

}

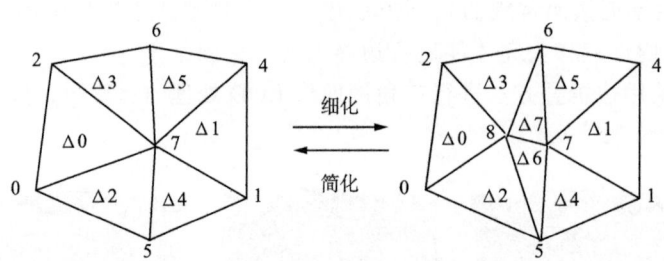

图 6.24 基于边折叠的简化、细化过程

为提高效率和减少三角形的绘制量,每个格网块的点和三角形不能太多,三角形数不能超出 unsigned short 的限值 131071,按三角形数为点数的二倍来计算,点数不能超过 65536;如果该块三角形数太多,则需要对该块进行再划分,如此循环进行,直到每块的三角形数都满足条件为止。

输入的 LOD 因子主要包括(图 6.24):

(1) 预分裂的点(点 7)。从该点分裂为两个点,新增点的 ID 为当前所有点数(ID 从 0 开始计算,新增点的 ID 为现有点最大 ID 加 1,即 8,在点数组中以下标方式隐含,下同)。在执行折叠(合并)操作时,也是从最大 ID 的点向该点折叠。

(2) 新增点的坐标$(x, y, z)$。坐标数据类型为 double,在存储时压缩为 int,进入系统后再还原为 double。

(3) 该点在原有 TIN 中的三角形(三角形 0)。点在哪个三角形内可以通过计算得到的,为减少计算量可事先给定,在 B/S 模式中不给出,由系统自动判断。

(4) 新生成的两个三角形(三角形 6、7)的另外两点(点 5、点 6)。按原始点(点 7)到新增点(点 8)方向的顺时针方向排列,当然规则也可以相反。

点 7 周围的三角形原来为三角形 1、4、2、0、3、5(按顺时针方向排列),执行 LOD 操作后,从三角形 2(三角形 4、2 共用点 5、7)开始到三角形 3(三角形 3、5 共用点 6、7)结束调整原三角形中的点 7 为点 8,并对点 7、5、8、6 调整周围三角形数组。当然,执行点 8 到点 7 的边折叠操作时,按照上面叙述的逆过程做相应的点删除、三角形删除和点周围三角形数组的调整。

在进行漫游时,不同的块数据需要根据视点的位置动态调整不同的 LOD 模型,在视点前方的格网块要逐次调用较高分辨率的模型,即需要细化操作;而随着视点的不断前进,较高分辨率模型的块相对于视点如果移动到视点后方时,则只需较低分辨率模型即可,即简化操作。由于采用了增量式调用和存储策略,使得相邻 LOD 模型之间的光滑过渡及管理变得比较简单,并且对 IO 的操作只限制于细化部分的数据,相对减少了 IO 操作时间,这样能有效地提高系统的执行效率。

**2. 三角形条带组织**

常规的相邻三角形绘制是每个三角形绘制三个顶点,而三角形条带(Triangle

Strip)是让相邻的两三角形共用一个边(两个顶点),以减少处理顶点数量,进而提高三角形绘制能力的高效组织方式。如图 6.25 所示,按常规三角形逐个绘制需要处理 15 个顶点(每个三角形 3 个顶点),而利用三角形条带方式进行组织,则只需处理 7 个顶点(点 0、1、2、3、4、5、6),即每个三角形只需 1.4 个顶点,三角形条带的长度越长,每个三角形需要的顶点越少,越接近 1,但由于不是所有三角形都彼此共用一个边,所以三角形条带的长度有限。三角形研究区域内的点是单独存放的,而构造三角形条带的过程实际是对原有三角形所属点的重新排列。

对于一个给定的 LOD 模型,其最终点的数量和三角网结构是相对固定的,把这些点作为该 LOD 模型内的公用点共同存储,而把三角网结构通过三角形条带的方式进行组织,形成点的有序排列,这样可以加大图形绘制的速度。相邻 LOD 模型之间的点可以部分重复利用,但其三角形条带的列表很难重复使用且数据传输相对较多,所以对速度的要求较高。因此,三角形条带组织方式适合于本地或局域网内运行。

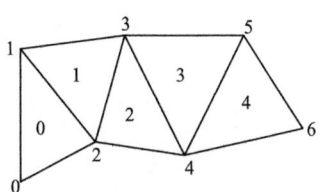

图 6.25 三角形条带组织

### 6.3.4 纹 理 LOD

与海量地形数据的处理类似,当纹理尺寸非常庞大时,纹理数据的读取、映射、渲染效率都会急速降低,甚至出现不能实现纹理映射的情况。同样,当纹理数据量超过显示卡的纹理内存时,计算机只有占用主内存作为纹理内存,这样会在图形卡与内存之间有大量的数据交换,降低显卡的性能表现。对于这种超出实时系统处理能力的大数据纹理,纹理分块和多分辨率纹理贴图(mipmap texture)是目前制作大场景纹理的常用解决方案。前者是根据几何结构对原始大纹理进行分割,使之可以满足图形硬件的要求。当然,为了能够正确映射切分后的小块纹理,地形模型本身也需要进行相应分割。后者是一种纹理的"LOD"技术,它预先将原始纹理图像表达为具有不同分辨率的纹理数据,形成一个分辨率逐渐降低的图像金字塔,相邻上一级的纹理分辨率为下一级的二分之一,如图 6.26。纹理细节层次的使用一般与地形的细节层次相同,其分辨率的高低与投影到屏幕上的尺寸成正比。

但这种解决方案由于地形数据库中的几何体边界不能跨于两个纹理之间,当相邻两个地块分辨率不一致时,纹理边界也不能无缝的保证视觉上的连续,如图 6.27。而且纹理即便使用 Mipmap 其最高分辨率纹理尺寸仍不能超过实时系统纹理能力的限制。

SGI 公司在 Mipmap 技术基础发展起来一种被称为裁剪纹理(Clip-Texture)的虚拟纹理映射技术,它借助先进的设计思想巧妙地绕过了图形硬件条件的限制,使得实时系统可以处理任意尺寸大小的纹理。其基本原理是:先对原始大纹理图像建立 mipmap,然后再从 mipmap 各层动态裁剪观察者感兴趣的部分区域并调入内存,从而解决对于较大纹理存在的存储限制问题。Clip-Texture 实际上是一种动态纹理表现方式,它通过为每个 mipmap 纹理层设置固定大小的裁剪区域,该裁剪区域是实时渲染每一帧所需的

mipmap 纹理的一个子集，而裁剪区域的中心位置则根据仿真应用执行过程中视点的具体位置进行实时更新。为了实现纹理的动态调度，使用 Clip-Texture 方式也需要对原始纹理进行必要的细分，但这种细分跟模型的几何结构无关，所以不会出现纹理边界的不连续现象。

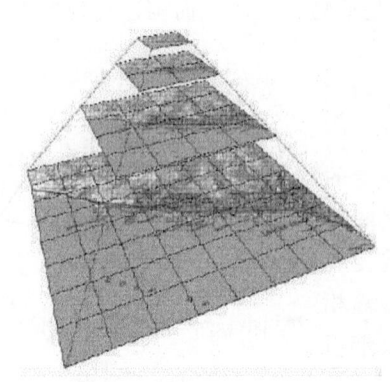

图 6.26　影像金字塔

图 6.27　分块纹理不同 LOD 数据间的不连续

虽然裁剪纹理算法处理大纹理产生了很好的效果，但是，就目前它的实现基础来看还有以下限制：

（1）它需要大容量的纹理存储硬件；

（2）裁剪纹理的有效实时操作需要一些特殊硬件的协助，如需要自动变换纹理映射的硬件，把纹理坐标从原始虚拟空间映射到这个经裁剪的纹理空间；

（3）裁剪纹理依赖于快速的硬盘访问以取得纹理数据；

（4）目前支持这项技术的高层系统软件只有 OpenGLPerformer，并且对操作系统要求苛刻，硬件上只有其专用图形工作站才能支持。

所有这些特点对于当前低端平台和低带宽环境是一种不足，其实现成本高、可移植性差限制了它的推广应用。

为了实现海量纹理数据在地形模型中的应用并提高对纹理数据的访问速度，目前多数实时系统通用的作法是：将相邻不同细节层次的差别控制在一个级别，尽可能使接边处纹理不连续的现象可以忽略；将纹理分块大小不断降低，并增加层次细节的级数。如在我们熟悉的 GoolgeEarth 三维地形可视化系统中，仅针对中国北京地区的纹理级数就达到了 11 级，纹理分块的大小也仅为 128×128 像素。

## 6.4　海量数据三维可视化关键技术

随着数据获取技术的进步和计算机硬件的发展，我们在实际应用中能获得和处理的数据量越来越大，海量数据被大家广泛使用，并泛指大量的数据。具体来讲，对海量数据（massive data）的理解可以从广度和精度两方面来理解：一种是地域广度意义上的海量数据，如全国乃至全球中等比例尺的地形和遥感数据；另外一种是细节精细程度上的海量数据，如一个城市高精度、接近真实视觉效果的三维景观数据。在数字城市应用中所研究的海量数据主要指后一种情况，且泛指远远超出当前微机内存量的数据量，在实际数据量上没有上界限制，可以是几十个 GB，甚至是几百个 TB 的数据。

在城市三维地理空间基础框架的三维可视化表示中，系统所能管理的数据量、显示效果的逼真性和交互响应的实时性是评价一个可视化系统是否实用的三个重要的指标。首先，由于受计算机内存容量的限制，我们不可能将全部海量数据一次性全部加入内存，但又希望能完整的管理一个城市的海量数据。另外，三维可视化的直观性是其优越于二维系统的主要特点，大家对场景显示效果的真实感要求会越来越高，而场景的逼真性又是影响实时效果的关键因素，逼真的视觉效果会增加参与场景生成的数据量，使视景的刷新频率降低，影响三维场景的交互性。因此，怎样开发不受总数据量限制的三维可视化系统，并在保持一定视觉效果的前提下，充分利用计算机核心内存和显存资源，尽量减少参与计算的模型数据量是提高三维动态可视化效果的关键。

在海量数据的三维可视化应用中，要取得三维可视化实时交互理想的性能，通常要遵循以下三个原则：

（1）仅加载需要处理范围的数据；

（2）仅显示可见的物体；

（3）仅显示必要的细节层次。

具体来讲，以下技术被认为是海量空间数据实时可视化应用的关键技术：数据分块和动态装载技术、图形优化绘制技术、数据裁剪技术、与视点相关的 LOD 模型动态生成和渐进描绘技术等。

## 6.4.1 数据分块和动态装载技术

数字城市三维地理空间基础框架往往涉及海量空间数据库的应用。如前所述，这里的"海量"一词是指远远超出计算机核心内存容量的数据量。由于对数字城市三维景观相片质感的逼真性要求，数字城市的三维场景中总是涉及大量丰富的几何、纹理和属性等信息的混合应用。比如，一个中等城市的数码城市 GIS 应用，即使是在一个时间状态和一个空间尺度，数据量也可能达到上百 GB 字节的规模。如果按常规可视化机制，需要一次性把所有数据都装载到计算机内存后再进行显示。这既导致计算机内存和 CPU 计算与图形资源的严重不足，同时也是不必要的。因为任何用户都只会对一个较小地区的细节感兴趣并逐步延伸至其他地区。随着用户关注范围的扩大，需要的空间细节程度其实在降低。这同人的眼睛一样，计算机屏幕在一个时刻总的显示容量是一定的，因为其屏幕像素个数是固定的，比如 800×600、1024×768 等。因此，根据视点当前所在位置，从多尺度数据库实时检索并装载一定范围内特定对象的数据是我们利用普通个人计算机处理海量空间数据库各种实时应用问题的必然选择。

为了达到虚拟数字城市景观实时动态显示的目的，建立基于数据分块、数据库自动分页和存储机制是一种常用且有效的方法。每一帧场景的渲染数据对应计算机内存中的一个数据页，即由若干连续分布的数据块构成的一个存储空间。在动态渲染过程中，随着视点的移动，需要不断更新数据页中的数据块。基于数据分层、分块以及数据页动态更新的算法，在理论上可以实现多层次、大范围的城市场景实时描绘。当需要更新数据页中的数据时，因为从硬盘中读入新的数据会耗用一定的时间，从而带来视觉上的"延迟"现象。这种"延迟"现象将大大影响虚拟表现的交互效果。为了消减这种延迟，常用的方法是利用多线程运行机制充分利用计算机的 CPU 资源。即在横方向漫游以及纵方向细节层次过渡的过程中，根据视点移动的方向趋势，预先把即将更新的数据从硬盘中读入内存，而其后实际的数据更新由于是在内存里实现的，从而可以大大消减"延迟"现象。对于单 CPU 的机器来讲，这种多线程的方法实际上还要将数据读取的时间拆分成几段，分别插在视点移动的过程中，即将一个连续的、较漫长的等待时间分散为各自独立的、间断的小时间段，以更好地消减"延迟"现象；而如果计算机具有双 CPU 或多 CPU，则数据预读入的过程与场景绘制的过程可以分别由不同的 CPU 承担，从而将数据读取过程分解到图形描绘的同步过程当中。这种动态的数据装载需要建立前后台两个数据页缓冲区，并通过多线程技术实现两个缓冲区之间数据内容的交换。前台缓冲区直接服务于三维显示，后台缓冲区则对应于数据库，这也是典型的以空间换时间方法。根据前述的空间索引和数据库组织与管理方式，整个城市空间被划分成一个个栅格形状的索引块。根据当前视点的位置和视距与视角等范围控制参数即可确定当前可见范围内的数据块。根据数据块与视点的位置及视线的关系还可以分别设定不同的 LOD（图 6.28）。在图像实时绘制过程中，通过判断当前视点位置与数据页几何中心之间的平面位置关系，采用多线程技术实现数据页缓冲区的全部或部分数据的动态更新。如图 6.28 所示为在同一尺度海量数据库中的实时漫游，当视点从右向左运动时，每经过一定时间就要更新数据页中的一列数据块。数据块的更新包括两个步骤，即首先要释放超出视场范围的最右列数据块，然后读进即将进入视场范围的最左列数据块。如果在漫游过程中视点高度发生变化，还要重新计算视场范围。如果视场范围与数据页对应的范围面积相差大于某一阈值，则需要更换到相应尺度的数据层进行整个数据页的数据更新即所谓跨尺度的漫游。由于跨尺度漫游涉及整个数据页面的数据更新，要实时调度的数据量很大，需要不同尺度数据库之间具有高效的连动机制，最好是具有一样的空间索引方法和数据调度策略等。即使这样，由于数据库尺度的变化将引起显示内容细节程度的剧

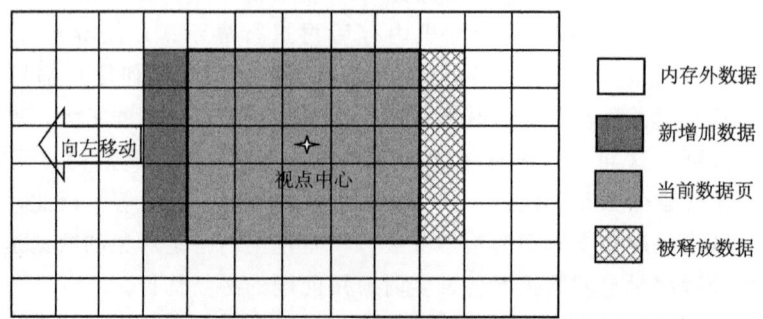

图 6.28　基于分块数据的动态数据页的建立

烈改变，要实现真正跨尺度的无缝连续漫游还要采用下节所述的 LOD 渐进绘制的特殊方法。

## 6.4.2 图形绘制加速技术

为了加速图形的整体绘制效率，计算机科学的工作者从硬件和软件两个方面提出了加速图形显示的方法。基于硬件的加速方法是指通过提高计算机的硬件性能，如 CPU 的主频、内存的容量、图形显示加速芯片以及硬件的并行等策略，使计算机在尽可能少的时间内处理、显示更多、更为复杂的对象。在过去的十几年中，几乎所有的计算机核心硬件设施都在性能上得到了突飞猛进的提高，如表 6.3。以 CPU 为例，CPU 的功能和复杂性几乎每 18 个月会增加一倍，而成本却成比例地递减。

**表 6.3 主流微机硬件的性能指标变化**

| 硬件类型＼年份 | 1995 | 1997 | 2000 | 2003 | 2006 |
|---|---|---|---|---|---|
| CPU 主频/MHz | Pentium Pro 133～200 | Pentium MMX 166～300 | Pentium Ⅲ 500～1000 | Pentium Ⅳ 1000～2000 | Pentium Ⅳ 3000 以上 |
| RAM 容量/Mb | 4～8 | 16～32 | 64～128 | 256～512 | 1024～2048 |

除了 CPU、内存等核心部件的快速发展外，图形加速卡性能的提高也是值得一提的。第一代 3D 图形加速卡的峰值性能为每秒绘制 $1\times10^6$ 个顶点、充填 $25\times10^6$ 个像素；1999 年 NVIDIATM 推出的图形处理器(Graphics Process Unit，GPU)可以承担以往由 CPU 负责处理的几何变换、光照、图形及纹理渲染等复杂计算，减轻了 CPU 的负担。Geforce 256 的峰值性能为每秒绘制 $15\times10^6$ 个顶点、充填 $480\times10^6$ 个像素；到 Geforce FX5700，峰值性能增加为每秒绘制 $356\times10^6$ 个顶点、充填 $1.9\times10^9$ 个像素。尽管如此，对于海量的地形数据来讲，这些性能还是远远不够的。考虑到硬件性能的提高总会受到理论上界以及投入产出比等方面因素的限制，而实际用户的需求是无限的。我们总是遇到这样的尴尬局面，即应用需要中图形的复杂度总是比硬件能实时显示的数据量大一个或多个数量级。鉴于此，仅靠硬件加速得到的效果远远达不到用户的期望性能。

基于软件的加速方法包括图形软件或应用软件两个层次，前者通过优化图形包(Graphics Toolkits)的设计来加速图形的显示速度，如对底层硬件的调用支持、场景图(Scene Graph)结构、显示列表(Display List)、三角形条带(Triangle Strip)或三角形扇(Triangle Fan)结构、顶点数组(Vertex Array)等。这一点与基于硬件的加速方法类似，也存在设计上的理论上限问题。在应用软件层次上的加速是指根据人眼的视觉特征，在视觉效果和实际的图形绘制数量间进行折中，即在保证用户视觉效果的前提下，减少场景中需要绘制的图形数量。这类加速方法如后向面及被遮挡对象的消隐(back culling 和 occlusion culling)、视景体的裁剪(frustum culling)、模型的简化(simplification)、基于图像绘制(image-based rendering)等。利用这种方法可以将计算机实际处理的图形数量控制在当前的硬件水平，在期望硬件性能和现实硬件水平之间搭建了一座桥梁，是一种更有发展前景的图形加速策略。近年来，这一策略已成为计算机图形学、地理信息系统、地形可视化、虚拟现实等领域的研究热点。

总之，针对海量数据可视化的提出，目前的主要解决思路如图6.29所示。其中硬件的解决思路侧重于提高图形的绘制效率，软件的解决思路侧重于降低实时绘制的对象数量。

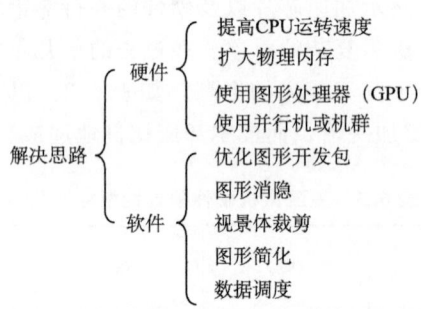

图6.29 海量数据可视化的主要解决思路

### 6.4.3 数据裁剪技术

有效识别从动态视点可见的多边形是计算机图形学中的一个重要问题。传统方法是通过Z-缓冲算法来进行可见性判别的，由于该方法必须考察输入场景中所有的三角形，如果没有性能良好的软硬件体系结构Z-缓冲将占据图形处理的大部分时间。为了避免对场景中不可见部分不必要的处理，有效的途径就是采用遮挡裁剪(occlusion culling)算法在图形流水线的早期就去掉不可见多边形。数据裁减技术用于根据可见性条件预先从数据库中选择可见的内容。如果在城市中穿行，数据裁减技术非常有用，因为常常有大量的区域被近处的建筑物遮挡。在透视可视化情况下，数据裁减技术的核心也就是将数据域与金字塔形状的视景体(view frustum)相交(如图6.30所示)。直接根据距离指标确定前景和背景是比较简单的数据裁减方式。复杂一点的裁减方法还可用于识别不同的细节程度，如图6.31所示，可视空间被划分为前景、中景和远景，分别从近到远具有精细到粗略不同的细节程度。数据裁剪的核心是计算视场的锥体裁剪范围，即由视场角定义的上下左右四个面和由投影矩阵定义的远近两个面。利用OpenGL图形库函数可以直接得到远近剪切平面。显然，落在该视景体内的所有目标都是可见的，要被读取并绘制出来；而那些完全落在其外面的将不被读取。尽管OpenGL之类的图形库函数具有数据裁剪的功能，但即使是不可见的目标数据首先也要从数据库读进内存，然后还要经过一系列变换处理后才能被裁减掉(其裁剪也仅仅是不绘制而已)。使用额外的数据裁剪处

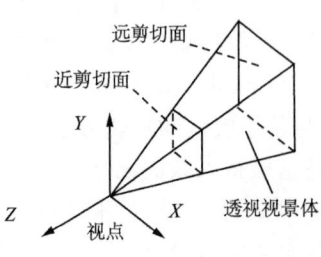

图6.30 透视显示之数据裁剪

理将使得只有可见的对象被选择、确保尽量少的数据被计算机吞吐和处理，从而提高系统的整体效率。特别地，对于城市尺度的应用，由于各种人工建筑物十分密集，加之视点靠近周围的地物，在视景体范围内其实还有许多地物相互遮挡，如果能有效进行遮挡裁剪，还可以进一步提高场景绘制的效率。最简单的遮挡裁剪就是在 OpenGL 中广泛使用的背面裁剪方法(backface culling)。

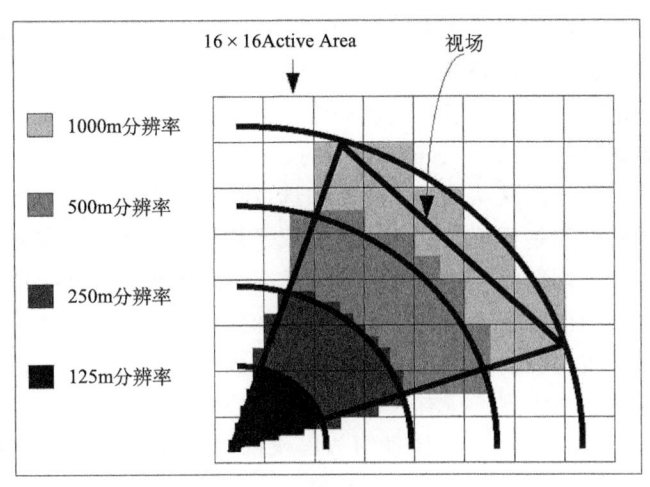

图 6.31　视场裁剪的多细节程度表示

进行遮挡裁剪的方法可以分为物方空间的裁剪方法和像方空间的裁减方法两大类，以及实时处理和预先处理两类。对于数码城市 GIS 的动态显示应用，像方空间的方法只提高 OpenGL 绘制效率而不能减少数据动态装载和实时处理的工作量，因此价值不大。基于二叉空间分割 BSP(binary space partition)和潜在可见面计算 PVS(potential visible surface)的方法属于物方空间的算法。根据预先计算好的可见性处理结果，在从数据库检索数据时就能够只选择那些可见的目标数据，从而彻底减少了进入图形流水线实时处理的数据量。但由于需要预先进行处理和占用新的空间，该方法应用的综合效果还有待进行大量的研究实验。Coorg 和 Teller(1997)提出的一种物方空间的实时遮挡裁剪方法不失其简捷性和实用性。其算法的核心思想是首先利用若干遮挡物(根据视点移动的先验知识进行选择，比如沿街道漫游就可以将临近街边的建筑作为遮挡物)进行简单的可见性测试以识别场景的某些区域(空间凸壳范围，也即层次结构的包围盒)是否被全部或部分遮挡，然后再进行所有瞬间视点附近的大型遮挡物识别预处理，最后才反复进行一种层次结构的可见性测试，以保证尽量少的离视点近的动态遮挡目标数组被处理。该方法由于使用一种 KD-树来组织多边形数据，充分利用了空间连贯性；同时缓存跨视点的遮挡关系和大型遮挡物又充分利用了视点移动过程中的时间连贯性；因此对城市建筑景观的实时处理具有较高的效率。

### 6.4.4 多细节层次模型的渐进绘制技术

当在场景中穿行或以飞越的方式进行三维城市模型的浏览时，城市景观是以动画的形式展现出来。理论上每一屏幕图像帧的数据内容都可能不一样。常规的静态数据显示模式由于数据已经全部装入内存，只需要直接执行 OpenGL 显示列表预存的一系列显示命令即可。视点位置改变导致的场景内容更新是由标准的 OpenGL 图形库函数自动完成的。与此不同，要保证动态数据显示连续流畅(至少 15~25 帧/s 的刷新速率)，必须根据相匹配的图形绘制质量对场景绘制的刷新频率进行优化，进而控制场景内容的不断更新，即渐进绘制(progressive rendering)的思想，如图 6.32 所示。如上一节介绍的数据动态装载方法，为了消减从数据库检索和选取大量的几何与纹理等数据造成的时间延迟，有经验的做法往往是要把数据的动态装载平均分解到各个图像帧进行，以保证绘制每一帧图像的时间是均衡的。特别地，由于透视显示的场景内不同远近的对象可能具有不同的细节程度，即使同一个对象于不同的图像帧也会有不同的细节程度；还有，不同复杂程度的城市景观地物的大小与疏密分布往往也是随机的；在漫游过程中由于人机交互操作场景的变化更加剧烈。所有这些导致动态装载数据量与实时绘制工作量的非常不均衡性，为实时规划和控制动态场景细节层次的连续变化和无缝漫游增添了许多困难。因此，场景细节层次变化的合理控制显得尤为重要。实际上，由于客观条件如仪器设备和成本以及应用的限制，任何对象数字化表示的细节层次总是有限的。为了能把这些尺度变化不连续的数据以连续的细节层次表现出来，还需要一些特殊的图形绘制技巧如运动模糊等。

图 6.32 三维模型的渐进绘制

渐进绘制是解决实时绘制中普遍的逼真度与性能矛盾最有效的折中方法。渐进绘制的实现关键是要生成若干连续 LOD 模型，并根据屏幕刷新率能够实时控制后台模型的精华或简化层次，这也被称为是可中断的渐进绘制技术。一般方法是根据离视点的远近选择或生成不同 LOD 的模型即进行依赖于视点的模型动态简化处理，并且希望每个详细的模型应该包括并覆盖所有粗略的模型，这样可以最大限度地减少数据动态装载和实时处理的工作量。渐进绘制要同时考虑因速度原因采用粗略近视模型绘制引起的空间误差和因绘制本身延迟产生的时间误差，当时间误差超过空间误差时，进一步的模型精华失去意义，因此要及时把当前细节程度的模型图像显示出来。

## 6.5 城市特征地物可视化

现实世界是复杂多样的，传统的地图制图学将现实世界中的对象经过抽象划分为水系、交通、居民地与建(构)筑物、管线及附属设施、境界、地貌、植被和土质等制图要素。在二维 GIS 中，上述几类地物根据其在平面上投影类型的不同，又被抽象为点、线、面三类对象。每一类对象又根据其具体属性的不同分别配以不同的符号、线型、颜色和充填。经过这种分类、抽象与表达，复杂的现实世界就可以在二维地形图上准确、清晰地表达。

根据本书第二章的分析，我们在表达三维世界时，将城市特征地物分为建筑物、水系、交通、境界、地形、地貌、植被、管线、垣栅、独立地物共 10 类要素。同时根据我们构建的面向实体的三维空间数据模型，这些地物又可分别由点状、线状、面状对象组成，对于这些对象可以使用符号匹配、三角剖分的方法实现三维可视化。

### 6.5.1 点状对象

在城市景观中，行树、路灯、公用电话、垃圾筒、管线点等三维对象可以看作点状对象，使用提前制作的三维模型符号，借助二维数据中点状对象的几何位置和属性信息，如树的类别、路灯的高度、管线点的管顶高程等，可以将三维符号自动的进行生成。其中类别或类型信息控制点状模型的选取，平面坐标决定符号的平面位置，高度、角度控制比例因子和旋转因子。

与二维符号不同的是，三维符号不再只是对平面大小、颜色、线型、点状符号及充填符号的变换处理。三维符号除具有三维方向的大小信息外，还具有样式、纹理等信息，匹配过程更为复杂。为了能真实表达现实世界，同时又能兼顾计算机处理能力和成本的局限，三维模型应尽可能的简化，这样在模型符号大量使用的情况下才能取得逼真和高效的双赢。图 6.33 展示了城市三维地理信息系统中一些常见点状地物模型符号。

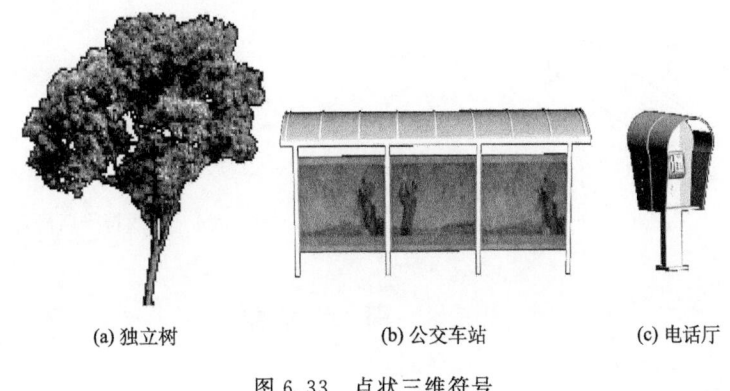

(a) 独立树　　　　　(b) 公交车站　　　　　(c) 电话厅

图 6.33　点状三维符号

## 6.5.2 线状对象

对于像围墙、栅栏、地下管线等线状对象,使用线状对象的匹配算法可以实现其快速构建。下面以地下管线为例,具体介绍线状对象的构建方法。

在平面图上利用一条直接表达的一段管线,在现实世界中包含了走向、长度、半径、高度四个方面的信息。其中走向和长度可以直接从二维几何信息中获取,而半径、高度则需从属性信息中获取。假设管线的三维符号是长度和直径均为1个单位,则任意一段管线可以通过对三维管线符号的缩放、旋转和平移实现。

具体过程如下:

(1) 缩放因子 s 的计算：三维管线符号的缩放因子取决于管线的长度和直径(如图6.34),由管线的始点和末点平面坐标及始点和末点的中心线高程可以计算管线在三维空间的长度。

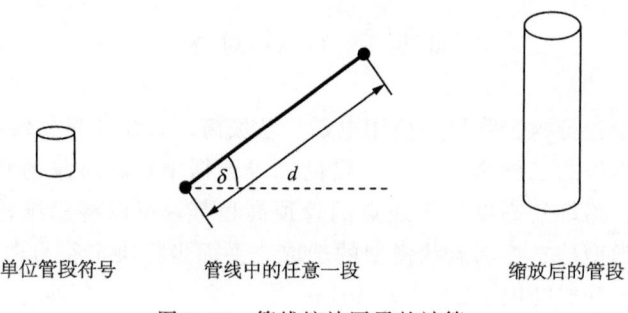

| 单位管段符号 | 管线中的任意一段 | 缩放后的管段 |

图 6.34 管线缩放因子的计算

(2) 旋转因子的计算：三维管线符号的旋转因子取决于管线两端的三维坐标(图6.35),它由水平面和垂直面上旋转角度决定。

(3) 平移因子的计算：三维管线符号的旋转因子取决于管段中心点的三维坐标(图6.36)。

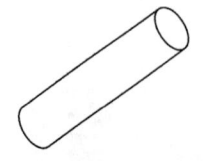

图 6.35 管线旋转因子的计算

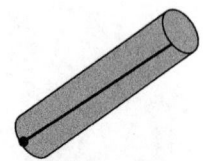

图 6.36 管线符号匹配后的效果

## 6.5.3 面状对象

在城市三维地理信息系统中,对于面状对象的表达最为丰富,如地面、绿地、道路、河流以及建模物的各个侧面等,对这类对象进行建模的难度也最大。其中地面的表达通常借助数字高程模型和数字正射影像来完成,已经形成较为成熟的建模方法。鉴于其他对象空间表现的复杂性,目前我们依据简化原则仅以相对规则的空间形状对其进行自动建模,并配以相应的纹理以增强表达的形象化。

**1. 空间形状的建模**

通过对现实世界的抽象与简化,我们总结了利用道路、绿地、河流、块状楼房等对象的底座进行三维建模的规则,并将影响其外观的几何、纹理数据参数化。这些参数可以直接从二维属性数据中提取,也可以由用户通过交互操作指定。

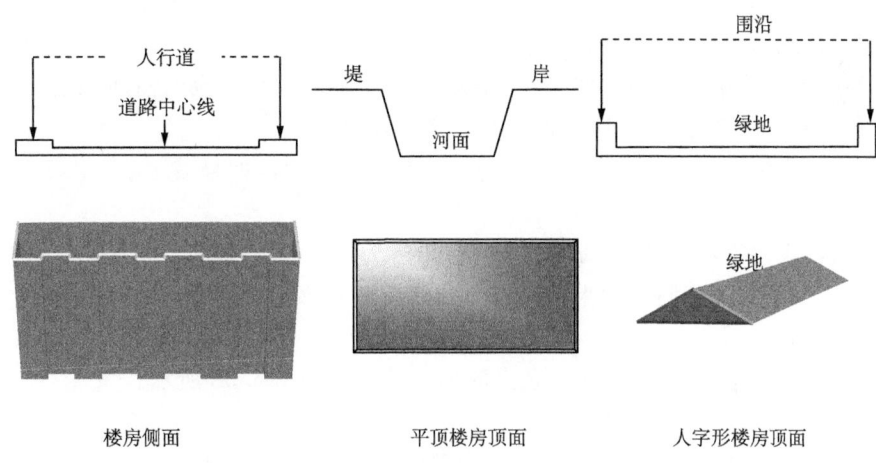

图 6.37 部分三维对象的三维表达规则

**2. 顶面和侧面纹理的匹配**

与二维地理信息系统的显示机制不同,三维图形机制中不支持对凹多边形的显示和纹理映射。为了正确显示和匹配纹理,通常需要将凹多边形进行三角剖分,以形成最小的图形单元——三角形。将任意凹多边形进行高效三角剖分的算法较为复杂,这里简要介绍其基本思想和算法实现的基本思路。

(1) 三角剖分的基本思想

首先不管多边形的凹凸性,从原始多边形中寻找一个可剖分顶点,对原始的多边形进行划分,从而分割出一个三角形同时产生一个新多边形,然后对新生成的多边形判断其凸凹性,若为凸多边形,则顺序连接多边形各点生成三角形网,算法结束;否则对新生成的凹多边形进行递归操作直到原始的多边形划分成一系列三角形和一个凸多边形。

(2) 三角剖分的算法描述

依据前述多边形三角剖分的基本思想,可以得到三角剖分算法基本步骤:

步骤1:首先找到多边形的一个凸顶点,然后再判断凸顶点是否为可剖分顶点,若是则转到步骤2;否则继续执行步骤1,直至找到的凸顶点为可剖分顶点。

步骤2:以步骤1所找到的可剖分顶点对多边形进行划分操作,分割出一个三角形和一个新多边形,同时记录下该三角形和新的多边形。

步骤3：对新生成的多边形进行凸凹性判断，若为凸多边形则算法结束，否则对新生成的多边形再递归调用上述步骤1、2算法，直至生成的新多边形为凸多边形。

上述三角剖分算法涉及三个基本算法：点在多边形内外的判断，凹、凸顶点的判断，以及寻找可剖分顶点。现对这三个基本算法做一简要介绍：

算法1：点在多边形内的判断方法：本文基于可见边判断点在多边形内外，具体的可参考文献 [6]。其具体算法实现步骤为：

步骤1：设 $l$ 为过 $Q$ 平行于 $x$ 轴的直线，求直线 $l$ 与多边形 $P$ 的交点，记录交点和交点所在多边形的边（当多边形的边位于直线上时，认为直线只与边的两个顶点相交），如果直线 $l$ 与多边形 $P$ 没有交点，则点 $Q$ 在多边形 $P$ 的外部，结束。

步骤2：找出距离点 $Q$ 最近的交点 $A_0$，如果 $A_0$ 与点 $Q$ 的距离为0，则点 $Q$ 位于多边形 $P$ 的边上，结束；否则，如果 $A_0$ 不是多边形 $P$ 的顶点，则交点所在边为可见边，转步骤4，如果 $A_0$ 是多边形 $P$ 的顶点 $P_i$，转步骤3；

步骤3：求矢量 $QA_0$ 与矢量 $A_0P_{i-1}$、$A_0P_{i+1}$ 的夹角，如果 $QA_0$ 与 $A_0P_{i-1}$ 的夹角较大，则 $P_{i-1}P_i$ 为可见边，否则 $P_iP_{i+1}$ 为可见边；

步骤4：设 $BC$ 为步骤2、步骤3中找到的一条可见边，判断三角形 $BCQ$ 的方向是否与多边形 $P$ 的方向相同，如果方向相同，则点 $Q$ 在多边形 $P$ 的内部，否则点 $Q$ 在多边形 $P$ 的外部。

距离点 $Q$ 最近的交点为多边形顶点时的三种情况如图6.38所示。

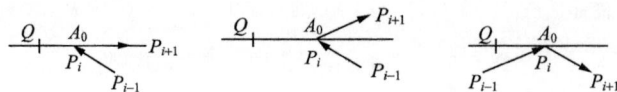

图6.38　距离点 $Q$ 最近的交点为多边形顶点

算法2：顶点凹凸性的判定方法为：由简单多边形的性质可知，多边形的极值点必为凸顶点，问题就转化为选择多边形的极值点。设 $T$ 是多边形顶点链表中 $X$ 值最大的点（若有 $X$ 值相等的点则取 $Y$ 值较大的点），则点 $T$ 称为标志点。取 $T$ 的前后两点分别为 $T_i$，$T_j$，令 $U=T_iT \times TT_j$，对于顶点链表中的每一点 $P_i$，令 $W=P_{i-1}P_i \times P_iP_{i+1}$，如果 $W \cdot U > 0$，则 $P_i$ 为凸点；$W \cdot U < 0$，$P_i$ 为凹点；否则 $P_i$ 为奇异点（此时多边形退化为线状物体）。

算法3：可剖分顶点的判定方法为：

步骤1：首先由算法2得到多边形的凸顶点，若有凸顶点则转到步骤2，否则算法结束。

步骤2：将原始多边形去掉该凸顶点，产生一个新的多边形同时分割出一个三角形。

步骤3：判断新生成多边形的各个顶点是否在步骤2中得到的划分三角形内或者上面，若是，则转到步骤1；否则成功完成多边形一次划分，记录步骤2得到的三角形和新生成的多边形。

图2、3列举了凸点不是可划分点的情况，包括相交及包含两种情况；图6.39中的

顶点 8 为凸顶点，但三角形 871 将新生成的多边形包裹，所以该点不是可剖分顶点；对于图 6.40 中的凸顶点 1，但三角形 126 与新生成的多边形 23456 相交，也不是原始多边形的划分。

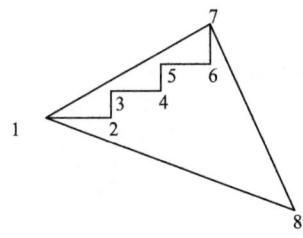 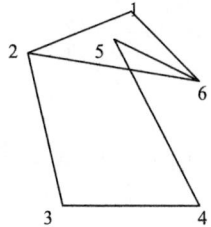

图 6.39  新多边形被新三角形包裹　　　　图 6.40  新多边形与新三角形相交

为了能正确匹配纹理，需要指定纹理匹配的方式(拉伸或平铺)并计算三角剖分后每一个顶点的纹理的坐标。将一张草地的纹理以拉伸方式匹配到绿地对象的效果如图 6.41。

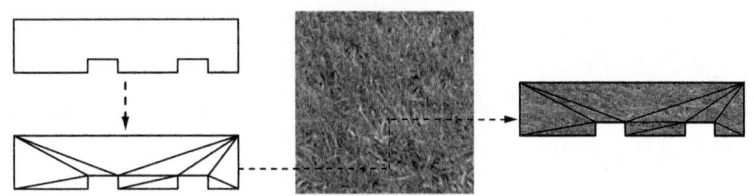

图 6.41  顶面纹理的匹配示意图

### 6.5.4  三维景观效果

以下为部分应用结果。图 6.42 中(a)、(b)、(c)分别为部分绿地、道路、河流三角剖分结果图；图 6.43 为建筑物利用前述三角剖分算法三角化后，在 OpenGL 中的显示效果。

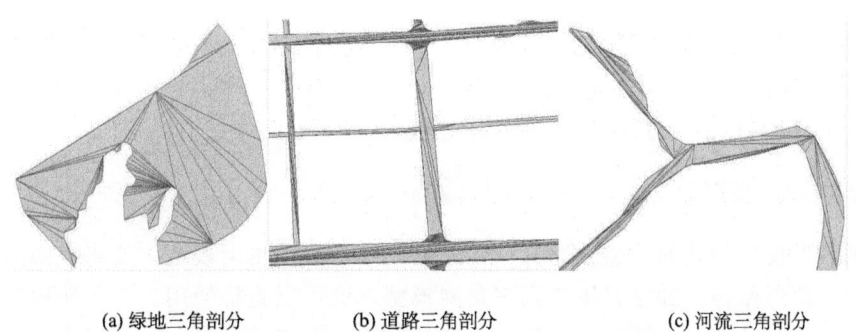

(a) 绿地三角剖分　　　　(b) 道路三角剖分　　　　(c) 河流三角剖分

图 6.42  部分绿地、道路、河流三角剖分结果图

 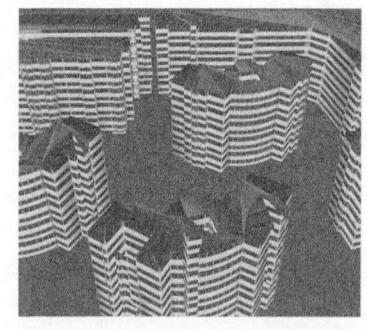

(a) OpenGL线框模式　　　　　　　　(b) OpenGL简单纹理映射模式

图 6.43　建筑物显示效果图

## 6.6　地形三维可视化

地形三维可视化，可将地表形态和地理要素转化为具有三维交互特征的地表形态景观，使用户有进入真实环境之感，便于人们进行观察和分析，提高认知效果，同时可为城市各类特征地物模型的加载提供真实客观的基底。目前基于数字高程模型的地形三维可视化技术已相对成熟，本节以 OpenGL 为渲染平台，简述其过程。

**1. 投影方式选择**

OpenGL 中的投影变换包括正射投影变换和透视投影变换两类，根据不同的显示目的选用不同的投影方式。在地形三维可视化中，一般采用正射投影变换来制作晕渲图。透视投影变换基本符合人类的视觉习惯，同样尺寸的物体离视点近的比离视点远的大，远到极点即消失。所以透视投影变换的应用比较广泛，包括飞行仿真、步行穿越等研究领域。

**2. 参数设置**

在用 OpenGL 绘制三维地形模型之前，还要设置一些相关的参数。这些参数包括光源参数的设置(光源性质、光源位置)、颜色模式(索引、RGBA)、明暗处理方式(光滑处理、平面处理)、纹理映射方式，视点位置、视线方向等。

**3. 构造地形模型**

三维地形模型的几何构造要素为三角形，如果是规则格网模型，要将规则的矩形网格分割成三角形网格，如果是不规则三角网模型，就可以直接使用。为了使地形模型接受正确的光照，还要对地形模型的每一个三角形单元求解法向量。

**4. 纹理映射**

纹理映射能够有效增强图像的真实感，将来自现实世界的图像贴在地形的表面，使其看起来与现实世界中的物体相似或相同。

在地形的可视化中，纹理映射技术有着广泛的应用，例如可以在已有地形表面上叠加图像纹理（如地图图像、卫星影像等），这是公认的提高地形真实性的有效方法。但这一方法存在两个问题，其中一个问题是遇到了内存与速度之间的矛盾问题。由于加入了图像纹理，使得着色算法变得复杂化，明显影响了地形的显示速度。若在地形多分辨率模型中加入多分辨率的纹理，即图像分成多级分辨率，然后根据视点的变化选择其中相应的分辨率，这是提高显示速度的有效方法。在 OpenGL 中专门提供一个函数 glBuild2Dmipmaps()，用来建立金字塔的图像分辨率。另一个问题是大尺寸图像的叠加问题，通常软件系统只支持 1024×1024 的图像尺寸，此时需要将大图像分成较小的尺寸，如 64×64，然后分别进行叠加。

**5. 三维注记**

在地理信息系统中，地图注记是一个不可缺少的要素。有了注记，才能保证对地理信息的正确认识，才能方便地进行查询和分析。在地形的三维显示中，也需要加入一些三维注记来对重要的地物加以标注，提高地形显示的可理解性。

在双缓存模式下，不能在 OpenGL 绘图设备上使用 Windows 的 GDI 字体管理和文本输出函数，因此无法实现字符串的显示。为了解决这个问题，OpenGL 提供了两个函数，分别用于显示位图文本和轮廓文本的输出。位图文本的输出不能显示汉字，所以必须用轮廓文本的输出来显示三维注记。

TrueType 字体是一种矢量字体，在 OpenGL 中支持对矢量字体的显示，并支持对字体的平移、旋转、缩放等操作。实际上，是将字体中的每一个字符当作一个普通的 OpenGL 物体来看待和处理。具体步骤如下：

（1）选择一种 TrueType 字体，并设置参数。

（2）显示字符之前，先为每个字符创建一个显示列表，对于 ASCII 码，用单字节变量作为参数创建显示列表，对于汉字，用双字节变量作为参数创建显示列表。

（3）创建轮廓文本显示列表的函数是：

BOOL wglUseFontOutlines(HDC hdc, DWORD count, DWORD listBase, FLOAT deviation, FLOAT extrusion, INT format, LPGLYPHMETRICS FLOAT lpgmf)。

（4）然后通过执行显示列表完成字符的输出。

## 6.7 地形与地物的匹配集成

数字城市三维地理空间基础框架建设中将不可避免地涉及地形和地表的多种地物，如道路、桥梁、绿地、建筑物等的集成管理。在现实世界中，由于受地球引力和人为因素的影响，任何地物模型总与地形发生不同程度的接触关系，即地物一定要与地形进行匹配。然而，在实际三维场景的构建中，如果地物没有与地形相融合（或匹配），就会造成诸如地物飘在空中或钻入地下的情景，如图 6.44。

造成这种双方模型不匹配的原因较为复杂，主要的原因在于：

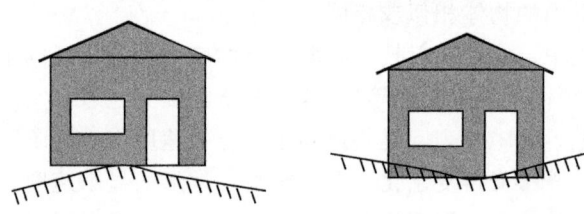

图 6.44 三维模型与地形叠加显示时的不匹配现象

(1) 地物、地形模型往往是通过不同精度的数据源构建的。随着经济建设的迅速发展，目前我国绝大多数城市的平面底图更新周期较短，精度多数已经达到 1∶2000～1∶500 级别。而地形模型的数据精度基本上仍为 1∶10000，甚至更低。当两类不同精度的数据叠加在一起显示时，水平以及高度方向上的不一致在所难免。

(2) 地物、地形模型是由不同的建模软件生成的。表达地形模型的数字高程模型通常在数字摄影测量工作站中由专业的软件生成，也可以由 GIS 软件中经等高线或高程点经数据插值生成，主要使用规则网表示。而地物模型通常在三维建模软件(如 3DMAX、Vega Creator 等)中构建，常用三角网表示。在真实世界中，地物的基准面往往是水平的，而地形是高低起伏的，常常会出现地物所覆盖的区域跨在两个或多个高度不同的地形格网上，导致二者叠加过程中的不匹配现象。

(3) 地形、地物模型的多层次模型导致地形、地形模型不能准确匹配。在数字城市三维地理空间基础框架的可视化与数据管理中，当系统操作的数据量远远超出机器的实时处理能力时，地形以及地物 LOD 模型的使用是解决系统运行实时性的主要手段。当地形从一个精细 LOD 层次向另一个粗略 LOD 层次过渡时，用于表达地形的格网面片的分割将发生变化，原来地形与地物的正确匹配也将不再保持。

为了保证数字城市三维地理空间基础框架中地物与地形正确匹配，主要有以下一些策略可以对地形或地物的修正：

(1) 在基础数据的选择上，应根据实际应用的需要，选择适当精度的地形和平面底座数据。在条件允许的情况下，尽量提高 DEM 的数据精度，并忽略城市市区内地形的细微高差。

(2) 在地形模型的表达上，遵循以下原则选择规则网或三角网：在中小比例尺条件下，采用规则网结构描述 DEM，因为其结构简单，处理负担均衡，磁盘存储易管理，有利于 LOD 的自动生成，另外有利于两者分开建模以及实现地物与地形的自适应匹配；在目视比例尺条件下采用三角网数据结构，它可以精细地刻画地表形态。

(3) 基于软件实现地物与地形的匹配。在使用以上技术的基础上，当地物与地形仍不能正确匹配时，可以考虑使用软件对地形或地物进行修正。

这里以数字城市建设中发生匹配问题较多的建筑物和道路为例，阐述基于软件实现地物与地形的匹配策略。

(1) 建筑物模型与地形的匹配方法

现实情况下，建筑物的分布一般表现为底面水平、本身垂直、基准高程随着地形起伏。当建筑物底面所在的地形呈下陷形状时，如图 6.45 中(a)，可以通过修改建筑物模型的方法实现与地形的匹配。方法如下：

步骤 1：找出建筑物覆盖的地形面片中的最高点和最低点。

步骤 2：将模型的水平基准面放在地形中的最高点。

步骤 3：以建筑物的底座为基础，构造建筑物基准面之下与最低点之间的部分模型，如图 6.45 中(b)。

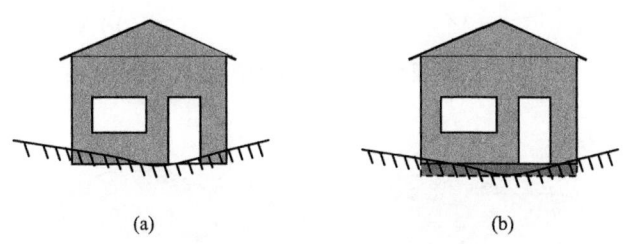

图 6.45　地物模型与地形的匹配

修改后的模型相当于在原来模型的基础上，新构建了一个建筑物的底座，从而填平了原来建筑物下的凹陷。

当大片的居民区水平基准面相同时，可以通过对地形模型的局部改造完成，方法如下（这里以 TIN 表达的地形为例）：

步骤 1：根据建筑物的三维模型求取位于底座基准面上的散乱点。

步骤 2：求底座散乱点的凸包。

步骤 3：根据凸包的范围可以确定其覆盖的地形表面的范围，即影响的地形三角面，如图 6.46 中的顶点 123456 围成的区域。

步骤 4：根据点在多边形内的算法，判断原始 TIN 三角网中落在该凸包之内的点。由这些点（图 6.46 中的 7 点）不参与局部三角网的重构，对于这些落在建筑模型底座凸包之内的点予以删除，同时删除与此顶点相关联的所有三角形。

步骤 5：根据 Delaunay 三角剖分法则，对建筑物底座凸包的边界点 ABCDEF 和建筑物的地形影响边界点 123456 重新剖分，并将新生成的三角形加入到地形 TIN 中。

上述方法中，假定建筑物的底座基准高度是正确的，当建筑物的底座基准高度不明确时，可以根据建筑物中心点的水平位置由地形数据得到相应的高程值作为基准高程值。当建筑物较为密集时，局部修改工作量相当庞大，建筑物的凸包之间可能相互交叉，这时可以先把地形模型划分成一些地形子块，对每个地形子块内的地物与地面进行整体全部剖分，从而构造完整的混合模型。

绿地模型与地形的匹配也可以采用上述方法。

(2) 道路模型与地形匹配

在目视比例尺条件下，道路为一定宽度的平面，而不应表现为一条随地形起伏的曲线，应表现为：道路中心纵截面轴线随地形起伏；道路表面横截面高程相同；周围地形有一定的改造与道路无缝连接。

已知：道路中心线（$X_1, Y_1; X_2, Y_2; \cdots; X_n, Y_n$）、道路宽度 W、DEM 数据，

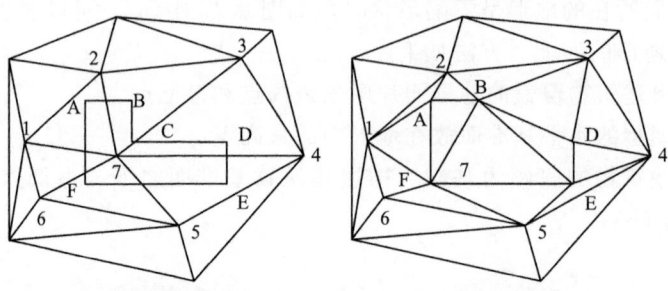

图 6.46 三维模型与地形叠加显示时的不匹配现象

图 6.47 三维模型与地形叠加显示时的不匹配现象

算法如下：

步骤 1：求得道路左、右侧边线三维坐标。

步骤 2：道路面进行大三角面剖分。

步骤 3：循环求得左右侧边线与 DEM 的所有交点的三维坐标，并将所有交点洒入 DEM 格网中。如 DEM 格网中有 right 数据，则逆时针形成多边形，并剖分；如 DEM 格网中有 left 数据，则顺时针形成多边形，并剖分。

步骤 4：DEM 网格中有数据的剖分，加上道路的简单剖分，即可建立与地形融合在一起的三维道路模型（图 6.48）。当然，不同的三角面根据模型性质映射不同的纹理。

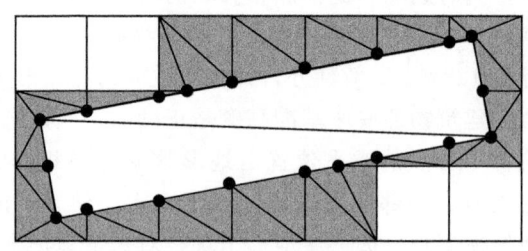

图 6.48 与地形融合在一起的三维道路模型

## 6.8 三维城市构建及可视化中的若干优化策略

大范围、高质量的三维场景是城市三维地理空间基础框架的重要组成部分，如何实现对三维场景的流畅显示和实时操作是目前城市三维地理信息系统软件的关键问题。在海量数据的三维可视化中主要存在以下三个问题:一是场景初始化时载入数据要花费很长时间;二是即使是在高性能的 PC 机上,要做到对场景的实时浏览也是一件繁重而费时的事情;三是场景在显示时的像素抖动、纹理闪烁破坏了场景的整体美观。为了实现对三维场景的优化显示,需要从模型构建、纹理使用、灯光设置、层次模型、渲染算法等方面对三维场景进行优化。下面针对上述优化技术,结合本书作者多年从事三维城市方面的经验,探讨了几种对场景数据进行优化的策略。

**1. 模型构建**

三维场景是一系列三维模型的集合,模型的复杂程度(即使用三角形面片个数)最终影响着场景实时显示的效率。在给定的机器硬件条件下,由于 GPU 每秒处理的三角形数量是一个固定的值,因此,模型越复杂,绘制场景所需的时间就越长,帧速率(每秒绘制的帧数)也越小。然而,当场景中模型数量非常大时,每一个模型的单个独立的三角形投影到屏幕图像空间上只能占很小的面积,多个三角形可能被压缩到一个屏幕像素中。此时,从视觉效果来看,它们对最终图像的影响可以忽略不计,却被计算机重复计算和绘制,浪费了宝贵的系统处理时间。

如果能在保证模型细节的前提下,减少构建模型所使用的面片个数将会提高场景实时绘制的效率。

在使用通用的三维建模工具(如 3DMAX、Vega Creator)时,以下原则的使用可以帮助模型制作人员减少模型的复杂度:

(1)事前制定一套模型细节取舍规范,只对大于规范规定尺寸的主体或局部对象进行建模,反之,则对细节进行综合或代之以相应的纹理图像。如对于建筑物模型,建模规范可以规定阳台尺寸大于 20cm、透气窗高于 50cm 等。图 6.49 是同样一幢建模物在规范前后的效果及所使用的三角形面片数目。可见,在距离建筑物 10m 以外,几乎看不出两个模型的差别,但其使用的三角形面片数目却相差近 10 倍。

(2)在相对坐标系中建立三维模型。由于多数三维建模系统和可视化系统在坐标存储时普遍采用单精度浮点型来表达,而地理坐标的值域往往接近甚至超出计算机规定的单精度浮点型数据所能表达的精度范围。利用相对坐标进行建模不但可以提高模型表达的精度,也可以避免因单精度浮点型表达误差造成可视化时的抖动现象。

(3)按对象的层次结构组织模型,可以节约场景的遍历时间。

(4)建模过程中尽量采用比较简易的 Box 来表现,不要使用 NURBS、polygon、patch 建模方式建模。譬如在 3DMAX 中建议采用 Shape 方式来建立模型,box 和 cylinder 的结构可以用 shape 中的 rectangle 和 circle 建立出形状大小,再 extrude 高度即可;删除可视化时模型内部看不到的面、两个部件之间的结合面;少使用圆柱或球体,如果需要时,将控制其详细程度的多边形边数(sides、steps、segments 或 slices)减少到可以接受的程度,如图 6.50;利用放样(loft)对道路进行建模时,可以视道路曲率的变化适当降低或提高放样的 shape 和 path 值,并使用 optimize 选项。

(5)尽量少使用三维模型的逻辑运算,避免产生大量的碎面。

(6)对于风格一致的模型,由于各个模型只是在位置、方向或大小上有所不同,可

 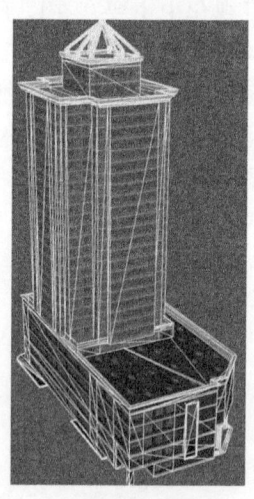

(a) 面片数12649个　　　　　　　　(b) 面片数1585个

图 6.49　建筑物面片对比

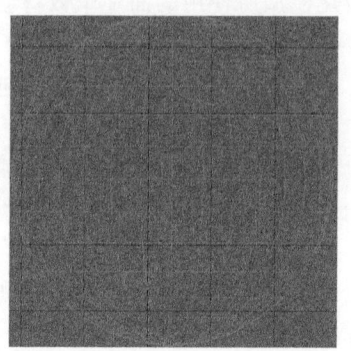 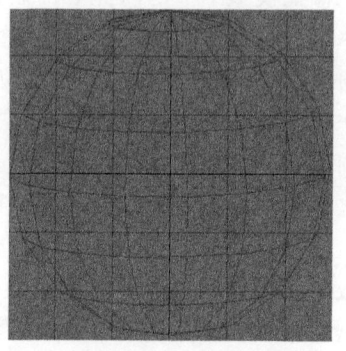

(a) 32次分割960个面片　　　　　　(b) 16次分割224个面片

图 6.50　模型面片分割对比

以使用复制中引用方法将一个模型多次使用。一个实例，就是指数据库中某个模型对象的参考副本。实例和拷贝不同，实例仅仅是指向某个物体的指针，它并没有完全复制模型对象的几何形体，通过实例创建的模型副本并不增加模型数据库的实际多边形数量，所以，设计人员即使创建了某个模型的若干个实例，在内存中也只是存储了一个原始模型。在其他位置使用实例化方法显示模型其实质是对内存中的原始模型进行坐标平移、比例、旋转变换，这样可以节省大量的计算机内存、硬盘存储空间和处理时间，尤其是在分布式仿真中，使用实例化技术能够大大减少数据的传输量，改善实时系统的处理性能。

（7）现实环境中存在着大量不规则的物体，例如树木、行人、雕塑、围墙、喷泉等，对于这些环境装饰物，如果都用实体表示，所带来的模型数据量将是极其庞大的，其所耗费的机器资源也将是无法接受的。基于纹理的绘制技术（Image Based Rendering）

通过用图像或图像序列来替代物体模型中的可模拟或不可模拟细节,以简化复杂的几何体,降低场景的复杂性,提高模拟逼真度和显示速度,实现逼真度和运行速度的平衡。

对于模型实体自身厚度可以忽略的情况,我们主要关注模型的正面或反面,几乎不从它们的侧面看,如桥梁的栏杆、小区的围墙、车站的站牌等。对这类实体的纹理绘制比较简单,将纹理直接映射到实体面上就可以了。如图 6.51 是通过直接贴图制作的铁栅栏和道路的隔离栏杆。

图 6.51  可以忽略厚度的纹理贴图

对于模型实体本身的厚度不可忽略的情况,我们无论从任何角度对其进行查看,都能查看到近似立体的信息。处理这类模型有两种常见的基于图像绘制的方法,即广告牌(billboard)技术和十字交叉贴图技术。前者将复杂对象的图像映射到一块与观察的视线方向垂直的牌上,并始终保持牌与视线方向的垂直,如图 6.52(a)。这种方法适用于观察者视线水平或近乎水平时一些复杂地物的绘制,如树木、行人、云、路灯、雕塑等。后者是将图像映射到正交的两个面上,当用户视点旋转时,两个面中总有一个面对着视线,如图 6.52(b)。这种方法的适用方法有限,主要用于一些结构对称的复杂对象,如行道树、路灯等。

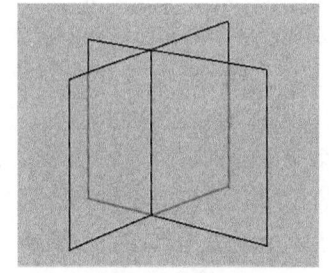

(a) 广告牌技术　　　　　　　　　　(b) 十字交叉贴图技术

图 6.52  使用广告牌和十字交叉贴图的建模

**2. 纹理使用**

城市三维模型所使用纹理的大小决定了未来场景中对系统显存占用量的大小。为了能在目前常规机器所配置的 128M 或 256M 显存的情况下,表达城市的精细特征,必须尽可能地节约纹理的使用。相应的使用原则如下:

(1) 对于单色纹理,可以使用带有相应颜色的材质来代替,以减少纹理的使用量;

(2) 尽量使用重复纹理贴图的形式,以避免大尺寸纹理的使用。在对模型进行纹理映射时，通常使用拉伸、平铺两种方式，如图 6.53。前者选择与模型某一个侧面对应的纹理，通过指定四个顶点的纹理坐标将纹理映射到平面上；后者则选取侧面纹理中的一个重复单元，按纹理单元实际尺寸与侧面的比例关系，将纹理平铺到侧面上。两者比较而言，纹理映射的效果没有丝毫差别，但后者使用的纹理大小仅为前者的 1/9。

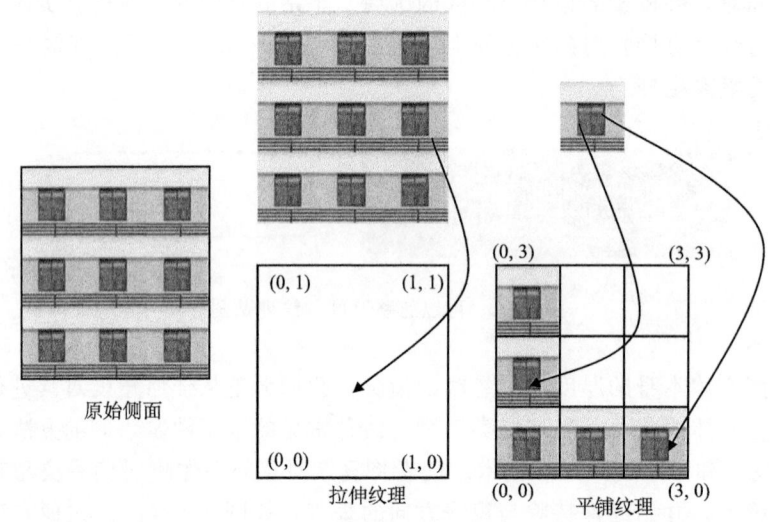

图 6.53  重复纹理贴图

（3）纹理裁切时的长宽尽量控制在 2 的 N 次幂大小，即 2、4、8、16、32、64、128、256、512、1024。如果不易控制，纹理的大小要控制在 $2^N \sim (2^N + 2^{N+1})/2$ 范围内。这是因为目前的绝大多数显卡为了加速绘制充填的速度，仅支持这些尺寸的纹理映射。对于其他尺寸的纹理，计算机在将纹理读入纹理内存时，会自动将纹理重采样为大于当前纹理尺寸的最接近 $2^N$ 的大小。此外，纹理使用时应严格控制长或宽达到 1024 的纹理；尽量减少 512 的纹理；可以放心使用 128、256 的纹理；鼓励使用 64 及以下尺寸的纹理。

（4）在保证纹理尽可能小的提前下，尽量使用其他模型已经使用的材质和纹理，以减少纹理的使用量和场景文件的大小。

（5）使用纹理 MipMap：纹理映射通常涉及将一幅纹理的像素映射到不同大小的景物表面上。当各屏幕像素中的可见曲面区域与纹理像素大小相匹配时，它们之间形成一对一的映射。当纹理在屏幕上显示的尺寸小于图像的实际尺寸时，由于多个像素拥挤在屏幕的一个像素上显示。当计算机绘制的图像是静止的时候，计算机在这个像素点内只绘制了多个纹理像素的其中一个，不会发生走样现象。而当绘制的图像是处于"运动"状态时，计算机就会在这个像素点内不断更替多个纹理像素，就造成视觉上的闪烁现象，即"走样"，如图 6.54。

"走样"现象在三维可视化中模型远离视点时非常普遍，对于纹理使用 MipMap 属性可以避免这种现象的发生。MipMap 纹理启用时，系统会在内部自动生成产生一系列适应不同大小的纹理源并且在进行纹理映射的时候，自动匹配生成的纹理图像，即在模型距离视点较近的时候使用较高分辨率的纹理，较远时使用较低分辨率的纹理。纹理

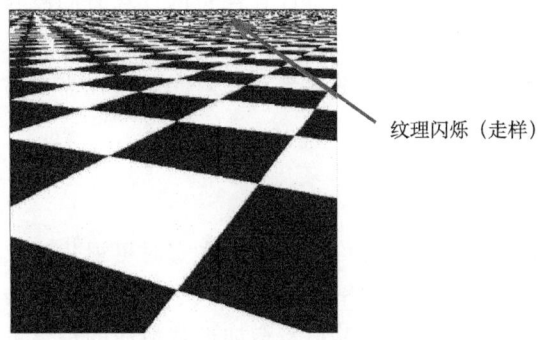

图 6.54 纹理走样形成的视觉闪烁现象

MipMap 的生成方法是将原纹理缩小、重采样，常用的采样方式包括最近点采样、双线性采样、三线性采样、各向异性采样等。许多硬件厂商已经将反走样程序固化到了显示卡的 GPU 上，无疑可以在保证纹理显示效果的同时，加速了显示的效率。图 6.55 是启用纹理 MipMap 前后的效果对比。

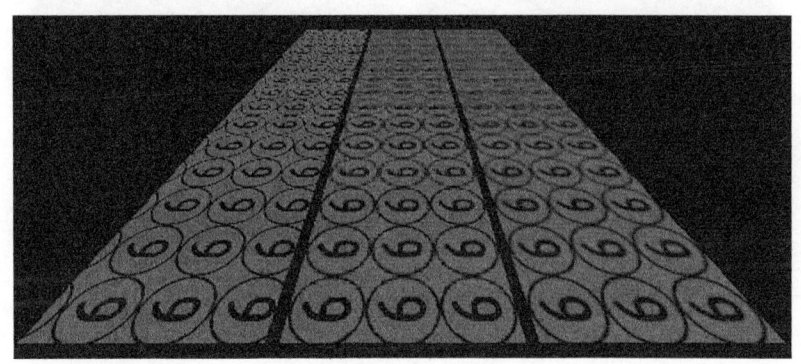

未启用MipMap　　　　最近点采样MipMap　　　　双线性采样MipMap

图 6.55 启用纹理 MipMap 前后效果对比

（6）对纹理使用 dds 格式进行压缩。与其他压缩格式不同，dds 压缩格式不但减少了纹理对系统显存的占用了，还可以被 DirectX 工具直接使用，避免了纹理压缩后再进行还原的过程。

（7）减少透明纹理的使用。当三维可视化系统绘制透明对象时，对于对象的每一个像素，需要首先获取当前缓冲区的深度值，与本像素的深度缓冲值相比较后来决定当前像素是显示当前像素还是显示背景像素。因此，当透明显示的对象越多时，深度缓冲的计算量就越大，渲染速度就越慢。

**3. 光照设置**

在每一个加入到渲染管道中的对象，三维可视化系统要对其几何模型中的每一个顶点、每一个面进行光照计算。整个场景光照计算的复杂度由光源的数量、光源的性质及其影响范围确定。光源的数量越多，单位计算耗费的计算时间越长，因此要尽量少用光源，可以有效地利用颜色、材质或烘焙纹理来达到光照的视觉效果。在常用的三种类型光源中，应优先使用环境光，其次是散射光和发射光，实在需要时才使用镜面光，并尽可能缩小光源的影响范围。

### 4. 相机设置

在前面的叙述中我们提到，三维可视化工具在实时可视化时仅渲染场景中位于相机视景体内部的对象，而实时渲染的效率也主要取决于这些对象的面片数量。对于三维室外场景，通过减少远裁剪面的距离，并适当增加近裁剪面的距离可以视景体内需要实时绘制的对象个数。为了避免由于远裁剪面裁切造成远处场景的不完整，可以在远裁剪面处设置雾化效果来弥补视觉缺失，如图 6.56。

图 6.56 远裁剪裁切后的雾化效果

对于三维的室内场景，由于不同房间之间的遮挡现象比较严重，可以使用连接两个房间的入口的可视性来控制房间及其内部对象的显示性。在图 6.57 所示的 A、B、C、D 四个房间中，$P_1$、$P_2$、$P_3$ 是连接 AB、BC、CD 房间的入口。当视点位于其中的一个房间 C 时，如果用户能看到与房间 C 相关的入口 $P_3$，那么与入口 $P_3$ 相关的另外一个房间 D 也就处于显示状态。反之，由于用户不能看到与房间 C 相关的入口 $P_2$，与入口 $P_2$ 相关的另外一个房间 B 也就处于隐藏状态。与房间 C 的多个入口均无关的房间也处于隐藏状态。利用相机视点的位置以及室内房间、入口的设置，可以大大减少场景的裁剪遍历时间，加速场景的渲染速度。

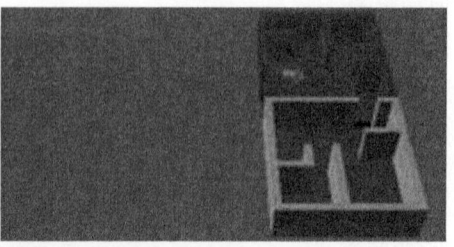

图 6.57 室内遮挡的显示控制

**5. 细节模型**

层次细节模型是指根据不同的显示对同一个对象采用不同精度的几何描述,物体的细节程度越高,数据量越大,描述的越精细;细节层次越低,数据量越少,描述的越粗略。因此可以根据不同的显示需求,对需要绘制的对象采用不同的几何精度,从而大大降低需要绘制的数据量,降低对计算机软件和硬件设备的需求,提高了数据操纵的速度,缩短了人机交互操作的时间实现快速、平滑的三维显示。

为城市三维场景库模型设立细节层次模型(LOD)描述是控制场景复杂度的一个十分有效的方法。LOD 模型是提高海量数据场景的三维漫游速度的一个重要解决途径,它让复杂的三维场景的实时三维显示成为可能。LOD 方法的基本思想是:对场景中的不同物体或物体的不同部分,采用不同的细节描述方法,在绘制时,如果一个物体离视点比较远,或者这个物体比较小,就可以用较粗的 LOD 模型绘制。反之,如果一个物体离视点比较近,或者物体比较大,就必须用较精确的 LOD 模型来绘制。

城市三维模型的层次细节模型的种类在几何结构上大致可以分为离散 LOD 模型、连续 LOD 模型、基于自身几何结构的 LOD 模型三类。离散 LOD 模型实际上是保存了原始模型的许多个副本,每一个副本对应一个特定的分辨率模型,所有的副本构成了一个金字塔模型。这种层次细节模型不同分辨率模型之间没有任何特定的关联,只是在实际的运用中根据不同的要求(如距离或在屏幕上的投影面积)使用不同的分辨率模型。三维建模软件 Creator 提供的模型简化插件 Vsimplify 可以在保留纹理、法线、颜色属性的情况下通过指定三角形保留比率、折痕角极限、边界角极限、包围盒最大偏差比率等参数来控制模型的具体简化程度,进而生成一系列不同精度的模型。

离散 LOD 模型的优点是不用实时在线生成模型,渲染速度较快。但由于它保存了原始模型的多个副本,数据冗余量大,不但会占用较大的存储空间,而且影响系统的读入速度。另外,在可视化的过程中,当离散 LOD 模型各模型之间的差别稍大时,不同分辨率模型之间的切换是一种突变,容易引起视觉上的跳动(popping)效果。

与离散 LOD 模型不同,连续 LOD 模型在存储的物理介质上仅保留一个最高精度的原始模型,只在实际运用过程中根据需要,采用一定的算法实时在线生成另一分辨率的模型。法国的三维游戏和虚拟现实开发工具 Virtools 提供了对于基于累进格网(Progressive Mesh,PM)的连续 LOD 模型的支持。它通过计算模型在屏幕上的投影面积来确定其使用的格网面片数目,通过 PM 的 Morphing 算法实现不同分辨率模型切换时的视觉过渡。基于 PM 的连续 LOD 模型效果如图 6.58 所示。

设模型在屏幕上的尺寸为 $S$,当 $S$ 大于 50% Screen Mag 时,模型不使用简化模型,面片数目为 Faces Mag;当 $S$ 小于 50% Screen Mag 时,模型开始简化;当 $S$ 小于 10% Screen Min 时,模型简化到最低分辨率 Faces Min,不再简化;当 $S$ 介于 Screen Mag 和 Screen Min 两个指标之间时,模型简化的程度控制在最详细和最简化分辨比之间。其中 Screen Mag 和 Screen Min 可以由用户根据模型在屏幕上的显示效果调整,而当 Screen Min 设置为 0 时,当 $S$ 小于 10% Screen Min 时,模型将不再显示。根据模型在屏幕上的尺寸和简化指标控制模型的简化过程如图 6.59 所示。

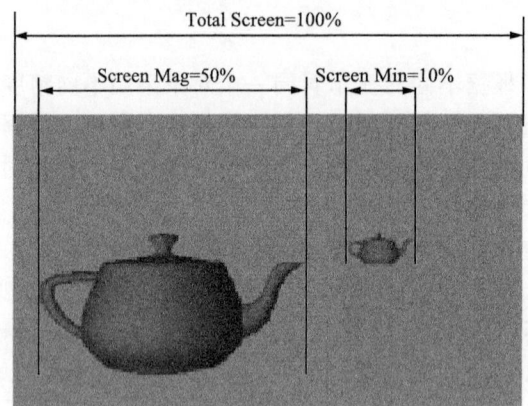

图 6.58 基于 PM 的连续 LOD 模型效果图

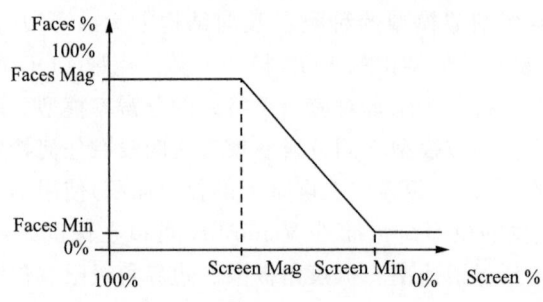

图 6.59 PM 简化控制示意图

由于连续 LOD 模型各分辨率之间的误差控制在一定的范围内，如一个屏幕像素，该类模型一般能够保证视觉效果上的连续性。但连续 LOD 模型的生成算法对实时操作要求较高，在算法设计和数据结构上往往比较复杂，对系统的渲染效率和交互响应会有所影响。

基于自身几何结构的 LOD 模型，也称附加式 LOD 模型，其模型本身就是一个多

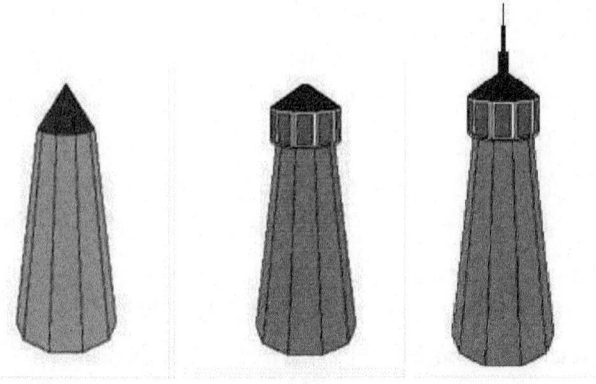

图 6.60 对象细节层次模型示意图

分辨率的结构。模型的不同的部件之间通过一个节点相连，在实际操纵过程中根据不同部件之间节点判断该部件是否需要被操作，如果所有的部件都被操作，该情况下此模型是全分辨率结构。由于该模型保存了不同部件之间的节点信息，因此具有结构简单，操纵方便，占用存储空间少等优点。基于几何结构自身的 LOD 模型解决了离散 LOD 模型中的数据冗余问题，能提高系统的读入速度，也避免了连续 LOD 模型实时生成另外一种分辨率的时间消耗。但此类 LOD 模型的缺点是对建模人员的要求很高，同时它也存在视觉上的突变效果。这种 LOD 模型主要适用于总体结构上变化不大，但多边形数目上变化大的模型，像路灯、典型建筑物等。图 6.60 是某灯塔模型基于自身几何结构的三种不同分辨率模型，图 6.61 是模型的层次结构和节点操作距离。设模型与视点的距离为 $D$，当 $D$ 大于 1000m 时，仅显示灯塔的主体部件（塔柱和塔顶）；当 $D$ 大于 500m 且小于 1000m 时，灯塔的细节部件（瞭望楼）开始显示；当 $D$ 小于 500m 时，灯塔的全部细节部件都将显示出来。

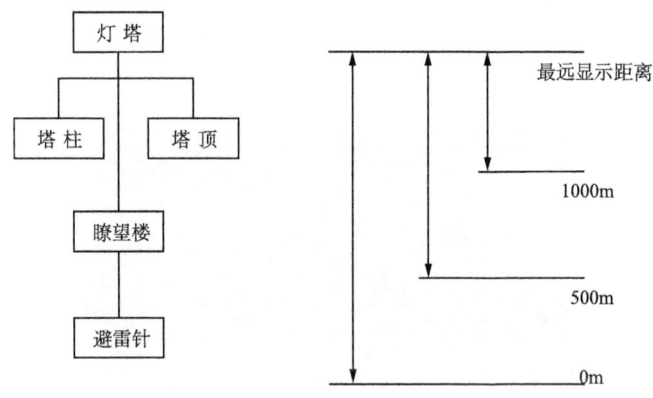

图 6.61　模型的层次结构和节点操作距离

#### 6. 渲染算法

当三维场景的模型数据量非常庞大时，可视化系统的渲染效率可以通过裁剪来提高。可视化系统中的裁剪包括视景体裁剪、后向面裁剪、遮挡裁剪等。这里简要对这三类裁剪及其效率优化进行阐述。

在视景体裁剪方面，如果将场景中的对象依次加入渲染管道，那么裁剪过程将对单个对象逐个判断。当对象数量增加时，整个遍历速度将会降低。如果按空间位置方式组织模型及其子对象，可以通过先判断其父对象是否位于视景体内，从而大大加快了整个遍历过程。如果父对象位于视景体内部，其子对象必位于视景体内部；如果父对象位于视景体外部，其子对象必位于视景体外部；仅对父对象部分位于视景体内部的下一级对象进行裁剪判断，从而提高场景中对象的遍历速度，如图 6.62 和图 6.63。

在后向面裁剪、遮挡裁剪方面，由于视线的方向性以及物体之间相互遮挡，人眼只能看到三维物体中未被遮挡的某些面。对于那些与视点方向相向的面（背向面）和那些完全或部分被遮挡的面，利用消隐技术可以在对象绘制之前将其消除。这样既不影响物体

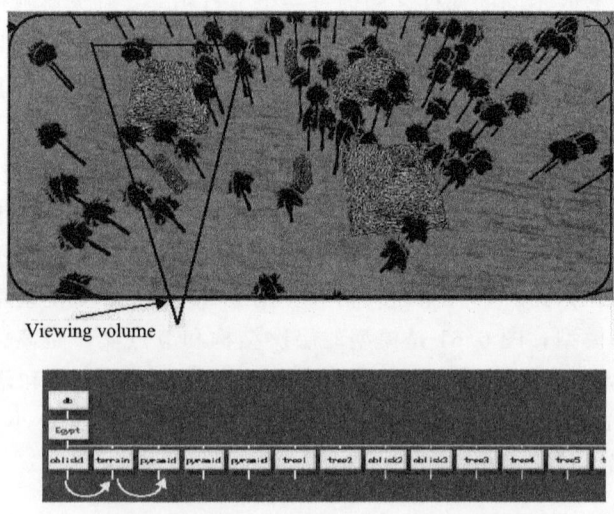

图 6.62　按顺序组织的场景裁剪示意图

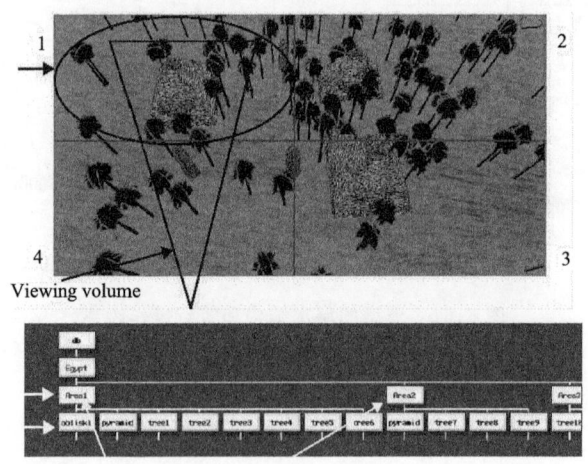

图 6.63　按空间位置组织的场景裁剪示意图

显示的真实感，又减少了实时绘制的面片数量，在一定程度上可以起到优化场景显示效率的作用。

消隐算法总的来讲可以分为两大类，即图像空间算法和物体空间算法。前者一般是指物体转化到显示屏的图像空间后，就屏幕上每个像素，检查所有的平面，以确定哪个面离观察者最近。后者是指在描述物体的空间中，根据物体的几何关系计算物体的哪些部分是可见的，目的是消去那些不可见的面或面的不可见部分。N. Greene 等人于 1993 年提出了层次 Z-buffer 算法就是一种物体空间算法，采用层次遮挡图来加速不可见物体的剔除，是目前通常采用的裁剪方法。

**7. 碰撞检测**

在三维场景可视化及其交互操作中，为了增加用户的真实感和沉浸感，漫游过程中通常会加入碰撞检测功能。当场景中的障碍物对象非常复杂时，如果启用基于模型格网面片的碰撞检测，则整个碰撞检测的过程将十分耗时，不利用场景的交互操作。这时可以利用障碍物对象的最小包围框代替精细模型进行碰撞检测，从而加快碰撞检测过程。

# 第七章 三维空间查询与分析

地理信息系统的核心是空间数据库、空间查询和空间分析。由于空间分析是对空间信息所具有的提取和传输功能，它已成为地理信息系统区别于计算机辅助制图系统（CAD）和一般管理信息系统（MIS）的主要特征，也成为评价一个地理信息系统功能强弱的主要指标之一。所谓空间分析，是指以空间数学模型和地学原理为依托，通过对空间（位置和形态特征）数据的统计、计算来获取地理现象的空间位置、空间分布、空间形态、空间形成、空间演变等信息，为辅助决策提供服务。空间分析与传统统计分析的根本差异是空间分析的过程、结果依赖于事件的空间分布。通过空间分析可以发现隐藏在空间数据背后的重要信息或一般规律，因此空间分析可以看作是一种空间知识发现和挖掘的过程。

三维空间查询与分析，就是直接在三维空间中进行空间操作与分析，并对空间对象进行三维表达与管理。空间分析应该是面向用户的，通过空间分析解决用户特定的问题，为决策者直接提供决策支持。与二维地理信息系统的空间分析相比，尽管三维空间分析的方法、结果以及结果的表达发生了很大变化，但就其内涵而言，仍是基于对象空间布局的数据分析技术，只是在传统二维 GIS 空间分析的基础上增加了第三维方向的信息，将其扩展到了 2.5 维乃至 3 维。在具体实现上，一些三维空间分析的功能与二维 GIS 的空间分析功能类似，如图形与属性的双向查询、平面距离、投影面积等，可以直接利用现有的研究思路，只是在涉及交互操作的实现上有所不同；有些功能是对二维 GIS 相应算法思想的三维拓展，如表面距离、最短（最优）路径、叠置分析、缓冲区分析等，需要综合考虑第三维坐标的影响；而有些空间分析则为三维 GIS 所特有，如剖面分析、通视分析、日照分析、洪水淹没分析、水系等地形特征提取等，需要研究专门的实现算法。

三维空间查询分析具体可分为以下几类：空间查询包括图形查询、属性查询、混合查询、模糊查询等；空间量测包括距离、方位角、面积、表面积、体积、建筑密度、容积率等；三维场景编辑包括对单个地物、某类地物、整个场景等；场景控制包括交互与自主方式；三维地形分析包括坡度、坡向、剖面分析等；通视分析；叠置分析；缓冲区分析；日照阴影分析；洪水淹没分析以及某些专题指标的统计分析等。

## 7.1 空间查询

查询和定位对象，并对空间对象进行量算是 GIS 的基本功能之一，是 GIS 进行高层次空间分析的基础。在 GIS 中，为进行高层次空间分析，往往需要查询定位空间对象，并用一些简单的量测值对地理分布或现象进行描述，如坐标、方位、长度、面积、体积等。实际上，空间分析首先始于空间查询和量算，它是空间分析的定量基础。在城市三维地理信息系统中，由于它所管理的数据量远远高于传统的二维GIS，如何快速查询并定位到用户所关注的对象是反映系统实用程度的一个标志。

空间查询是GIS的一个重要功能，是用户与系统交流的途径。GIS中空间查询一般定义为作用在数据上的函数，它返回满足条件的内容。空间查询是GIS用户最经常使用的功能之一，用户提出的很大一部分问题都能以查询的方式解决。因此，查询的方法和查询的范围在很大程度上决定了GIS的应用程度和应用水平。

空间查询具备以下特性：
(1) 回答用户的简单问题；
(2) 不改变空间数据库数据；
(3) 不产生新的空间实体和数据；
(4) 空间查询技术由简单到复杂。

由于GIS数据包括图形信息、属性信息和时间要素，因此GIS数据查询实际上包含了图形和属性的双向查询以及基于时间要素的图形、属性联合查询以及自然语言查询、模糊查询、超文本查询等。

### 7.1.1 查询方式

三维环境下的空间查询主要有下列几种方式。

**1. 基于属性数据的查询**

根据空间目标的属性数据来查询该目标的图形信息或者相应的其他属性信息。GIS中基于属性数据的查询包括两个方面的内容：基于地物目标的属性信息查询其对应的图形信息；基于地物目标的某种属性数据（或者属性集合）查询该目标的其他属性信息。我们以城市三维公安应急系统为例来讲述这两种方式：前一种，比如我们需要根据犯罪分子的姓名或身份证号查找并定位其所居住的楼房在三维场景的位置；后一种，我们需要在屏幕上显示该居民楼的室内布局图，以便于抓捕预案的制定。在城市三维公安应急系统中基于属性数据的查询效果如图7.1。

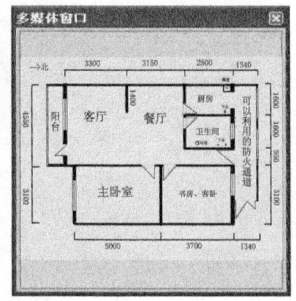

图7.1 基于属性的查询效果图

目前 GIS 的地物属性数据库大多是以传统的关系数据库为基础的,而发展成熟的关系数据库又为我们提供了完备的数据索引方法和信息查询手段,因此基于属性的 GIS 查询可以通过关系数据库的 SQL 语言进行查询。一般来说,地物的图形数据和属性数据是分开存储的,图形和属性之间通过目标的 ID 码进行关联,通过 SQL 语言操作数据库进行查询。

**2. 基于图形数据的查询**

基于图形的查询是一种可视化的查询手段,用户通过在屏幕上选取地物目标来查询其对应的图形和属性信息。基于图形的查询包括两种方式:点选查询和区域查询。点选查询指用户通过直接在屏幕上选取地物目标的整体(如单幢完整的建筑物)或者局部(建筑物的组成部件,如房顶、阳台等)来查询其信息;区域查询包括矩形区域、圆形区域和任意多边形区域查询,用户通过在屏幕上指定一个区域来查询其中的地物目标的信息。为方便用户进行图形选取,点选应该设置合适的选取捕捉范围,区域查询要注意目标与查询区域边界相交时的处理,可以由用户自行定义是否只有当目标全部落入指定区域才认为该目标被选中。

从查询内容方面来看,基于图形数据的查询包括两个方面的内容:基于屏幕显示的地物目标查询该目标的属性信息;基于地物目标查询与该目标关联的扩展属性、图形信息。我们同样以城市三维公安应急系统为例来说明这两种查询。前一种,我们在屏幕上通过单选工具选取一家星级宾馆,通过其 ID 码在属性数据库中查询它对应的属性数据(如宾馆名称,地址、建设日期、联系电话等);后一种,我们可以通过点取该宾馆的某一层来查找到所有入住本宾馆的客人信息以及房间分布情况。在城市三维公安应急系统中基于图形数据的查询效果如图 7.2。

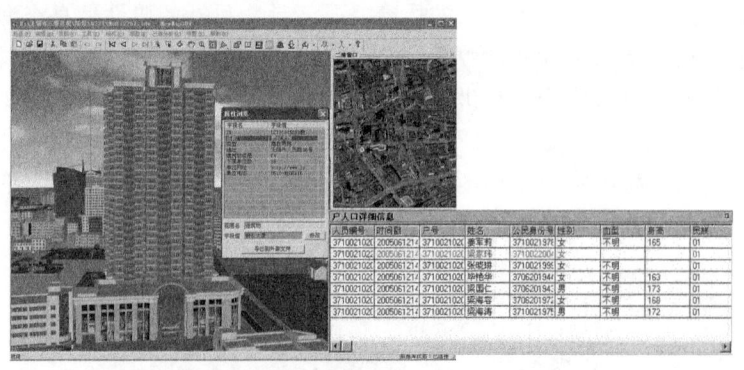

图 7.2 基于图形数据的查询效果图

可视化空间查询是为方便用户输入查询条件而设计的,查询的过程是通过屏幕捕捉获取目标的坐标信息,根据坐标信息在图形库中查询对应的图形及其 ID,再翻译成形式化的 SQL 语言到关系数据库查询出相应的结果。在这其中,在三维可视化环境实现对屏幕目标的拾取是查询的前提和基础。三维图形开发包 OpenGL 为了解决拾取问题,提供了一种基于名称堆栈和命中记录的选择机制。在 OpenGL 中,拾取物体是利用拾取矩阵和投影变换将拾取的范围限制在鼠标热点的有效区域。一旦触发鼠标事件就进入选择模式并将有效区域初始化，最后利用拾取矩阵拾取有效区域内的物体。一旦拾取成功，就以记录的形式返回与拾取物体相关的信息，并生成一个记录表示一个物体被命中。当记录中有多个不同深度的对象被同时选中时，可以根据深度值选择离用户最近的对象(深度值最小)作为最终选中的物体(王勇等，2001)。这种物体拾取方法非常简单，不需要写很多代码。缺点是当有效拾取区内有多个物体具有同一名称时无法处理，对于数据量较大的物体会因为名字堆栈的溢出而无法成功实现。Direct3D 提供的底层相交测试函数可以直接返回与鼠标屏幕点击处的模型，且准确度比较高。

其实现原理是：
(1) 获取鼠标在屏幕上的点击点。
(2) 将屏幕坐标经投影转换得到投影点。
(3) 以视点为起点，与投影点构造一条垂直指向屏幕的射线，再经投影变换、坐标变换获得一条位于模型空间的射线。
(4) 判断这条射线与视景体中的哪些模型相交，并返回离视点最近的实体即可获取所需模型。

**3. 图形与属性的混合查询**

图形与属性的混合查询，也称基于空间关系的属性特征查询，是指查询条件同时包括了图形部分的内容和属性方面的内容，查询结果集应该同时满足这两个方面的要求。在实际应用中，用户往往希望 GIS 提供一些能更直接计算空间对象关系的功能。如用户希望查询满足如下条件的宾馆：
(1) 三星级以上；
(2) 在天安门周边 3km 范围内；
(3) 在复兴路两侧 100m 内。

整个查询计算涉及属性信息查询、空间拓扑关系、空间距离关系。查询的结果可以是图形的屏幕显示或者属性的报表显示，并可以逐个定位到满足条件的每一条记录。

混合查询中有两个方面是比较重要的，一是查询条件的分离，一是查询的优化。对于多条件的混合查询，查询的条件要分离为对图形和属性的查询，在相应的图形数据和属性数据库中查询，结果为二者的交集。查询优化在多条件查询情况下可以通过调整查询顺序来提高查询的执行效率。就目前成熟的地理信息系统而言，比较系统地完成上述查询任务还比较困难。为此，众多的地理信息系统专家提出了空间查询语言(Spatial Query Language)以作为解决问题的方案，但仍处于理论发展和技术探索阶段。

**4. 模糊查询**

一般意义上的模糊查询指的是限定需要查询的数据项的部分内容，查询所有数据项中有该内容的数据库记录。GIS 中的模糊查询与其他的数据库的模糊查询是相通的，只是更多的具有空间数据的特性。对于属性数据的模糊查询，完全等同于一般意义的数据库模糊查询；空间数据的模糊查询在于通过目标图形上某一点的(点选)或者某一部分确定整个目标。由于地物目标的空间特性和计算机环境决定了用户不可能通过点选完整选取目标(线状和面状目标)，而只能通过区域或者点选的方式进行图形的查询。

模糊查询指的是待查询项的数据不确定，具有一定的模糊性或者概括性。这种模糊性往往导致查询结果是一个目标集合。模糊查询是快速获取具有某种特性的数据集的快速方法，合理使用模糊查询可以提高批量查询的效率。例如，我们在数据库中，管段埋藏的起止地址信息是详细到门牌号的，而一条街道的管道往往是由几个管段构成，为了获取某条街道上所有的管段信息，我们可以引入模糊查询。

  select * from pipe.db where address like '人民路*'

通过上面的查询语句，我们可以找到人民路上所有管段的信息。

模糊查询本身的特性决定了模糊查询只能适用于查询条件是字符型数据的情况。对于其他数据类型不适用。模糊查询的通配符有两种："*"和"?"。"*"是不限长度的通配符，而"?"是定长通配符，代表一个字符的位置。例如对于 ID 为 GW1003056 的管段，用

  select * from pipe.db where name like 'GW100*6'

语句可以查询到，而

  select * from pipe.db where name like 'GW100?6'

查询不到该管段。

**5. 超文本查询**

超文本的方式查询起源于基于 IE 浏览器的查询。在浏览器里面，可以把图形、图像、字符等皆当作文本，并设置一些"热点"(HotSpot)，用户用鼠标点击"热点"后，浏览器可以弹出说明信息、播放声音、完成某项工作等，这些信息往往都是与该目标相关联的信息，从而达到"查询"的目的。在三维场景中，"热点"的检测依赖于鼠标与热点的空间位置关系，只有鼠标距离热点一定范围后，鼠标才提示热点的存在。当用户用鼠标点击"热点"后，与该目标相关联的信息就可以以图形、图像、声音、视频等形式展现出来。但超文本查询只能预先设置好，用户不能实时构建自己要求的各种查询。

### 7.1.2 查询结果的显示方式

空间数据查询不仅能给出查询到的数据，还应以最有效的方式将空间数据显示给用户。例如对于查询到的地理现象的属性数据，能以表格、统计图表的形式显示，或根据用户的要求来确定。空间数据的最佳表示方式是地图，因而，空间数据查询的结果最好以专题地图的形式表示出来。但目前把查询的结果制作成专题地图还需要一个比较复杂的过程。为了方便查询结果的显示，可以在基于扩展 SQL 的查询语言中增加了图形表示语言，作为对查询结果显示的表示。控制查询结果的显示环境参数包括：

(1) 显示方式，有 5 种显示方式用于多次查询结果的运算：刷新、覆盖、清除、相交和强调；

(2) 图形表示，用于选定符号、图案、色彩等；

(3) 绘图比例尺，确定地图显示的比例尺（内容和符号不随比例尺变化）；

(4) 显示窗口，确定屏幕上显示窗口的尺寸；

(5) 相关的空间要素，显示相关的空间数据，使查询结果更容易理解；

(6) 查询内容的检查，检查多次查询后的结果。

通过选择这些环境参数可以把查询结果以用户选择的不同的形式显示出来，但如何把查询结果以丰富多彩的专题地图显示出来还需要结合用户的要求进行定制。

## 7.2 空间量算

空间量算是 GIS 各种空间分析的定量基础，传统的二维 GIS 在空间量算时仅考虑了对象在平面上的投影，难以顾及由第三维坐标参与带来量算的真实性。在三维地理信息系统中，根据地理实体类型的不同，空间量算可分为以下几类。

### 7.2.1 空间坐标

三维地理信息系统与虚拟现实系统、视景仿真系统不同，三维地理信息系统的模型及场景数据具有完全真实的三维地理坐标。在三维地理信息系统中，用户通过交互操作，可以实时查询鼠标所在点的空间位置信息。此外，空间坐标是空间量算的基础，真实的空间坐标是量测结果正确性的保障。

设鼠标落点 $P$ 的屏幕坐标为 $(S_x, S_y)$，其相应的空间坐标为 $(O_x, O_y, O_z)$，如图 7.3。由三维可视化原理我们知道，当点击屏幕上的 $P$ 点时，反映到视景体中，就是选中了从近裁剪面的点 $P'$ 到无裁剪面的点 $P$ 中的所有点。因此，从屏幕窗口的 $XY$ 坐标，我们仅仅只能获得一条出发自视点的一条射线，并不能得到用户想要的点在这条射线上的确切位置。为此，需要引入一个称为窗口深度坐标的 $Z$ 值，就能指定鼠标落点在射线上的位置，也就可以计算出视景体内任意点的三维坐标。其中 $Z$ 等于 0.0f 就表示近裁剪面上的 $P'$ 点，而 1.0f 则对应远裁剪面上的 $P$ 点。

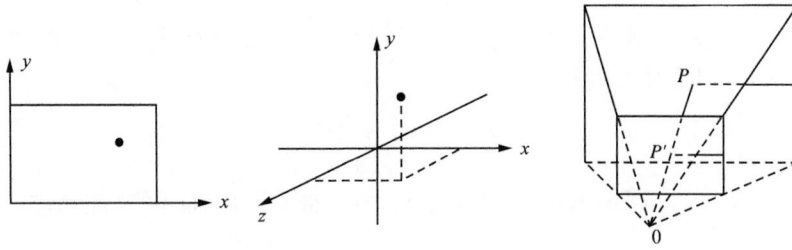

图 7.3 三维空间坐标

在 OpenGL 三维可视化环境中实现空间坐标的查询过程如下：

（1）根据前述对象拾取的原理，根据鼠标落点可以得到当前选中的三角形实体；

（2）由此三角形的编号从三角形表中取得各顶点的编号，再从点表得到顶点的空间坐标；

（3）结合当前的模型视图矩阵、投影矩阵和视口位置，利用 OpenGL 的 gluProject 函数将上述三个顶点的空间坐标转换成相应的窗口坐标；

（4）在窗口坐标系内，依据鼠标落点在所选三角形内的位置关系，计算 $P$ 点的深度值；

（5）利用 OpenGL 的 gluUProject 函数，即 gluProject 函数的逆过程，将鼠标落点的窗口坐标转换成对应的空间坐标 $(O_x, O_y, O_z)$。

DirectX 三维可视化环境也封装了相应的坐标拾取函数，该函数可以直接获取鼠标落点处对象某一点相对此对象的三维坐标，经坐标转换后就可以换算到相应的空间坐标。但无论在 OpenGL 或是在 DirectX 可视化环境下，当三维空间未有对象分布时，由于难以获得鼠标落点的深度值，这些方法均难以发挥作用。为了解决这一问题，通常的做法是在场景中始终保留着一个无穷大的水平地面，使鼠标落点下始终存在一个对象，保证鼠标落点的深度值，从而可以获取屏幕任意点的空间坐标。

### 7.2.2 空间距离

**1. 两点之间的距离**

设空间两点的坐标分别为 $P_1(x_1, y_1, z_1)$ 与 $P_2(x_2, y_2, z_2)$，则两点之间的空间直线距离 $d$ 为

$$d = \sqrt{(x_1 - x_2)^2 + (y_1 - y_2)^2 + (z_1 - z_2)^2}$$

水平距离 $dh$ 为

$$dh = \sqrt{(x_1 - x_2)^2 + (y_1 - y_2)^2}$$

垂直距离 $dl$ 为

$$dl = |z_1 - z_2|$$

**2. 点到直线的距离**

设有 $A(A_x, A_y, A_z)$、$B(B_x, B_y, B_z)$ 两点组成的直线 $L$，则直线外的一点 $P(P_x, P_y, P_z)$ 到直线 $L$ 的距离 $d$ 为

$$d = \frac{|\overrightarrow{AB} \times \overrightarrow{AP}|}{|\overrightarrow{AB}|}$$

其中，$|\overrightarrow{AB}|$ 为向量 $\overrightarrow{AB}$ 的模；$|\overrightarrow{AB} \times \overrightarrow{AP}|$ 为向量 $\overrightarrow{AB}$ 与向量 $\overrightarrow{AP}$ 叉积的模。

**3. 点到平面的距离**

点 $P(x_0, y_0, z_0)$ 到平面 $M: Ax + By + Cz + D = 0$ 的距离 $d$ 为

$$d = \frac{|Ax_0 + By_0 + Cz_0 + D|}{\sqrt{A^2 + B^2 + C^2}}$$

### 7.2.3 方位角

在三维环境中，用户可以从不同的高度和方位观察感兴趣的对象。为了让用户实时了解当前视觉效果下视点与被观察方位关系，当前视点的位置、观察距离、俯仰角度以及与正北方向的夹角是几个比较直观的指标。设视点的位置为 $O(O_x, O_y, O_z)$，被观察对象的中心点位置为 $C(C_x, C_y, C_z)$，则此视觉效果下视点俯仰角度 $\alpha$ 的计算方法为

$$\alpha = \arctan\left(\frac{dl}{dh}\right)$$

其中 $dl$ 为两点之间高度的差值，即 $dl = C_z - O_z$；$dh$ 为两点间的水平距离，计算方法同上节中的 $dh$。计算的结果 $\alpha$ 介于 $-\pi/2$ 和 $\pi/2$ 之间。当 $\alpha$ 小于零时，为俯视角；$\alpha$ 大于零时为仰视角。

与正北方向夹角 $\beta$ 的计算方法为

$$\beta = \begin{cases} 0 & dx = 0 \text{ 且 } dy > 0 \\ \pi & dx = 0 \text{ 且 } dy < 0 \\ \pi - \pi/2 * \text{sgn}(d_x) - \arctan\left(\frac{d_y}{d_x}\right) & \text{其他情况} \end{cases}$$

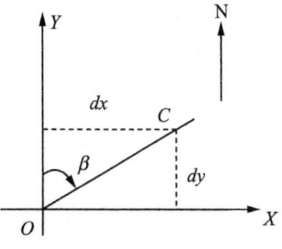

图 7.4 方位角计算

其中 $dx$、$dy$ 分别为两点 $X$、$Y$ 坐标之间的差值，即 $dx = C_x - O_x$，$dy = C_y - O_y$。Sgn() 为取符号函数，括号内的数字大于零 Sgn() 就是"+"号，反之就是"−"号。上式中计算的结果 $\beta$ 介于 0 和 $2\pi$ 之间，方位角的计算结果如图 7.4 所示。

### 7.2.4 表面积与投影面积

在三维空间中，多边形的顶点不再呈水平分布，其表面也不再是一个平面，空间多边形表面积的计算需考虑多边形内部的起伏。无论地形表面是用规则格网 DEM 还是不规则三角网表达，都可以将表面积的计算分解到单个的三角形上作为一个较小的平面片进行处理。对于由 $P_1P_2P_3$ 构成的三角形，如图 7.5，根据海伦公式其曲面片（平面）面积 $s$ 为

$$s = [P \cdot (P-a) \cdot (P-b) \cdot (P-c)]^{1/2}$$
$$P = (a+b+c)/2$$

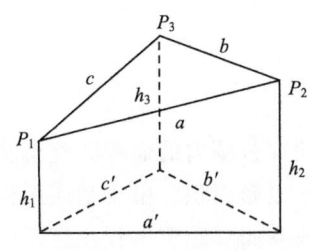

图 7.5 表面积计算

其中

$$\begin{cases} a = (a'^2 + (h_1 - h_2)^2)^{1/2} \\ b = (b'^2 + (h_2 - h_3)^2)^{1/2} \\ c = (c'^2 + (h_1 - h_3)^2)^{1/2} \end{cases}$$

在计算整个区域的表面积时，只需把所有三角形的表面积进行累加就行了。如果是计算由用户选择区域(选择多边形)的表面积时，对于位于选择多边形内部的三角形，其表面积可以按照上述公式进行计算，而与选择线相交的三角形需要进行特殊处理，计算的原则如下：

(1) 凡是与相交线的三角形，其表面积都按在其内部进行处理，即进行累加。

(2) 凡是与相交线的三角形，其表面积都按在其外部进行处理，不进行累加。

按照上述两条方式，表面积的计算结果是不准确的，将偏大或偏小。如果三角形比较小，并对计算结果要求不是特别严格，基本能满足要求。但在某些特殊应用中，需要按照精确计算方法计算与相交线相交且处于多边形内部的三角形面积。可以采用基于多边形与三角形叠置的原理进行处理，如图 7.6 所示。将三角形与多边形进行叠加，其重叠部分多边形 EFHIKL 的表面积为所求的表面积，则

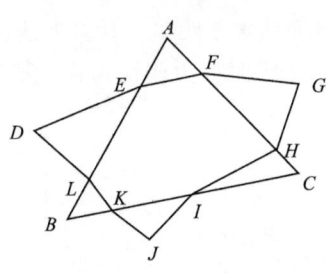

图 7.6 多边形与三角形的叠置

$$S_{EFHIKL} = S'_{EFHIKL} / S'_{ABC} * S_{ABC}$$

其中：$S_{EFHIKL}$ 为多边形 $EFHIKL$ 表面积，$S'_{EFHIKL}$ 为多边形 $EFHIKL$ 的投影面积，$S'_{ABC}$ 为三角形 $ABC$ 的投影面积，$S_{ABC}$ 为三角形 $ABC$ 的表面积。

投影面积是指任意多边形在水平面上的面积。设投影在水平面上的多边形由顺序排列的 $N$ 个点($X_i$, $Y_i$; $i=1$, …, $N$)组成，且第 $N$ 点与第 1 点重合。根据梯形法则，投影面积 $s$ 的计算公式为

$$s = \frac{1}{2} \sum_{i=1}^{N-1} (X_i \times Y_{i+1} - X_{i+1} \times Y_i)$$

如果多边形顶点按顺时针方向排列，则计算的面积值为负；反之，为正。

### 7.2.5 基底面积与建筑面积

建筑基底面积既不等同于底层建筑面积，也不是基础外轮廓范围内的面积。建筑基底面积是指建筑物接触地面的自然层建筑外墙或结构外围水平投影面积。由于基底面积的具体测量计算方法目前国家还没有专门的规范，其计算一般参照《建筑工程建筑面积计算规范》(GB/T50353—2005)、《房产测量规范》(GB/T17986—2000)等进行。具体的计算规则是：独立的建筑，按外墙墙体的外围水平面积计算；室外有顶盖、有立柱的走廊、门廊、门厅等按立柱外边线水平面积计算；有立柱或墙体落地的凸阳台、凹阳台、平台均按立柱外边线或者墙体外边线水平面积计算；悬挑不落地的阳台(不论凹

凸)、平台、过道等，均不计算。可见，建筑基底面积的计算方法比较复杂，其数据决定于建筑单体的形状、样式。

所谓建筑面积，亦称建筑展开面积，它是指房屋外墙(柱)勒脚以上各层的外围水平投影面积之和。建筑面积是表示一个建筑物建筑规模大小的经济指标，它包括使用面积、辅助面积和结构面积三项。由于建筑面积是计算商品房价格的结算数据，也是容积率计算的关键指标，所以无论是对于规划部门、开发商还是购房者来说，了解建筑面积的计算方法是非常重要的。建筑面积的计算法则在《建筑工程建筑面积计算规范》(GB/T 50353—2005)、《房产测量规范》(GB/T17986—2000)中有详细的规定，因此不能从建筑物的底座面积与楼层上经简单计算得到。

在城市三维地理信息系统中，由于受目前数据采集精度、场景复杂度的限制，三维模型还不能完全体现现实的建筑物，因此建筑基底面积和建筑面积的精确值难以直接从三维模型上经自动计算得出。通常的作法是用建筑物的底座面积作为基底面积的近似值、用底座面积与楼层的乘积作为建筑面积的近似值，而更为精确度的数据可以从已有的二维属性数据库中查询得到。

## 7.2.6 体 积

所谓体积通常是指空间曲面与基准面之间的空间体积。在绝大多数情况下，基准平面是一水平面，只是高度有所不同：当高度上升时，空间物面的高度可能低于基准平面，此时出现负的体积，即所谓工程中的"填方"；当体积为正时，则为"挖方"。

体积的计算通常由三棱术或四棱术的体积累加后近似得到。三棱术的体积 $V$ 为

$$V = S * (h_1 + h_2 + h_3)/3$$

其中：$S$ 为三角形的投影面积；$h_1$、$h_2$、$h_3$ 为三角形三个顶点的高度。四棱柱(在地形表面是 Grid 的情况)的体积 $V$ 为

$$V = S' * (h'_1 + h'_2 + h'_3 + h'_4)/4$$

其中：$S'$ 为 Grid 的投影面积；$h'_1$、$h'_2$、$h'_3$、$h'_4$ 为 Grid 的四个顶点的高度。由于 Grid 无法进行平面插值，四棱柱的体积 $V$ 是近似值。

基于选择多边形进行体积计算时，也可以把三角形或 Grid 作为基本单元，在边界处相交就计算在内(或外)。如果精度要求相对精确时，可以先求出重叠多边形的投影面积，然后乘以重叠多边形上所有点的平均高度。更精确的方法是对重叠多边形构建 Delaunay 三角网，针对每个三角形分别计算其三角形体积进行累加。

## 7.2.7 建 筑 密 度

也称建筑覆盖率，是指项目用地范围内所有建筑物基底面积之和与规划建设用地之比。规划建设用地面积是指项目用地红线范围内的土地面积，一般包括建设区内的道路面积、绿地面积、建筑物(构筑物)所占面积、运动场地等等。对于一个小区来讲，设小区内部所有建筑物基底面积之和为 $S_1$，小区的总用地面积为 $S_2$，则建筑密度 $\rho$ 的计算

公式为

$$\rho = S_1/S_2 \times 100\%$$

### 7.2.8 容积率与绿化率

容积率是指一个小区的总建筑面积与用地面积的比率。设小区的总建筑面积为 $S_1$，总用地面积为 $S_2$，则容积率 $\alpha$ 的计算公式为

$$\alpha = S_1/S_2$$

而绿化率是指一个小区的总绿地面积与用地面积的比率，其中绿地面积是指能够用于绿化的土地面积，不包括屋顶绿化、垂直绿化和覆土小于 2m 的土地。设小区的总绿地面积为 $S_1$，总用地面积为 $S_2$，则绿化率 $\phi$ 的计算公式为

$$\phi = S_1/S_2 \times 100\%$$

对于发展商来说，容积率决定地价成本在房屋中占的比例，而对于住户来说，容积率直接涉及居住的舒适度。绿化率也是如此：绿化率较高，容积率较低，建筑密度一般也就较低，发展商可用于回收资金的面积就越少，而住户就越舒服。这两个比率决定了这个项目是从人的居住需求角度，还是从纯粹赚钱的角度来设计一个社区。一个良好的居住小区，高层住宅容积率应不超过 5，多层住宅应不超过 3，绿化率应不低于 30%。

## 7.3 场景编辑

三维的场景编辑功能应该包括对整个三维场景、对数据图层和对单个三维实体的编辑三个方面的内容。

### 7.3.1 对整个三维场景

整个三维场景的编辑主要指对三维场景可视化参数的调整，主要包括：
(1) 特殊可视化效果控制：包括环境效果、动画效果、行为效果、碰撞效果、灯光效果、视觉输出效果等。
(2) 视点参数控制：包括远/近裁剪面的距离、景深控制等。
(3) 坐标控制：包括坐标单位、坐标原点等。
(4) 自主漫游控制：包括路径漫游时的速度、高度等。
(5) 标注设置：包括默认的字体、字号、颜色等。
(6) 数据库连接控制：是否连接、如何连接以及权限控制等。
(7) 智能捕捉控制：包括捕捉类型的开启、捕捉阈值的设定、捕捉的显示方式等。

### 7.3.2 对数据图层

一个图层通常对应于现实世界中的某一类对象，如地形、绿地、河流、道路、建筑

物层等，图层内的所有对象按空间位置分块组织。对数据图层的编辑功能包括图层的新建、导入、导出、合并以及图层属性设置等。

新建图层时可以由用户指定图层的名称、类型、图层显示的高度范围（只有视点高度位于这个范围/图层内的数据才是可见的）、图层的可否编辑、可否选择、是否动态加载等属性，如图 7.7。

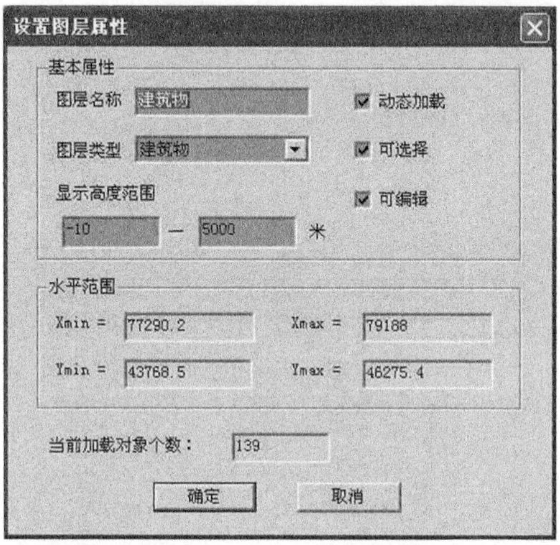

图 7.7 三维场景中的图层属性

图层的导入、导出和合并功能可以为系统提供基于图层级别的数据复用，为场景制作的分工协作与工程化铺平了道路。

图层的属性设置决定了图层数据在场景中的浏览、编辑状态。如图层的显示高度范围控制了图层的分级显示功能；图层的自动加载决定了图层数据的加载方式，是随视点的改变实时加载还是一次性全部加载；图层的选择、编辑状态决定了用户在场景浏览时能否在选择或编辑。

### 7.3.3 对单个三维实体

对单个实体的编辑操作应该包括以下各项。

**1. 模型的导入**

系统应该支持常见三维模型格式向场景的导入，支持基于纹理的 billbord 对象的添加。模型的位置可以由建模时指定，也可以在添加时在场景中准确定位。此外，系统还应提供简单模型的构建、沿线或按二维底图自动生成模型的功能。

**2. 模型的修改**

系统应实现对象的剪切、复制、粘贴和删除功能，实现对单个模型实体的修改，包括位置移动、尺寸缩放、外观颜色和纹理调整等功能。如果有可能，还应该实现单幢建筑物楼层数目的调整、楼层高度的调整等。图7.8是实时调整外观纹理、楼层数目的效果对比图。

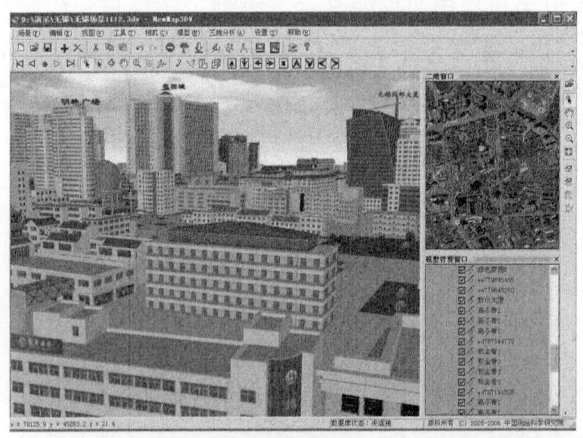

(a) 原始建筑物

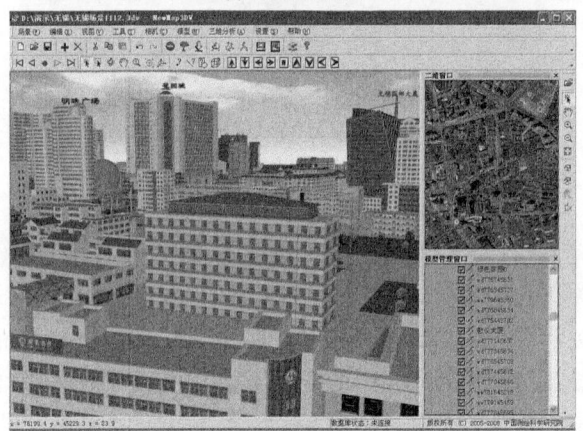

(b) 增加两层楼后的效果

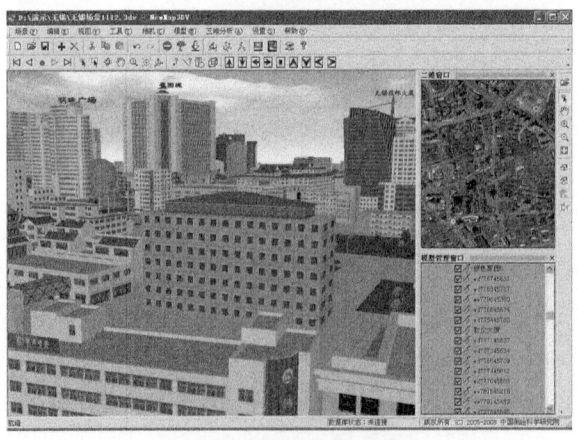

(c) 外观纹理替换后的效果

图 7.8　调整外观纹理、楼层数目的效果对比

### 3. 名称、属性的编辑

系统应实现对模型名称的编辑功能，当系统与属性数据库相挂接且权限适当时，还可以编辑对象属性信息。

### 4. 对象标注

系统应可以实现按数据库属性字段的自动标注和自定义标注功能，还可以调整标注的字体、字号、颜色和文字信息。

### 5. 内容替换

系统应可以实现对象名称、模型实体的批量替换功能。

### 6. 撤销与重做

系统必须提供对上述编辑操作的撤销与重做功能。

## 7.4 场景控制

三维地理信息系统的场景控制可以分为交互操作与自主漫游两种状态，各状态下的控制功能如下。

### 7.4.1 交互操作场景控制

系统在交互状态下的场景控制可以执行的操作包括以下几项。

### 1. 对象的选择

对象的选择是后续编辑、查询、分析操作的前提与基础，是交互操作的不可缺少的功能。系统应提供基于单个、多个对象的选择以及对象局部模型的选择功能。以 NewMap3DV 为例，当场景控制工具处于"选择"状态时，在场景中单击鼠标左键，如果鼠标落点处存在一个对象且当此对象所在的图层处于"可选择"模式时，此对象将处于选中状态，并以周围显示红色的范围框区别于其他未被选择的对象，如图 7.9。反之，鼠标落点没有对象或所有的图层均处于不可选择模式时，不能选择场景中的对象，且取消上次选择对象的选中状态。

选择一个对象后，再次选择前按下 Shift 键，可以实现多个对象的连续选择。另外，系统还提供了基于多边形的对象多选工具、可以选择对象某一个组成部件的局部选择功能。

### 2. 场景的平移、旋转、缩放

由于计算机屏幕尺寸的限制，在保证良好视觉效果的前提下不可能将复杂的城市三

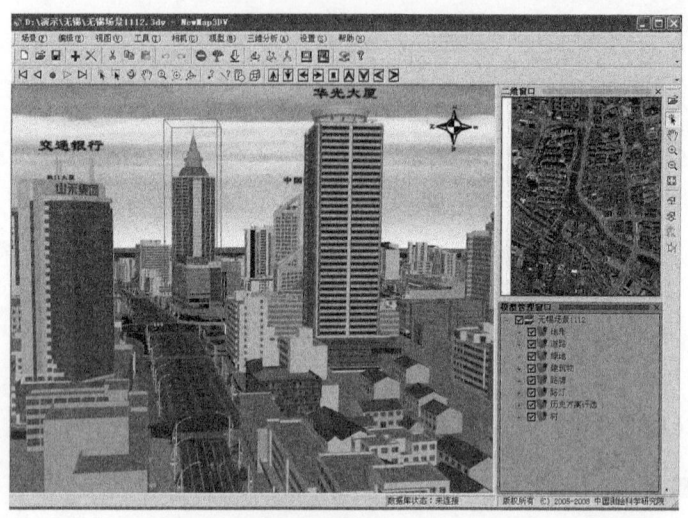

图 7.9 三维场景浏览时的对象选中状态

维场景尽收眼底。同时，为了在不同视点实现对三维景观的察看，三维系统应该实现能实时调整视点位置的平移、旋转和缩放功能。

三维场景的缩放与二维 GIS 的缩放类似，只是缩放效果是通过调整当前视点在场景纵深方向的位置达到的。在 NewMap3DV 中，选择"缩放"工具，在三维窗口中按下鼠标左键，向上移动鼠标，视点远离场景，即缩小场景；反之，视点向场景靠近，即放大场景。

**3. 视图切换**

透视图使一个视力正常的人能看到空间物体的比例关系。比如观察一座城市的楼房，总是感到离观察者远的地方要比离得近的地方矮一些，而实际上是一样高，这就是透视效果。因为有了透视效果，才会有空间上的深度和广度感觉。但有时需要从对象的某一个侧面来观察一个空间，即正交视图。常用的正交视图有顶视图（俯视图）、前视图、左视图等。三维系统应能提供透视图与正交视图之间的切换功能。

**4. 全屏显示**

全屏显示可以增强三维系统在用户操作时的沉浸感。

**5. 对象居中**

将当前选中的模型对象在三维窗口中居中显示，可以实现对象的定位，如图 7.10。

**6. 绕对象中心点旋转**

与前述的场景旋转改变视角范围不同，绕对象中心点旋转将固定查看的目标，通过调整视点的位置实现从对象的不同方向对其进行查看的功能。

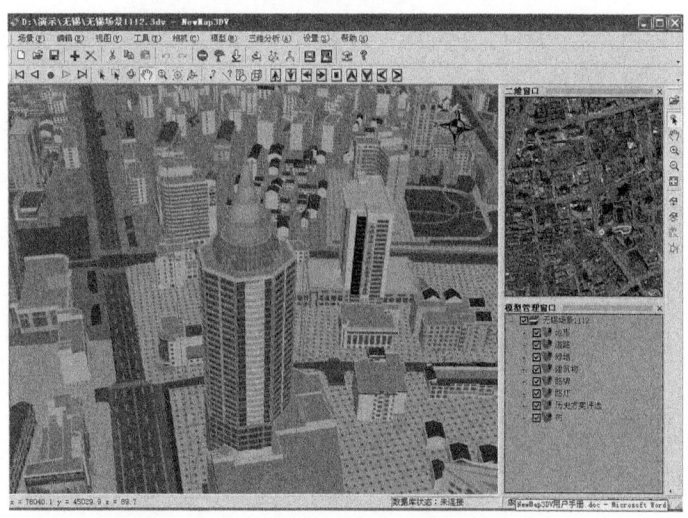

图 7.10 三维场景浏览时的对象居中状态

**7. 视点位置的记录与回放**

在视点位置或方向进行调整时,系统如果能自动记录视点的每一个历史位置,就可以供用户需要时在各个位置之间进行切换。当然,可以根据操作人员的习惯,自行定义某一个或多个书签予以标识,以便于后期的察看。

**8. 对象查找与定位**

系统应该提供基于条件的对象查找功能,如按对象所在图层和对象名称、按名称模糊查找等,并能实现对结果对象在三维场景中的定位功能。

**9. 属性查询**

用户在三维浏览时常常需要查看指定模型的属性信息。系统还应该提供与主流关系型数据库相挂接的功能,并可以由用户为模型所在的图层自定义一个属性表结构,也可以直接关联已存在的数据表。

### 7.4.2 自主漫游场景控制

系统在自主漫游状态下可以沿事先定义、录制的路径实现对场景的自动浏览,也可以提供在指定行进方向、速度的情况下实现在场景中的自动浏览。

## 7.5 地形分析

**1. 坡度/坡向分析**

坡度/坡向是地形描述中常用的参数,坡度是给定点在曲面上的法线方向与垂直方向的夹角，坡向是法线的正方向在平面上的投影与正北方向的夹角，即法方向水平投影向量的方位角。

对于一个顶点为 $P_1(X_1、Y_1、Z_1)$、$P_2(X_2、Y_2、Z_2)$、$P_3(X_3、Y_3、Z_3)$ 的三角形，其曲面方程为

$$Z = A_0 * X + A_1 * Y + A_2$$

其中

$$A_3 = (X_1 - X_3) * (Y_2 - Y_3) - (X_2 - X_3) * (Y_1 - Y_3)$$
$$A_4 = (Y_1 - Y_3) * (Z_2 - Z_3) - (Y_2 - Y_3) * (Z_1 - Z_3)$$
$$A_5 = (X_2 - X_3) * (Z_1 - Z_3) - (X_1 - X_3) * (Z_2 - Z_3)$$
$$A_0 = -A_4/A_3$$
$$A_1 = -A_5/A_3$$
$$A_2 = (A_4 * X_3 + A_5 * Y_3 + A_3 * Z_3)/A_3$$

则坡度 Slope 为

$$\text{Slope} = \arccos(A_0^2 + A_1^2 + 1)^{-\frac{1}{2}}$$

坡向 Aspect 为

$$\text{Aspect} = \arctan(A_0/A_1)$$

对于如图 7.11 所示的 Grid，点 $e$ 的坡度 Slope 计算公式为

$$\text{Slope} = \tan(\sqrt{\text{Slope}_{we}^2 + \text{Slope}_{sn}^2})$$

点 $e$ 的坡向 Aspect 计算公式为：

$$\text{Aspect} = \text{Slope}_{sn}/\text{Slope}_{we}$$

其中

$$\text{Slope}_{we} = \frac{e_1 - e_3}{\text{CellSize} * 2}$$

$$\text{Slope}_{sn} = \frac{e_4 - e_2}{\text{CellSize} * 2}$$

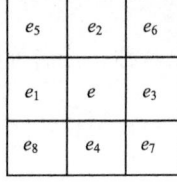

图 7.11 Grid 坡度/坡向示意图

**2. 剖面分析**

地形剖面分析是地形特征分析的主要内容之一，它以数字地形模型为基础构造某一方向的剖面，从而以线代面概括研究区域的地形、地质和水文等特征，为区域地学数据的处理和区域地学条件的分析提供了一种快速、有效的研究手段。地形剖面线的生成是地形剖面分析的基础，也为后续其他地形分析提供了技术保证。

地形剖面线的生成原理是利用所选剖面与数字地形图上地形表面的交点来反映剖面上的地形起伏。根据数字高程模型所选数据结构的不同，剖面线的生成算法又分为基于 Grid 和基于 TIN 两种。在 Grid 基础上自动生成剖面图的算法如下：

（1）确定剖面线的起止点位置，剖面线的起止点位置可以由用户通过精确的坐标指定，也可以由用户利用鼠标实时在三维场景中点击得到，在二维屏幕上确定三维场景中

的位置算法请参考本章第二节。

（2）计算剖面线与所经过网格的交点 $Z(i, j)$，如图 7.12 所示。只要确定了剖面线在 Grid 中的起点位置和终点位置就可以唯一确定这条剖面线与 Grid 各个格网交点的平面位置及高程值。为了简化计算的复杂度，分以下三种情况求取剖面线与格网的交点，设 $\Delta x = j_2 - j_1$，$\Delta y = i_2 - i_1$：

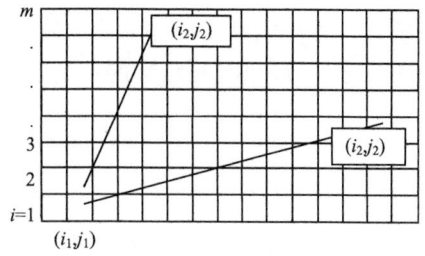

图 7.12 基于 Grid 自动生成剖面图示意图

当 $\Delta x = 0$ 时，剖面线方向与 Grid 的纵轴方向一致，剖面线的 $x$ 坐标保持不变，$y$ 坐标为相交格网的 $y$ 坐标，$z$ 坐标可以经过线性插值计算。

当 $\Delta x \neq 0$，且 $|\Delta y/\Delta x| \geq 1$ 时，求剖面线与 Grid 横轴的交点。这时，各交点的横坐标为相交格网的 $x$ 坐标，$y$、$z$ 坐标可以经过线性插值计算。

当 $\Delta x \neq 0$，且 $|\Delta y/\Delta x| < 1$ 时，求剖面线与 Grid 纵轴的交点。这时，各交点的纵坐标为相交格网的 $y$ 坐标，$x$、$z$ 坐标可以经过线性插值计算。

（3）顺序连接相邻交点，得到最终的剖面线。

（4）如果需要的话，对剖面线进行光滑或采样简化，并按纵横向的比例绘制剖面线。

基于 TIN 的剖面图生成主要利用剖面所在的直线与 TIN 中各三角形的交点求出。一般情况下，TIN 中三角形数目都比较大，不可能对所有的三角形进行遍历求交，只有快速查找到与剖面线相交的三角形，才能加速剖面线的生成效率。利用 TIN 中各 Delaunay 三角形间的拓扑关系，结合两端点的空间位置关系，可以快速确定与剖面线相交的各个三角形。过程如下：

（1）取出起始三角形△1，设为当前三角形。

（2）判断终止点 $p_2$ 与当前三角形三边的关系，如果 $p_2$ 在边 12、边 31 的左侧、边 23 的右侧，则把边 23 所在的除当前三角形外的另一个三角形△2 设为当前三角形，如图 7.13 中(a)。

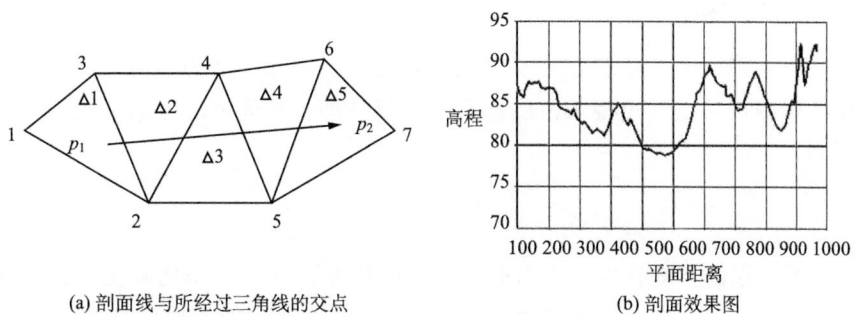

(a) 剖面线与所经过三角线的交点　　(b) 剖面效果图

图 7.13 基于 TIN 自动生成剖面图示意图

(3) 重复步骤(2)，直到点 $p_2$ 在当前三角形三条边的左侧($p_2$ 在三角形内)，或者在两条边的左侧且在另外一条边之上(该点在三角形边上)，或者在一条边左侧且在另外两条边之上(该点与三角形的一个顶点重合)，则查找三角形成功。

## 7.6 通视分析

通视分析也称可视性分析，是指从一个给定的视点出发所能看到的区域位置及大小。通视分析包括空间任意两点之间的通视性(intervisibility)分析和空间任意位置处的可视域(viewshed)分析两类问题。在图 7.14 中，两个观测者相互之间不可见，水平视图中显示了第二个观测者可视以及不可视的区域。通视分析是在三维空间进行城市规划与设计中常用的分析方法之一，广泛应用于城市规划与建筑设计中的视觉效果评估、无线通信基站选址、道路选线、航线优化以及军事上的精确打击等领域。从目前的应用来看，通视分析包括只考虑地形因素和综合考虑地物因素的分析两大类。前者仅基于 DEM 进行通视的分析，不考虑地表的树木、建筑物等因素；后者在前者的基础上，同时考虑地表三维几何模型及其属性信息。

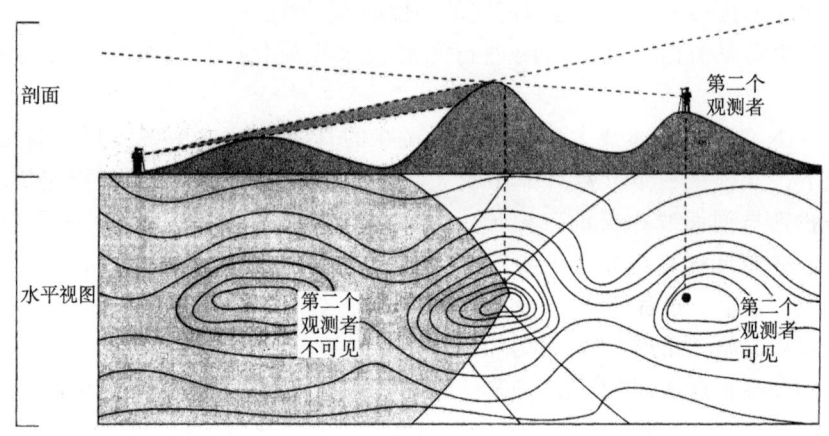

图 7.14　通视分析示意图

**1. 可视性分析原理**

可视性分析理论中，最基本的是空间两点之间的可视性判断及某一点的可视范围，进而计算空间中任一点的可视域范围以及更为复杂的各种问题。考虑地物高度的可视域计算模型为

$$S = \frac{V[(h+t)-(o+t_w)]}{(H+T)-(h+t)}$$

其中，$S$ 为不通视部分的长度；$V$ 为通视部分的长度；$H$ 为建筑物高度；$T$ 为建筑物所在位置的地面高程；$h$ 为中间障碍物的高度；$t$ 为中间障碍物的地面高度；$o$ 和 $t_w$ 分别为观察者的身高和所在位置的地面高程。上式中可以求出建筑物 $A$ 的顶层不能看到的地面范围，当获得了不可视域的范围后即可求得可视域的范围。

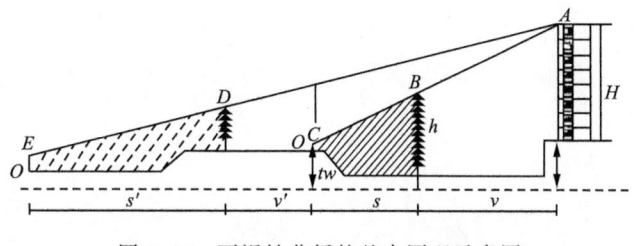

图 7.15　可视性分析的基本原理示意图

**2. 通视分析**

通视分析定义为空间上任意两点之间在直线方向的可见性。通视的条件取决于观测点与目标点之间是否存在妨碍视线的障碍物，如地形或地物因素。如图 7.16，两个点 $P_1$ 和 $P_2$ 相互通视的条件为 $P_1$ 与 $P_2$ 之间的所有点高程都位于 $P_1$ 和 $P_2$ 连线之下。如果有任何地形或地物高于这两点所建立的视线，则表示视线被阻挡，即为不通视。

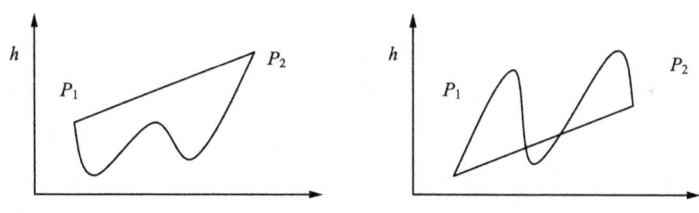

图 7.16　通视与不通视

比较常见的一种判断两点之间可视性的算法思路为：

（1）确定过观察点和目标点所在的线段与 $XY$ 平面垂直的平面 $S$；

（2）求出地形模型中与 $S$ 相交的所有三角形边的交点；

（3）判断所有交点是否位于观察点和目标点所在线段之上面，如果有一点在其上面，则观察点和目标点不可视。

另外一种算法是所谓的"射线追踪法"，它的基本思想是对于给定的观察点和某个观察方向，从观察点开始沿着观察方向计算地形模型中与射线相交的第一个面元，如果这个面元存在，则不再计算。显然这种方法既可用于判断两点相互间是否可视，又可以用于限定区域的水平可视计算。

上述两种算法都适用于基于 Grid 和基于 Delaunay 三角网的可视分析，但是仅涉及地形的计算。当考虑地形之上的地物高度因素时，应首先在场景中查询得到视线 $P_1P_2$ 所穿越的地物几何模型。对这些模型进行剖面分析，根据剖面分析的结果即可判定两点是否通视（见图 7.17）。

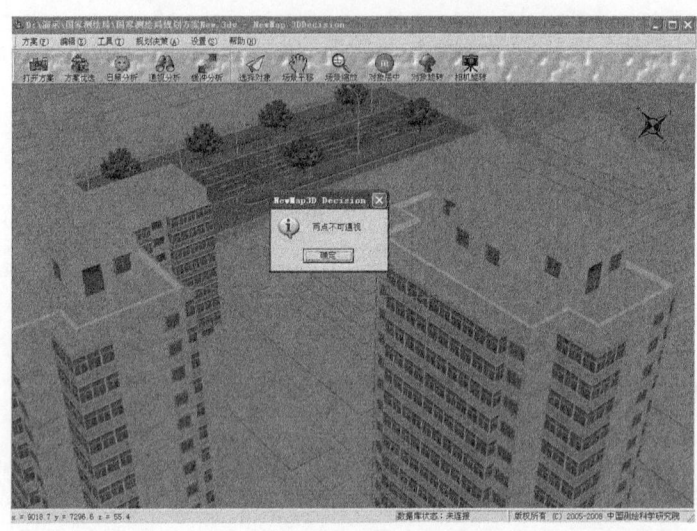

图 7.17 两点间通视分析

### 3. 可视域分析

可视域分析是指在全部或有限范围内从一个的视点上所能看到的区域。根据视点数量的不同，可以分为单点可视域和多点可视域。可视域分析可以按通视性分析的方法，通过判定视点与空间中每一个点之间的通视性来得出一个可视域结果。由于规则格网 DEM 在表达地形中被广泛使用，因此，现有的可视域方法几乎都是针对规则格网 DEM 的。规则格网 DEM 的可视域仍然是一个与原则 DEM 长、宽相同的规则格网，只是每个格网点表示可视或不可视。

通过视点和目标点间的空间关系所形成的参考面来判断观测点与所有目标点是否可视的算法，简称"参考面法"，是一种较好的基于视线的可视域算法。其基本原理是：计算某视点 $S_{i,j}$ 的可视域时，首先将通过视点 $S_{i,j}$ 和目标点 $d_{m,n}$ 附近的两个同行号或同列号的辅助格网点的平面 $P=p(m,n)$ 定义为参考面。辅助格网具有与已知 DEM 相同的点数，记为 $R=\{r_{m,n}\}$ ($m=1, 2, \cdots, M; n=1, 2, \cdots, N$)，$M$ 和 $N$ 为对应的 DEM 行列数。视点 $S_{i,j}$ 与目标点 $d_{m,n}$ 可视的前提是它必须位于参考面 $p(m,n)$ 之内或之上，$p(m,n)$ 由视点 $S_{i,j}$ 和在目标点 $d_{m,n}$ 之前（比 $d_{i,j}$ 更接近 $S_{i,j}$）的两个相邻的辅助格网点形成。如果目标点 $d_{m,n}$ 可见，则相应的辅助格网点 $r_{m,n}$ 的值等于 $d_{m,n}$ 的高程值，则可视矩阵点 $v_{m,n}$ 值为真；否则，$r_{m,n}$ 值等于正好使得从 $S_{i,j}$ 到 $d_{m,n}$ 可视的最小高程值 $Z$，则将可视矩阵点 $v_{m,n}$ 的值设置为假。通过从视点向外计算，由辅助格网点和视点形成的参考面定义了一个局部视场，并可用于判断下一个 DEM 格网点与视点的可视性。这样，反复计算，直到 DEM 的边界。最后通过对可视矩阵 $V$ 的统计和显示得到可视域的分布。与传统基于视线的可视域算法相比，由于不用进行视线相交格网的 DEM 内插计算，因此该算法简单、高效。另外，该算法还有一个较好的特性，即其运行时间与视点的位置和可视域面积大小无关。可视域分析的三维效果如图 7.18 所示。

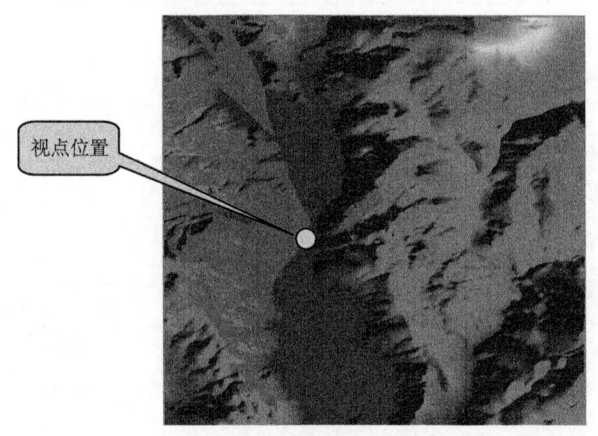

图 7.18 可视域分析

## 7.7 缓冲区分析

缓冲区，也称影响区、影响带，是空间实体的一种影响范围或服务范围。缓冲区分析是指根据分析对象的点、线、面、实体等形状，自动建立它们周围一定距离的带状区域，用以识别这些实体或主体对邻近对象的辐射范围，以便为某项分析或决策提供依据。

从数学的角度来看，缓冲区分析的基本思想就是给定一个空间实体或集合，确定它们的邻域，邻域的大小由领域半径 $R$ 来确定。对于一个空间实体 $O_i$，其缓冲区定义为

$$B_i = \{x : d(x, O_i) \leqslant R\}$$

即对象 $O_i$ 的半径为 $R$ 的缓冲区为距 $O_i$ 的距离 $d$ 小于 $R$ 的全部点的集合。$d$ 一般为最小欧氏距离，也可以是其他定义的距离。对于对象集合 $O = \{O_i : i = 1, 2, \cdots, n\}$ 其半径为 $R$ 的缓冲区是各个对象缓冲区的并集，即

$$B = \bigcup_{i=1}^{n} B_i$$

缓冲区分析是 GIS 基本的空间分析功能，也是重要的空间操作之一。三维缓冲分析较二维提供更多的三维空间信息查询与决策支持，如城市噪音污染源所影响的空间范围可以用点缓冲区分析来模拟，即以该点为球心，以 $R$ 为半径（噪音影响距离）的球状区域。城市市政排水管网、燃气管网、电信电缆等的铺设可以借助线缓冲区分析来提供决策支持，其结果是一共轴的以线（链）状地物为内缘、缓冲半径为外缘的缆索状区域。而面三维缓冲分析是先生成二维的多边形缓冲区，然后以其作为横断面，沿着 $Z$ 轴拉伸的三维区域，可以应用于城市规划与地面建筑的模拟等。图 7.19 是沿某线进行缓冲分析的演示。

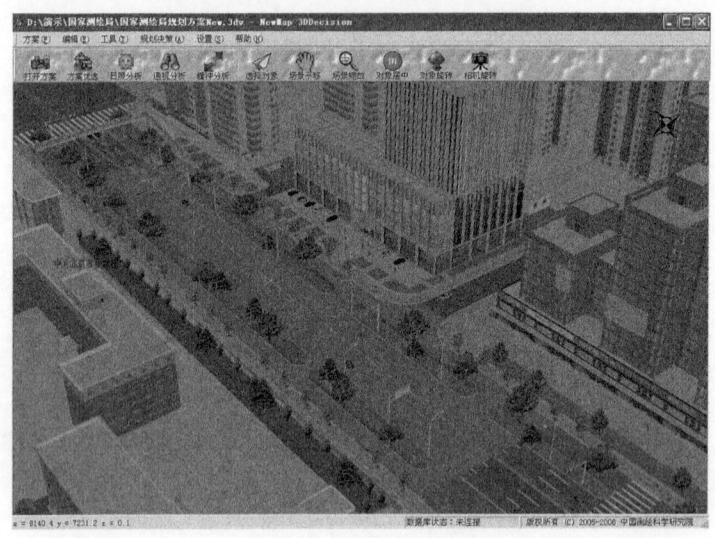

图 7.19 线缓冲区分析

## 7.8 叠置分析

叠置分析是将两层或多层的地物要素相重叠，使得一些要素或属性相叠加，从而获取新信息并对新要素层的属性按一定的数学模型进行计算分析，进而产生用户需要的结果或回答用户提出的问题。叠置分析包括合成叠置分析和统计叠置分析，往往涉及交、并、差等逻辑运算。二维 GIS 软件中的叠置分析功能已经比较成熟，已广泛应用于城市规划、环境保护、人口统计等国民经济众多领域。

三维的叠置分析是将二维要素与三维信息或两类三维空间信息的叠置。如图 7.20 是将二维的规划用地类型与城市三维模型相叠置，可以明确建筑物所属的用地类型。

图 7.20 三维叠置分析

## 7.9 日照阴影分析

太阳能是宇宙为人类提供的最廉价的能源,建筑设计中如何充分利用太阳能是建立良好人居环境的关键。我国城市规划部门的有关法规规定每户居民住宅,在冬至日必须有 1 小时以上的有效日照时间。但是,随着我国城市建设的飞速发展,高层建筑如雨后春笋,节约土地、提高土地利用率与保证日照环境质量的矛盾日益尖锐。特别是在旧城区的建设中,由于新建高层楼房遮挡了原有房屋住户本可得到的阳光,从而引发出大量的日照纠纷。但是建筑日照的求解是比较复杂和繁琐的,对于某一建筑及周围环境来说,它的日照时间、日照面积、建筑阴影的变化都是随所研究的地点、季节(日期)、时间及周围环境的不同而不断地变化的。因此,对科学评价手段的迫切需要,促进了日照研究在方法上的发展和完善。

科学的日照分析主要有两方面的用途:一方面是为了政府对规划建筑的报批;另一方面也是为了向公民做出解释,说明主管部门批准建设项目的准则。国外的一些发达国家如日本、美国、英国等对日照问题比较重视,特别是日本在有关日照方面的研究和实用方面,走在了其他国家的前面,制定了全国通用的日照法规并推动了应用软件的研制。国内也有不少单位做了大量的研制工作,并取得了相当成果。目前清华大学计算机系与建筑学院开发的日照环境分析系统、众智软件公司和无锡市规划局联合开发的日照分析系统软件 SUN 在实际的应用中都取得了一定的效果。目前,国内很多规划局,如:上海、南京、石家庄等都建立了专门的日照分析机构,由专人负责承接规划审批过程中的日照分析任务。

但是,目前几乎所有实用的日照分析系统均是基于 CAD 系统进行的开发,这在早期以手工为主的规划设计系统中得到了普遍的应用。但是随着"图文办公一体化"概念的提出,用户对规划地理数据不断提出更高的要求,原来在各个专题系统里解决专题应用问题已经显得滞后于规划需要,用户普遍希望能够在一个统一的平台下解决所有的规划设计与管理中的应用问题。

日照分析的基本理论是依据日照原理,通过建筑物所在城市的地理纬度($\phi$)、太阳赤纬角 $\delta$(太阳光线与地球赤道面所夹的圆心角)以及时角 $t$(一天中地球自转在不同时刻的时角)来确定太阳运动轨迹,并计算建筑物的日照时间、日照间距等与我们享受日照密切相关的指标。

**1. 太阳运行轨迹的计算**

要想准确计算日照环境数据,必须计算太阳在任一时刻的位置,而太阳的位置可由太阳的高度角和方位角来确定。

(1) 太阳高度角 $h_s$

$$\sin h_s = \sin\phi * \sin\delta + \cos\phi * \cos\delta * \cos t$$

其中 $h_s$ 为太阳高度角;$\phi$ 为地理纬度;$\delta$ 为赤纬角;$t$ 为时角。

(2) 太阳方位角 $A_s$
$$\cos A_s = (\sin h_s * \sin \phi - \sin \delta)\cos h_s * \cos \phi$$
其中 $A_s$ 为太阳方位角。

根据上述计算公式，可计算出从日出至日落时的太阳运行轨迹数据。

**2. 日照时间的计算**

计算空间中某一点是否被建筑物遮阳是日照时间分析的关键技术。目前使用较多的判断遮阳的方法比如日棒影图、日照圆锥面等的基本思路都是先取建筑物底面所在高度上的水平面为阴影承影面，然后求取建筑物在该承影面上的二维阴影多边形，通过判断该点与二维阴影多边形的位置关系则可得出该点是否被建筑物遮阳的结果。这种算法计算结果准确的前提条件是欲计算的点在承影面上。但在实际应用中，要计算的点常常不在承影面上，这种错误的发生导致了日照时间计算的精度较低，甚至产生计算的结果与实际情况明显不符的情况。解决问题的办法在于摒弃二维思维的限制，在三维空间中考察这一问题，采用点与影域的关系来判断该点是否被遮阳。它的主要思路是：先对建筑物的每个面，判断点是否在(空间多边形)这个面形成的影域内，然后对所有面判断的结果进行求交，只要点落在建筑物的其中一个面的影域内，则点就落在建筑物的影域内，也即点被建筑物遮阳。实际应用中为了加快计算速度可以在进行点是否在墙面的影域内判断之前，判断该墙面是阳面还是阴面，只需要对阳面进行作点在墙面影域的判断即可，而对阴面不需要判断。这样可以减少将近一半的计算量，从而提高计算的速度。

判断该墙面是阳面还是阴面方法如下：先计算多边形墙面的法向量和太阳光的方向向量，分别记为 $N_w$ 和 $N_s$，然后计算 $N_w$ 和 $N_s$ 的夹角。如果该角大于 90°，即 $N_w * N_s < 0$，则该墙面多边形为阳面，否则为阴面（图 7.21）。

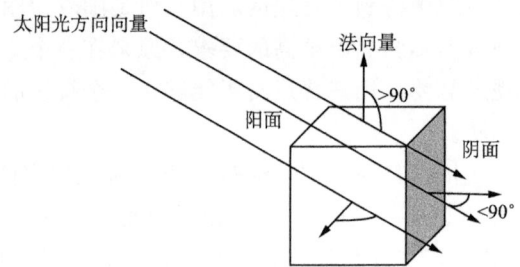

图 7.21 日照时间分析中判断墙面性质的原理示意图

**3. 日照间距的计算**

日照间距通常按下面的方式进行：

(1) 根据要求建筑物达到的全天最小日照时间($\min T$)确定所需计算的时刻 $T$
$$T = 12 - \min T$$
(2) 计算时刻 $T$ 的太阳高度角 $H_s$ 和太阳方位角 $A_s$。

(3) 计算日照间距系数

$$\text{Coeficient} = c\tan H_s \times \cos(A_s - \alpha)$$

其中，$\alpha$ 为建筑物的方位角。

(4) 计算日照间距 $L$

$$L = H * \text{Coeficient}$$

其中 $H$ 为前栋建筑物的高度。

**4. 日照阴影三维可视化**

如果能动态地模拟太阳光照在全年任意一天从日出到日落的时间段里，对各建筑物的日照随着太阳方位角和高度角不断变化的情况，即各建筑物之间遮阳形式和遮阳情况，就可以增加光照分析的直观性和现实性，使得用户获得对日照问题的现实感触。图 7.22 为某一选定建筑物在确定时刻的阴影状况。

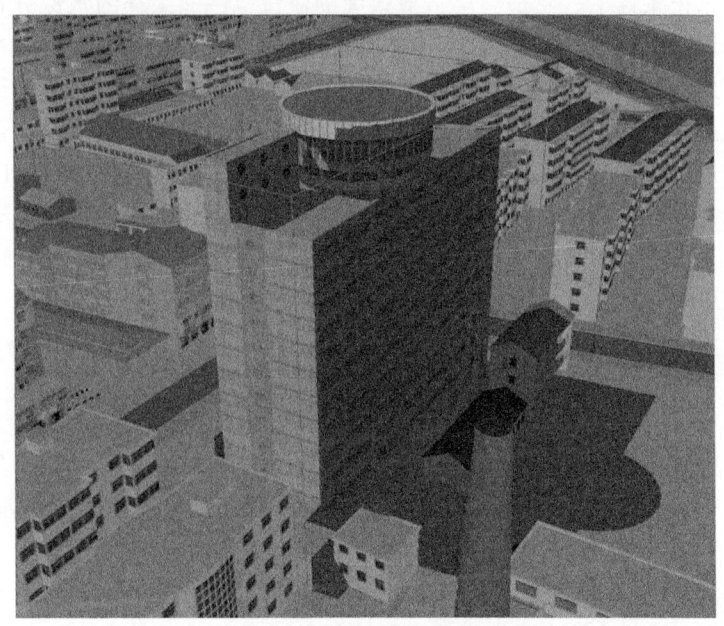

图 7.22　日照阴影分析

## 7.10　水 淹 分 析

快速、准确、科学地模拟、预测和显示洪水淹没范围，以便发挥防洪工程效益，并以非工程措施来减轻洪水危害，对防洪减灾具有重要意义。特别是对于城市和蓄、滞洪区，如果能够预先获知洪水的淹没范围和水深的分布情况，对于防洪减灾、洪水风险分析和灾情评估都具有十分重要的价值。

### 7.10.1 洪水淹没分析方法

洪水淹没是一个很复杂的过程,受多种因素的影响,其中洪水特性和受淹区的地形地貌是影响洪水淹没的主要因素。对于一个特定防洪区域而言,洪水淹没可能有两种形式:一种是漫堤式淹没,即堤防并没有溃决,而是由于河流中洪水水位过高,超过堤防的高程,洪水漫过堤顶进入淹没区;另一种是决堤式淹没,即堤防溃决,洪水从堤防决口处流入淹没区。无论是漫堤式淹没还是决堤式淹没,洪水的淹没都是一个动态的变化过程。

在目前实际的防洪减灾应用中,由于受洪水特性的不可测性、洪水演进模型的复杂性、不可推广性以及防洪抢险中的人为因素,通常将洪水淹没分析概化为两种情况,一是在某一洪水水位条件下,它最终会造成多大的淹没范围和怎样的水深分布,这种情况比较适合于漫堤式的淹没情况。另外一种情况是在给定某一洪量条件下,它会造成多大的淹没范围和怎样的水深分布,这种情况比较适合于决堤式淹没。实际操作中,前者洪水水位可以通过测报装置获得,也可以根据洪水水位的变化过程,取一个合适的水位值作为淹没水位进行分析;后者可以使用河道流量的分流比来计算进入淹没区的洪量。另外,针对一个特定地区的洪水淹没分析,为了减少数据量和便于分析,一般根据洪水风险,预先圈定一个最大的可能淹没范围,并且将沿江两岸分成左右两半分别进行处理分析,靠江边的边界处理为淹没区的进水边界。

### 7.10.2 基于 DEM 的洪水淹没分析

目前,将计算机和信息管理技术应用于洪水预测及灾害评估研究已有多年,但目前国内外有关文献大多从水利视角进行研究,虽然也讨论了 GIS 技术在洪水淹没分析中的应用,但真正实现基于三维的淹没区算法以及三维可视化表达方法不多。

DEM 是地表起伏变化的数字表示,包含了地球表面上许多有用的地理信息,其中就包括水文信息。通过 DEM 来生成集水流域和水域网络是大多数地表水文分析模型的数据来源。

在表达 DEM 的两种数据模型中,TIN 由于具有可变分辨率顾及地表特征的优点,在三维可视化方面备受关注。然而,正是这些优点导致了其数据存储与空间分析的复杂性。Grid 的优点是结构简单,计算方便,尤其适合于地形的空间分析和结果的可视化。因此,在洪水的淹没分析应用中选择了 Grid 形式的 DEM 数据,并根据淹没分析的精度要求选择相应级别的 DEM 格网间隔。

**1. 给定洪水水位的淹没分析**

对于给定洪水水位的情况,首先选定洪水源入口,再设定洪水水位 $H$,淹没分析应从洪水入口处开始进行格网连通性分析,能够连通的所有格网单元即组成淹没范围,形成连通的淹没区域。对连通的每个格网单元计算水深 $W$,即得到洪水淹没水深分布。

格网单元水深 $W$ 的计算公式为

$$W = H - E$$

其中，$H$ 为设定的洪水水位；$E$ 为格网单元的高程。

在一些淹没分析软件中，由于不考虑区域连通性的问题，导致在任何地势低洼的区域都同时进水的结果。这种情况从洪水淹没的实际情况来说这是不准确的，因此它仅适用于由于降水而造成的水位抬升，且不考虑地表径流汇入的因素，即无源淹没（降水淹没）的情况。而实际上，洪水首先是从洪水源处开始向外扩散淹没，只有水位高程达到一定程度之后，洪水才能越过某一地势较高的区域到达另一个洼地。对洪水淹没区域连通性的考虑，将涉及水流方向、地表径流、洼地连通等分析算法，具体介绍如下。

(1) 水流方向的判断

自然地表水流总是由高处向低处流动，又总是沿着坡度最陡的方向流动。依据这个规律，要判断 DEM 区域内某一点的水流方向，我们可以从与此点相邻的 8 点来判断。具体的判别方法如下：从水平、垂直 4 个方向上找出最大高程点 $h_{1\max}$ 和最小高程点 $h_{1\min}$，再从对角线的 4 个方向上找出最大高程点 $h_{2\max}$ 和最小高程点 $h_{2\min}$，然后按以下公式判断

$$\max\left(\frac{h_{1\max} - h}{d}, \frac{h_{2\max} - h}{\sqrt{2}d}\right)$$

满足此条件的点为当前点的上游点，即入水点。

$$\max\left(\frac{h - h_{1\min}}{d}, \frac{h - h_{2\min}}{\sqrt{2}d}\right)$$

满足此条件的点为当前点的下游点，即水流方向点。

其中，$d$ 为 DEM 格网间距；$h$ 为 DEM 中当前点的高程。

(2) 地表径流的形成

地表径流形成情况与该地区的谷脊分布有关，所以在判断地表径流之前要先判别出该区域的谷脊点。谷是地势相对最低点的集合，脊是地势相对最高点的集合。在栅格DEM 中，可按照下列判别式直接判定谷点和脊点。

当 $(h_{i,j-1} - h_{i,j}) * (h_{i,j+1} - h_{i,j}) > 0$ 时，若 $h_{i,j+1} > h_{i,j}$，则 $V_{R(i,j)} = -1$；若 $h_{i,j+1} < h_{i,j}$，则 $V_{R(i,j)} = 1$。

当 $(h_{i-1,j} - h_{i,j}) * (h_{i+1,j} - h_{i,j}) > 0$ 时，若 $h_{+1i,j} > h_{i,j}$，则 $V_{R(i,j)} = -1$；若 $h_{+1i,j} < h_{i,j}$，则 $V_{R(i,j)} = 1$。

在其他情况下，$V_{R(i,j)} = 0$。

其中，$$V_{R(i,j)} = \begin{cases} -1 & \text{表示谷点} \\ 1 & \text{表示脊点} \\ 0 & \text{表示其他点} \end{cases}$$

这种判定只能提供概略的结果。当需要对谷脊特征作较精确分析时，应由曲面拟合方程建立地表单元的曲面方程，然后，通过确定曲面上各种插点的极小值和极大值以及当插值点在两个相互垂直方向上分别为极大值或极小值时，则可确定出谷点或脊点。

能够形成地表径流的地貌形态包括河流以及当洪水发生时可形成水流的山谷沟渠，

根据几何学和地貌学原理及 DEM 的特征，河流、山谷均属于谷地地貌，所以均可用获取山谷线的方法获得。我们可以在通过上述方法判断出谷点的情况下，再根据山谷线的如下特征进行判别，从而获取山谷线，得到地表径流路径：

每一条山谷线均由连续的局部极小值构成；

对于每一特定的山谷线来说，从其最高点（即山谷线的最上游）开始往下游延伸的其余各山谷线特征点的高程值应该越来越小。

山谷线遇到以下情况之一都将终止：连接另一条山谷线；汇入湖泊或海洋；到达 DEM 的边缘。

从山谷点数组中找出高程最大的点作为当前山谷线的起始点（上游特征点），从此点开始，沿着水流方向点往下游跟踪，直到遇到另一条山谷线或者汇入湖泊海洋或者到达 DEM 的边缘终止。

(3) 洼地连通情况分析

洪水淹没的连通分析有两种情况：一种是河流沟谷本来就终止于该洼地；另一种情况就是当淹没中洼地水位到达一定程度的时候，水从洼地边缘漫出，流向其他较低地区。第一种情况可以通过以上沟谷判断方法，得出沟谷线，再根据水流方向直接往下游追踪，到最后就能得到由该沟谷或河流连接的洼地，得到他们的连通关系。第二种情形下，则要先分析找到洼地边缘以及溢口，然后才能确定流水的溢出点并判断流水的流向。

对于 DEM 数据，判断洼地的边缘通常有以下两种方法。

射线法：该方法常用平行线扫描和铅垂线扫描。从洼地点数组中取一点，分别沿平行于 $X$、$Y$ 轴线方向扫描，判断扫描到的点的 $V_{R(i,j)}$ 值。若碰到 $V_{R(i,j)} = 1$ 且是从此方向上扫描到的第一点，则此点为洼地边缘点，将其赋予边缘点标志。

扩散法：也称种子蔓延法，将洼地底点中的一个点作为种子点，然后向其相邻的 8 个方向扩散。被扩散的点如果其 $V_{R(i,j)}$ 值为 1，就不再作为种子点向外扩散，该点记录为边缘点，否则就继续作为种子点向外扩散。重复上述过程直到所有种子点扫描为止。

从洼地所属的边缘点中找出高程值最小的点，则该点即为该洼地的溢口点。从洼地溢口点出发，依照水流方向进行判断，就能得出溢出水的流向，从而得到洼地间的连通情况。

**2. 给定洪量的淹没分析**

在进行灾前预评估分析时可以根据可能发生的情况给定一个洪量 $Q$，或者取洪水频率对应流量的百分数。在灾中评估分析时 $Q$ 值可以根据流量过程曲线和溃口的分流比计算得到，有条件的地方，可以实测，不能实测的可以根据上下游水文站点的流量差，并考虑一定区间来水的补给误差计算得到。

在上述给定洪水水位分析方法的基础上，通过不断计算给定水位条件下的对应淹没区域的容积 $V$，并与洪量 $Q$ 相比较。利用二分法等逼近算法，求出与 $Q$ 最接近的 $V$，$V$ 对应的淹没范围和水深分布即为淹没分析结果。

一般来讲，淹没区域的容积 $V$ 是洪水水位 $H$ 的函数，可以用下面的简化算式表示

$$V = \sum_{i=1}^{m} A_i * (H - E_i)$$

其中，$A_i$ 为连通淹没区格网单元的面积；当流域内 DEM 的分辨率一致时，$H$ 为一个常数；$E_i$ 为连通淹没区格网单元的高程；$m$ 为连通淹没区格网单元个数，可以由连通性分析求解得到。

定义淹没区域的容积 $V$ 与洪量 $Q$ 的逼近函数

$$F(H) = Q - V = Q - \sum_{i=1}^{m} A_i * (H - E_i)$$

显然该函数为单调递减函数，函数变化趋势如图 7.23 所示。则给定洪量的淹没分析转换为如下求解过程：已知 $F(H_0)=Q$，$H_0$ 为洪水入口处对应的高程，要求得一个 $H$，使得 $F(H) \to 0$。

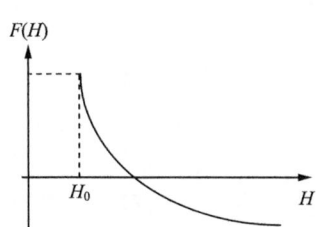
图 7.23 逼近函数 $F(H)$ 变化趋势图

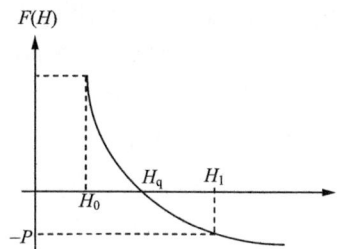
图 7.24 $H_q$ 求解示意图

为利用二分逼近算法加速求解，在程序设计时考虑变步长方法进行加速收敛过程。需要预先求得一个水位 $H_1$，使得 $F(H_1)<0$。$H_1$ 的求解可以设定一较大的增量 $\Delta H$ 循环计算($H_1 = H_0 + n\Delta H$)，直到 $F(H_1)<0$。再利用二分法求算 $F(H)$ 在($H_0$，$H_1$)范围内趋近于零的 $H_q$，如图 7.24。$H_q$ 对应的淹没范围和水深分布即为给定洪量 $Q$ 条件下对应淹没范围和水深。

### 7.10.3 洪水淹没的三维显示

洪水淹没结果的显示通常是将淹没范围与原始的地形数据叠加，并以区别于地形显示色调的一系列颜色来表示不同格网单元的水深分布。这种结果数据与原始数据的对比显示比较直观，但难以让用户体验到洪水淹没的动态过程。由 NewMap3DV 软件在洪水淹没结果的显示上实现了三维环境下淹没过程的动态模拟，现简要予以介绍。

**1. 静态显示**

与传统结果与原始数据叠加显示时只修改原始数据格网单元的显示颜色不同，为了在三维空间中表达水面高出地表的真实感水淹效果，结果数据需要与原始 DEM 数据分别显示，如图 7.25。显示过程如下：

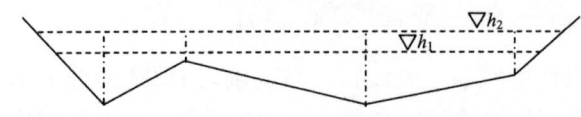

图 7.25 水淹结果显示示意图(剖面图)

(1) 原始 DEM 的显示：根据指定的地表纹理或晕渲方案、原始 DEM 各格网点的高程值、光照角度计算原始 DEM 各格网点的纹理坐标或颜色值，利用格网点的三维坐标绘制原始 DEM。

(2) 定义一个与原始 DEM 分辨率、范围相同的结果 DEM 数据。

(3) 根据水淹分析的计算结果(淹没高度、淹没范围、各淹没格网点的水深)、配色方案设置结果 DEM 的高度值及节点颜色值。结果 DEM 中被淹没区高度值为水位高度值，颜色由水深和本色方案决定；结果 DEM 中未淹没区高度值为原 DEM 高程值，颜色取原始 DEM 相应格网点的颜色。

(4) 将结果 DEM 数据作为一个新的数据与原始 DEM 数据一起显示。

考虑到原始地形及分析结果的海量特征，为了实现水淹分析结果的快速、动态显示，可以将淹没计算与结果的显示分别由独立的线程来完成，并在分析结果的存储、传输及显示时以增量的方式进行。这种思路在客户/服务器模式下能显示出更多的效率优势。

**2. 动态显示**

动态显示时中的增量处理基于洪水淹没过程中的如下事实：当水位 $H_2 > H_1$ 时，水位 $H_1$ 条件下的淹没区域一定包括在水位 $H_2$ 条件下的淹没范围内。为此，淹没分析结果的存储结构设计如图 7.26，其中每一个水位高度的淹没结果只存储引水位下被淹没点的个数及相应的索引值，之前低水位中已经存储的索引值在高水位中不再重复存储。从占用的内存量及数据传输量上看，设研究区域 DEM 的格网数目为 $M*N$，$T$ 为最高水位下被淹没格网点的个数，则全部存储量和数据传输量为 $T*sizeof(long)$。如果再将这些结果数据划分成 $S$ 个动态显示阶段，则每一阶段的数据传输量将大大降低，完全可以在网络条件下由服务器完成淹没计算，再经网络传输给客户端动态显示。图 7.27 是基于增量方式对某一淹没过程动态模拟显示的几个不同阶段的效果图。

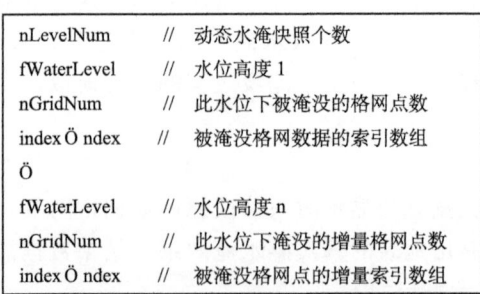

图 7.26 动态水淹分析结果的数据结构

# 第七章 三维空间查询与分析

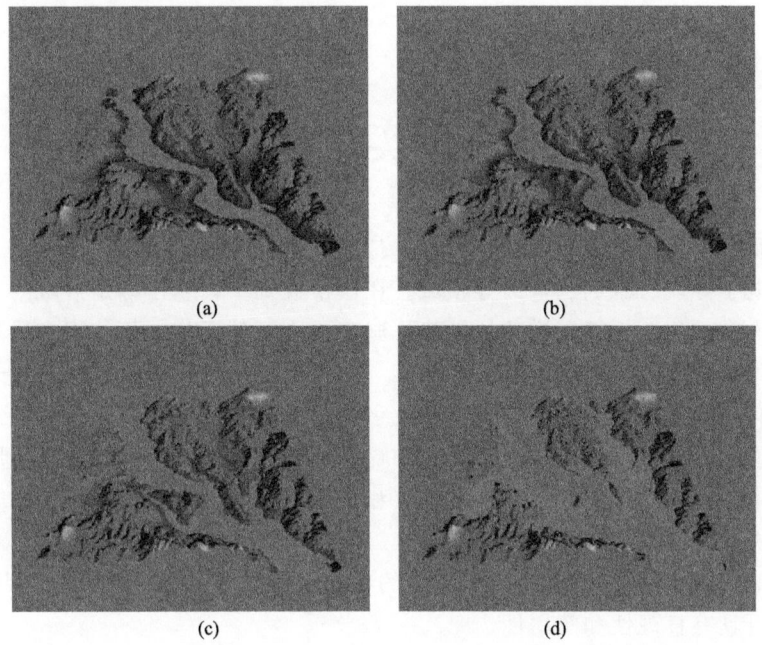

图 7.27 动态水淹分析的几个阶段

# 第八章 实践与应用

城市景观三维重建系统在多个部门有着广泛的应用前景，如规划设计、物业管理、移动通信、电子导航、水利、电力等领域。在城市规划中，基于确定区域的三维景观可以模拟建筑物的重建、拆迁、道路的扩建、城市或小区的远景规划、现有景观分析以及城市污染现象的模拟等，从而可以了解到某一建筑物或小区的过去、现在和未来。在物业管理中，利用重建的三维景观可以建立数字化的小区，对小区建筑物的销售和售后服务进行管理，可以大大降低人力、物力和财力的消耗。在移动通信领域利用虚拟城市景观可以解决移动通信中仍然存在许多盲点和盲区的问题，基于此进行无线电发射塔的最佳选址分析，可以减少和消除盲点和盲区。另外，利用重建的虚拟城市景观可以建立三维的电子地图，与 GPS 相结合建立三维的导航系统，这比现在的基于二维电子地图的导航系统更具有直观性和实用性。

## 8.1 三维地理信息系统

理论和方法的研究固然重要，但尚不能形成生产力，带动整个行业技术的进步和升级。只有在此基础上，研制开发稳定的、可用的软件系统方能把理论联系实际。本书作者及其研究团队历经八年时间，基于 VC++ 从底层开始开发了成熟的三维地理信息系统 NewMap3DV 系统，并已经推广应用到 40 多个城市。这一方面充分证实了本书所介绍的理论与技术方法的正确性与可靠性，另一方面证实了三维应用需求的迫切性。以下重点介绍 NewMap3DV 系统。

**1. 开发语言及运行环境**

系统开发语言采用了国际上比较流行的基础开发工具平台 C++ 及三维图形工具包（OpenGL）；底层数据管理平台选用了商业化程度及成熟度比较高的对象关系型数据库（Oracle）。

系统可以正确运行于 Windows 系列操作系统，如 Windows98、NT、2000、2003、XP 等；网络版系统即可以在 Windows 网络操作系统上运行，又可以在 Unix 操作系统上运行；国际互联网版直接利用现有的 IE 浏览器无需增加任何硬软件工具就可以查询、浏览和标注。

**2. 系统界面**

系统从界面布局上主要由 6 个部分组成（如图 8.1），分别是菜单栏（Menu）、工具栏（ToolBar）、三维窗口（3DView）、导航窗口（2DView）、功能窗口（包括多媒体窗口、

# 第八章 实践与应用

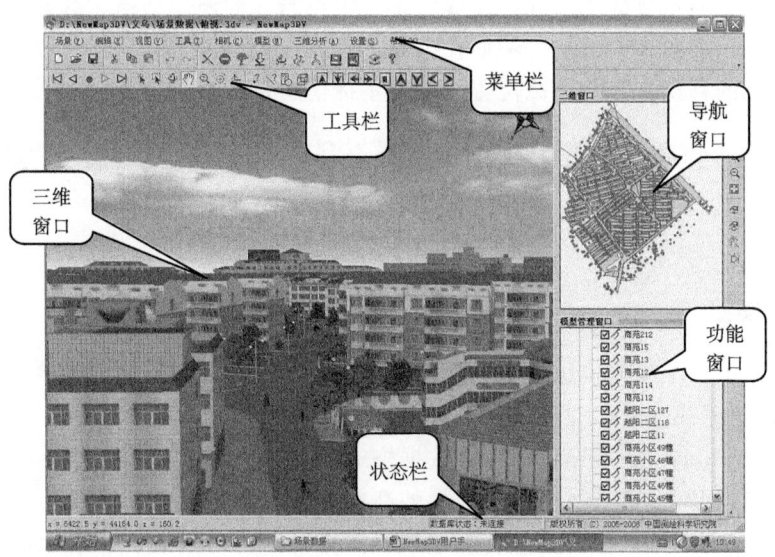

图 8.1　NewMap3DV 主体界面

模型管理窗口)和状态栏(StatusBar)。

其中，菜单栏按功能将系统的全部功能进行分类，包括场景、编辑、视图、工具、相机、模型、三维分析、设置和帮助等 9 类，如图 8.2 所示。

图 8.2　菜单栏

工具栏是将系统常用的工具以快捷键的方式罗列在界面上，用户不必拉开相关的菜单就能从工具栏界面上进行相应的操作，达到人性化的效果，包括系统工具栏、三维工具栏和二维工具栏，如图 8.3～图 8.5 所示。

图 8.3　系统工具栏

图 8.4　三维工具栏

图 8.5　二维工具栏

状态栏主要显示数据的加载进度或状态、用户当前的操作结果、数据连接状况和软件的权属信息，如图 8.6 所示。例如，当用户在三维窗口中按下"坐标查询"命令后，随着用户鼠标的移动，当前鼠标位置的三维坐标信息将显示在状态栏上。

```
x = 8159.2  y = 41680.8  z = 0.0     数据库状态：已连接     版权所有 (C) 2005-2008 中国测绘科学研究院
```

图 8.6　状态栏

**3. 系统功能**

系统提供了三维地理信息系统全部功能，主要包括：
- 支持常见格式三维模型的单体和批量读取
- 兼容 NewMap 3DBuilder 的图层数据格式
- 具备地表道路、建筑物模型与地形的高度匹配、无缝集成功能
- 三维场景的浏览操作，如旋转、缩放、漫游、围绕对象旋转、对象居中、自动飞行等
- 三维场景的编辑功能，如模型新增、删除、外观更改、位置调整、比例变化、方向旋转、名称修改
- 编辑操作的撤销和重做功能
- 模型对象的中文标注功能，可以定制标注的方向、字体、颜色
- 位置书签
- 运动体的定义及运动路线的设置
- 对象显示比例尺的设置
- 复杂模型 LOD 参数的设置
- 城市级海量数据的快速漫游，根据当前视点位置动态调度数据，实时调整模型显示复杂度
- 真三维立体视觉显示功能
- 与二维系统的位置、方向实时联动功能
- 漫游路径的定义、编辑、录制、保存、导入和路径漫游功能
- 当前所在街道名称的自动识别功能
- 建筑物对象名称的实时显示功能
- 三维空间的坐标查询，距离、面积、体积量算
- 三维空间的通视分析、缓冲区分析功能
- 建筑物光照阴影分析功能
- 量测与分析过程中的自动捕捉功能
- 模型查找与定位、批量替换功能
- 属性信息的查询，包括图片、声音、视频等多媒体信息
- 高精度制图输出，支持城市级大范围效果图的高精度输出
- 实时视频录制

- 任意区域三维场景的快速剪切
- 通用三维模型数据格式的导出
- 数据打包独立发布功能

## 8.2 在城市规划领域应用

在 NewMap3Ddecision 系统中，提供了七大类功能：文件操作、模型编辑、查询、量测算、规划指标、规划分析（如日照、通视、通风等）、方案调整及优选、输出（AVI、任意角度的真实景观图、360°环视图）等，书中不再一一介绍，现通过几个关键步骤展现实际应用中的流程。

**1. 规划场景形成**

当整个城市的三维建立以后，小区拆迁、单体建设等规划行为仅仅涉及城市局部而非全部。因此，需要把规划范围内的三维场景高效、便捷、准确地剪切出来形成规划三维场景。在这个场景上，进行规划行为一方面速度快、效率高，另一方面视觉效果佳。

在 NewMap3Ddecision 系统中提供了两种从全市三维场景中剪切规划场景的功能：矩形和任意多边形裁剪，分别对应于二维工具栏上的 ▨ 和 ▨ 按钮。裁切范围确定操作需在二维影像或矢量数据上进行，裁剪后的结果保存在新的用户给定的工程文件中。

当三维窗口和二维窗口中打开了一致的数据时，在二维导航窗口中单击鼠标右键，在快捷菜单中选择"矩形裁切"或"多边形裁切"，然后在二维窗口中画出要提取的范围，如图 8.7。单击鼠标右键，确认提示信息后，系统自动对场景中的全部数据进行裁剪。裁剪完成后，提示用户将新裁剪的小场景（图 8.8）保存为一个新的工程文件。

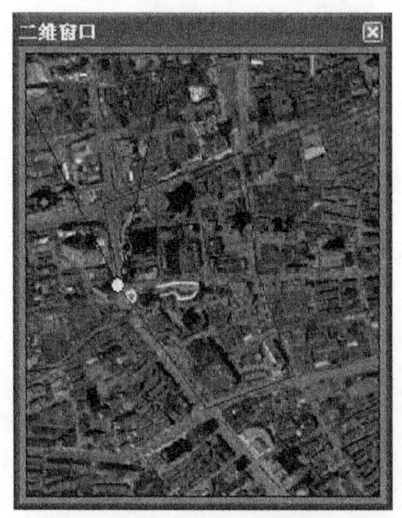

图 8.7 裁剪范围图

图 8.8 裁剪后的三维场景

## 2. 辅助规划

规划设计部门按照要求把规划的内容采用常规的三维建模系统如 3DMAX 建立场景和模型，只要是通用的数据格式，系统就能兼容并导入进来，添加到工程的当前工作图层中，有多套方案均可导入。

## 3. 单体导入或创建

选择"添加模型"或直接按 Insert 键，选择需要添加的一个或多个模型文件，按下"打开"按钮后，被选中的模型将逐个加入到场景中的当前图层中，其所在位置、大小由模型建立时的设置决定，尺寸的单位默认为 m。

如选择"创建楼块"，在平地上画出楼块的底座轮廓，然后右键单击，在弹出的创建窗口中指定楼块的名称、顶面纹理、侧面纹理、高度（或层数），确定后即可在场景指定位置新建一个指定高度和纹理信息的楼房。

## 4. 模型外观调整

选中待操作的楼块，选择菜单"修改楼高"，在窗口中输入新的楼块层数和单层高度，确定即可（图 8.9）。

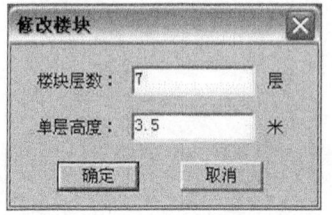

图 8.9　修改楼块高度

图 8.10　纹理替换

选择"修改替换"，然后鼠标单击要进行纹理替换的模型对象的面。在弹出的对话框中，显示用户指定面当前使用的纹理、新纹理的名称、"只替换当前面的纹理"复选框以及"替换后透明"。若选择"只替换当前面的纹理"复选框，则只对当前选择的面进行纹理替换；否则，对所有使用该纹理的面，都进行纹理替换。选择"替换后透明"复选框，则替换后的纹理材质被赋予透明属性，并双面显示；否则，仅执行纹理替换操作(图 8.10)。

选择"对象标注",鼠标形状变为标注状态。单击要进行标注的模型对象后,会弹出标注内容输入对话框,在弹出的标注设置对话框中,设置标注的文字内容、显示风格以及字体样式、大小、颜色等,确定即可。

**5. 量测量算**

选择"空间坐标",鼠标指针变为十字丝状态,在三维窗口中移动鼠标,系统在状态栏上实时显示当前三维坐标值,如图 8.11。按下鼠标左键,可以查询当前坐标的位置,并显示在坐标位置对话框中,如图 8.12。

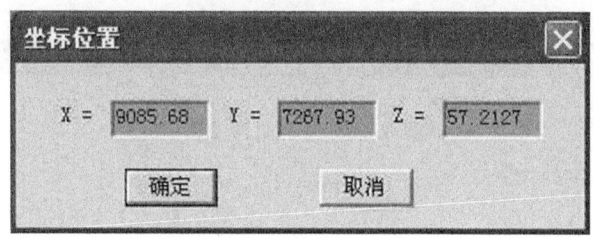

图 8.11 在状态栏上实时显示的三维坐标值

图 8.12 坐标位置对话框

选择菜单"距离测量"下的"两点间",鼠标指针变位十字丝状态,在三维窗口中依次在需要量测的两点之间点击,则弹出量测结果窗口（图 8.13）,量测结果包括空间距离、水平距离和垂直距离。选择"距离测量"下的"多点间",鼠标指针变位十字丝状态,在三维窗口中依次在需要量测的各点处点击,右键单击则弹出量测结果窗口,（图 8.14）。

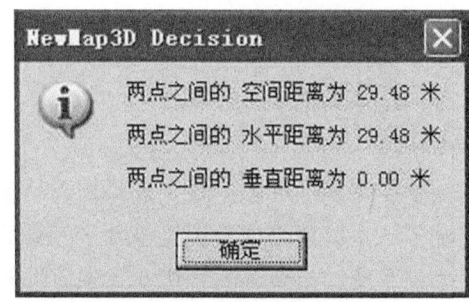

图 8.13 两点间距离量测结果

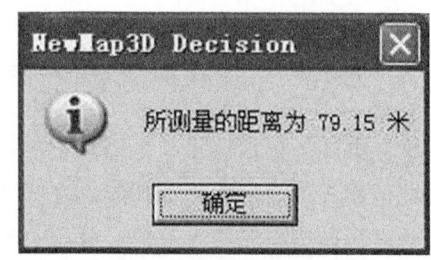

图 8.14 多点间距离量测结果

选择"面积量测",鼠标指针变位十字丝状态,在三维窗口中依次在需要量测的区域之间点击,鼠标右键后弹出量测结果窗口（图 8.15）。选择"体积测量",鼠标指针变为十字丝状态,在三维窗口中依次在需要量测的区域之间点击,鼠标右键。在弹出的设置体积高度对话框中输出指定的高度,即可得到量测结果。

图 8.15 投影面积量测

**6. 方案优选**

系统"方案名称"中列出了当前场景中所有可以进行方案评选的对象名称。选择一个规划方案,"目前方案"显示了目前正在使用的方案。使用"参评方案"可以从外部选择新对象作为新的参评方案。"历史方案"中列出了可供评估的方案,从列表中选择一种方案,按"预览"可以看到此方案在场景中的效果,按"应用"按钮确定最终方案,按"取消"按钮放弃此方案作为本对象的最终方案,按"删除"可以删除已经存在的备选方案,按"调整"将进行对指定方案的楼层数目、单层高度或外观纹理的调整。

多套方案导入后,不同方案切换,通过通视分析、日照分析、通风分析、规划指标计算等进行多种方案的优选。

## 8.3 在突发事件应急中应用

突发事件类型根据发生的原因大致可以分为两类:天灾与人祸。天灾如暴雨雪、地质滑坡、泥石流等;人祸如桥梁坍塌、大火、破乱等。可以说不同的突发事件,应急的模式和方式不尽相同,没有以一变应万变的突发事件系统。本节开发三维在突发事件的应用重在研发底层的基础模块和工具,由应急管理部门在此基础上二次开发实用性系统。这些工具就是把资源封装为三个资源库,把操作封装为一个指令库。各种应急用户在三个资源库和指令库的基础上,可以自行设计研制并二次开发所需系统。

## 8.3.1 模型库

**1. 基本内容**

将事先创建好的模型以单元符号的形式,按照类别存放于特定的集合中,形成三维突发事件应急系统二次开发所需的模型库,用以在实际系统中便捷地构建三维环境,也是定制模拟事件环境和主体的主要资源。模型库包括常用的地貌地物:典型建筑、警戒线、红绿灯、喷泉等;人物角色:武警、匪徒、群众等;活动实体:警车、直升机等,见图8.16。模型库可以非常方便地进行丰富和扩充。

**2. 使用方法**

将目标地物对象添加到场景中的过程是在模型库面板中选择模型类别(目前分为三大类:地貌地物、我方实体、对方实体),在缩略图列表内选择需要的地物缩略图,按住鼠标左键并拖动到三维场景窗口,在场景的目标位置松开鼠标,则该选择对象被添加到场景的目标位置。另一方面,在缩略图列表内双击需要添加的地物缩略图,也可以将目标地貌地物添加到场景中。

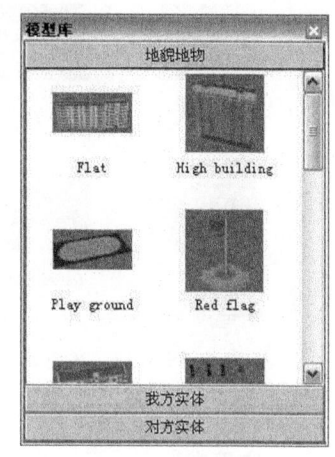

图 8.16 模型库

## 8.3.2 环境库

**1. 基本内容**

事件总是发生在一定的条件或环境中,在进行突发事件推演或模拟时,创造逼真的三维环境是非常重要的,如雨雪天气、沙尘暴、晴天、黑夜等。环境库(图8.17)可以方便快捷地将当前的三维场景从一种环境切换到另一种环境。

**2. 使用方法**

在环境库(气象库)面板中,选择需要应用的环境图片,双击鼠标左键即可在三维场景中应用指定的环境。

## 8.3.3 事件库

**1. 基本内容**

突发事件应急、推演或模拟等主要目的是帮助处理真实的事件(如大规模群众示威游行、歹徒行凶、恐怖爆炸行为)。因此,事件库中包含的是各种事件发生的效果,如起火、爆炸、群众游行等(图8.18)。事件库可以方便地进行丰富和扩充。

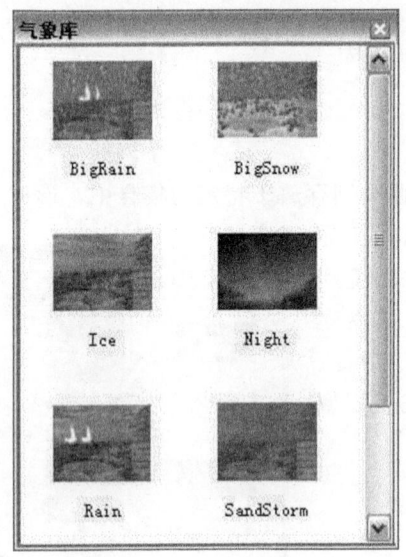
图 8.17 环境库

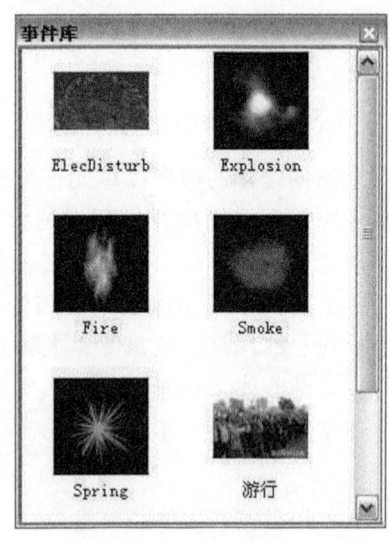
图 8.18 事件库

**2. 使用方法**

事件库的使用可以通过鼠标拖动方式应用事件效果，也可以通过鼠标左键双击，直接应用到对象上。当某对象发生一事件后（可以为多个事件的结合，如起火、冒烟），再次应用该事件，则取消效果。如：需要对某建筑物进行电磁干扰，选中该建筑物，在事件库中找到"电磁干扰"项，应用该事件，则三维场景中实现该效果；如需取消对其的电磁干扰，则再次对其应用该事件即可。

### 8.3.4 指 令 库

**1. 基本内容**

指令一般针对活动实体，如给武警下达强攻的指令、给警车下达拉响警笛的指令、模拟匪徒踹门并挟持人质的指令等。在场景中选择一个活动角色，则面板会自动切换到对应的指令库界面。指令库实际是人物（或运动实体）动作的形象集合，即在创建人物模型时需要将所有的行为（如武警的拔枪动作、匪徒持刀威胁人质的动作等）做好，在此只是实现在需要的时候，激活某一动作，所以指令库内的每一项只对应某一特定的角色（图 8.19）。

**2. 指令使用方法**

下达指令的方法有两种：一为通过鼠标左键拖动需要指令到目标角色上；二为直接在指令列表中双击鼠标左键应用。

图 8.19　指令库

复合指令是指综合多个指令而形成的多个指令的集合，一个复合指令可以实现较简单动作更加复杂的功能。

# 第九章 总结与展望

在"数字地球"、"数字城市"建设开展得如火如荼的今天，构建精细的城市三维景观以满足多方面的需求，正成为地球科学领域的重要工作内容之一。但由于构建三维城市模型的理论和技术远比二维系统复杂，对其研究整体还处于初级阶段。面对城市三维地理信息系统这一庞大科学命题，本书就此提出了一些理论和方法。与国内外该领域的同类研究相比，本书的研究成果主要体现在以下几个方面：

(1) 对现实世界进行二维抽象描述的方法已发展成熟，但在空间表达由二维进步到三维的时候，现实世界的三维描述规范却相对缺乏。本书对此进行了初步研究，认为要实现现实世界的三维抽象应重点需要解决三个方面的问题，即描述内容、抽象方法、表达模式。据此本书提出了三维地理要素体系、三维空间描述粒度、建筑物立体剖分、城市景观三维模型库等概念与方法。

(2) 针对数字城市中的三维数据获取困难，本书提出了基于低空无人机遥感影像和现有二维 GIS 数据库的单影像立体量测算法。该算法利用 UAV 这一新型遥感平台获取城市的高分辨率大倾角数字影像，基于经典摄影测量原理实现影像的定向，可以进行精确的建筑物立面几何和纹理信息的获取。实践证明，该方法具有较好的实用性，适合大范围工程化实施，目前以推广应用到国内外 20 多个城市。

(3) 本书提出了服务于城市景观的面向实体的三维空间数据模型 EO3DM，它的特点在于将人类的认知习惯与现实地物的物理特征相结合。经分析，该模型能够适应城市景观的抽象描述要求。EO3DM 为城市景观的建模提供了一种较理想的选择方案。

(4) 对象关系数据库作为关系数据库和面向对象数据库的折中方案，是目前空间数据组织与管理的主流方式。本书对基于大型商业数据库管理三维空间数据进行了探讨，实现了城市地形、地物信息以及海量影像的数据库管理。

(5) 在三维可视化方面，本书针对整个城市范围的海量数据如何顺畅、平滑地浏览，提出并突破了其间的关键技术，实现了集成地形、地物、影像的大场景可视化，并总结了在三维城市模型构建和可视化中可采取的一些优化策略。

(6) 虽然目前已出现了为数不少的三维地理信息系统，但大都集中于三维显示，缺乏空间分析功能，没有对实际应用的支持。本书系统总结了三维地理信息系统应实现的各类空间查询分析功能，并实现了具体算法。

城市三维地理信息系统的理论和技术庞大而复杂，本书所作的研究只是一小部分。我们所生存的真实的客观三维世界为三维地理信息系统的发展和应用提供了广阔的施展空间，随着越来越多的学者投身于其研究之中，相信三维地理信息系统将会出现跨越式的飞速发展。

针对三维地理信息系统的研究在世界范围内方兴未艾，虽然已经取得了一些成果，也出现了许多商用的三维地理信息系统软件,但其整体还处于发展的初级阶段。随着三维数据获取技术、三维可视化技术、虚拟现实技术等的不断进步,以下几方面将会是三维地理信息系统的研究重点:

(1) 动静结合的三维地理信息系统。目前三维地理信息系统领域的研究重点主要集中在自然客观环境的三维重建以及基于此的查询分析,但在实际应用中人们往往需要在这种静态的环境中对各类动态行为进行模拟推演,例如大规模群体性事件、恐怖袭击、灾害预演等,因此亟须构建动静结合的三维地理信息系统。

(2) 面向应用的分析决策型三维地理信息系统。现有的三维地理信息系统大都面向可视化,以三维模型的展示为主要目标,空间分析能力较为薄弱,这严重阻碍了三维地理信息系统走向实际应用的步伐。只有真正实现了面向应用的分析型三维地理信息系统,才能将其提升到辅助决策的层次上来。

(3) 分布式的虚拟地理环境。二维 GIS 的体系结构经历了从单机到 C/S 模式再到 B/S 模式的发展历程,人们对 GIS 的理解已从地理信息系统(Geographic Information System)进步到地理信息服务(Geographic Information Service),GIS 的网络化趋势有目共睹,已成为学术界的共识。网络技术的进步、图形图像压缩技术的发展、宽带骨干网建设的初具规模等,都为早日实现分布式的虚拟地理环境提供了基础。

# 参 考 文 献

蔡少华,秦志远,王家耀.1998.GIS空间关系描述与识别.见:中国地理信息系统协会中国海外地理信息系统协会'98学术年会,北京

常逈.1993.信息理论基础.北京:清华大学出版社

陈静永,周来水.2002.基于Java3D的虚拟现实建模方法.计算机应用研究,(5)

陈军,郭薇.1998.三维空间实体间拓扑关系的矩阵描述.武汉测绘科技大学学报,23(4)

陈军,赵仁亮.1999.GIS空间关系的基本问题与研究进展.测绘学报,28(1)

程渝荣.2001.吹响后关系数据库时代的号角.微电脑世界,(52)

邓先礼,胡达,杜小平.2004.多连通多边形三角化找桥算法的研究及实现.计算机与现代化,5(03)

冯德俊,李永树.2003.城市大区域三维建模初探.测绘通报,(7)

冯文灏.2001.近景摄影测量学.武汉:武汉大学出版社

龚建华,林珲.2001.分布式地学虚拟环境研究.中国图像图形学报,16(A)(9)

龚建华,林珲.2001.虚拟地理环境——在线虚拟现实的地理学透视.北京:高等教育出版社

龚健雅,夏宗国.1997.矢量与栅格集成的三维数据模型.武汉测绘科技大学学报,22(1)

龚健雅.1993.地理信息系统基础.北京:科学出版社

郭薇,陈军.1997.基于点集拓扑学的三维拓扑空间关系形式化描述.测绘学报,26(2)

郭薇.1998.顾及空间剖分的三维拓扑空间数据模型.武汉测绘科技大学博士论文

淮永建,郝重阳.2000.面向VR应用系统的Java3D API.中国图像图形学报,5(A)(12)

金应春,丘富科.1984.中国地图史话.北京:科学出版社

李成名,安真臻,王继周,印洁.2005.城市基础地理空间信息原理与方法.北京:科学出版社

李成名.2000.空间关系描述的Voronoi原理与方法.西安:西安地图出版社

李德仁,郑肇葆.1992.解析摄影测量学.北京:测绘出版社

李德仁.2001.车载3S集成系统与ITS.见:2001年两岸自动化数字工程测量研讨会论文集

李青元.1996.三维矢量结构GIS拓扑关系研究.中国矿业大学博士论文

李青元.1997.三维矢量结构GIS拓扑关系及其动态建立.测绘学报,26(3)

李清泉,李德仁.1998.三维空间数据模型集成的概念框架研究.测绘学报,27(4)

李清泉.1998.基于混合结构的三维GIS数据模型与空间分析研究.武汉测绘科技大学博士学位论文

李维诗,李江雄,柯映林.2000.平面多边形方向及内外点判断的新方法 计算机辅助设计与图形学学报,12(6)

李志林,朱庆.2000.数字高程模型.武汉:武汉测绘科技大学出版社

廖朵朵,张华军.1996.OpenGL三维图形程序设计指南.北京:星球出版社

刘强,李德仁.2002.基于二叉树思想的任意多边形三角剖分递归算法.武汉大学学报信息科学版,27(5)

卢良志.1984.中国地图学史.北京:测绘出版社

马照亭,潘懋,胡金星等.2004.一种基于数据分块的海量地形快速漫游方法.北京大学学报(自然科学版),40(4)

穆宣社,游雄.2005.虚拟城市中地物数据三角剖分的探讨与实现.测绘信息与工程,30(3)

邱茂林.2001.三维都市模型在都市设计与景观视觉仿真之应用探讨——以台南市为例.见:2001年两岸自动化数字工程测量研讨会论文集

萨里谢夫著,李道义,王兆彬译,廖克校.1982.地图制图学概论.北京:测绘出版社

萨师煊,王珊.1991.数据库系统概论.北京:高等教育出版社

孙杰,林宗坚等.2003.无人机低空遥感监测系统.遥感信息,1(1):49~50

孙敏,陈军.2000.基于几何元素的三维景观实体建模研究.武汉测绘科技大学学报,25(3)

孙敏,马蔼乃,陈军.2002.三维城市模型的研究现状评述.遥感学报,16(2)

孙敏.2000.基于表面剖分的 3DCM 空间数据模型研究.中南工业大学博士学位论文
唐泽圣.1999.三维数据场可视化.北京：清华大学出版社
王继周,李成名,付俊娥.2003.面向分布式异构数据库的 WebGIS 连接池服务研究.地理与地理信息科学,17(3)
王继周,李成名,林宗坚.2003.三维 GIS 的基本问题与研究进展.计算机工程与应用,39(24)
王继周,李成名,林宗坚.2004.城市景观的三维抽象、描述与表达方法.武汉大学学报信息科学版,29(8)
王继周,李成名.2004.城市三维数据获取技术发展探讨.测绘科学,29(4)
王继周,李成名.2004.基于 GeoVRML 的网络三维虚拟景观构建.测绘通报,(3)
王继周,李成名.2004.基于 GML 的网络 GIS 空间数据交互研究.计算机应用研究,21(1)
王继周,林宗坚,李成名.2004.基于 UAV 遥感影像的建筑物三维重建.遥感信息,(4)
王继周,林宗坚,李成名.2005.GIS 信息辅助的单影像立体量测.测绘科学,30(2)
王继周.2003.城市景观三维重建理论与方法.武汉大学博士论文
王之卓.1979.摄影测量原理.北京：测绘出版社
王之卓.1986.摄影测量原理（续编）.北京：测绘出版社
吴迪,黄文骞,王莹.2003.三维地形景观模拟中的透视投影变换.测绘通报,(6)
吴小华.2002.构建个性化网络虚拟世界——VRML 与 Java 编程.北京：国防工业出版社
向世明.1999.OpenGL 编程与实例.北京：电子工业出版社
杨必胜,李清泉,梅宝燕.2000.三维城市模型的可视化研究.测绘学报,29(2)
杨必胜.2002.数字城市模型的三维建模与可视化技术研究.武汉大学博士论文
杨杰.2000.基于凹凸顶点判定的简单多边形的三角剖分.小型微型计算机系统,21(9)
杨永祥,赵素芳.1990.建筑概论.北京：中国建筑工业出版社
尹贡白,王家耀,田德森,黄采芝.1991.地图概论.北京：测绘出版社
尤红建,刘少创,刘彤等.2000.机载三维成像仪数据的快速处理技术.武汉测绘科技大学学报,25(6)：526~530
尤红建,苏林等.2002.城市三维遥感信息的快速获取与数据处理.测绘科学,27(3)
张祖勋,吴军,张剑清.2003.建筑场景三维重建中影像方位元素的获取方法.武汉大学学报信息科学版,28(3)
张祖勋,张剑清,张世兴.2001.单像房屋三维重建.见：2001 年两岸自动化数字工程测量研讨会论文集
张祖勋,张剑清.1996.数字摄影测量学.武汉：武汉测绘科技大学出版社
郑振楣,于戈,郭敏.2000.分布式数据库.北京：科学出版社
周培德.1995.任意多边形三角剖分的算法.北京理工大学学报,15(5)
周心铁.2001.对地观测技术与数字城市.北京：科学出版社
朱洪亮,万剑华,郭际明,潘正风.2002.城市三维建模的数据获取.工程勘察,(3)
Abidi M A, Chandra T. 1995. A new efficient and direct solution for pose estimation using quadrangular targets: algorithm and evaluation. IEEE transactions on pattern analysis and machine intelligence,17(5)
Alber R. 1987. The NSF National Center for Geographic Information and Analysis in the USA. International Journal of Geographical Information System,1(4)
Alexander K. and Sigrid B. 1998. 3D-GIS for Urban Purposes. Geo-Informatics,2(1)
Almansa A, Cao F., et al. 2002. Interpolation of Digital Elevation Models Using AMLE and Related Methods. IEEE Transactions on Geoscience and Remote Sensing,40(2)
Armin Gruen, Xinhua Wang. 1999. 3D Urban Mapping For A Hybrid GIS, Technische Universitat, München
Armin Gruen. 1998. TOBAGO—A semi-automated approach for the generation of 3D building models. ISPRS Journal of Photogrammetry and Remote Sensing,53(3)
Bode T, Breunig M, Cremers A. 1999. First Experiences with GEOSTORE: an Information System for Geologically defined Geometries, in IGIS'94: International Workshop on Advanced Research in Geographic information System, Monte Verita, Ascona, Schweiz, 28 February-4 March 1994, LNCS 884, Springer Verlag
Breunig M. 1996. Integration of Spatial Information for Geo-Information Systems, Springer-Verlag, Berlin Heidelberg

Bric V M, Pilouk and K. Tempfli. 1994. Towards 3D-GIS: Experimenting with a vector data structure, in: Proceedings of ISPRS, Commission IV, Vol. 30, Part 4, Athens, USA

Bric V. 1993. 3D Vector data structures and modeling of simple objects in GIS, MSc thesis, ITC, The Netherlands

Chen Tianen and R S. 1998. Shibasaki, Determination of Camera's Orientation Parameters Based on Line Features, International Archives of Photogrammetry and Remote Sensing, Vol. XXX11, Part 5

Chen Zen, Tseng Din-Chang, et al. 1989. A Simple Vision Algorithm for 3-D Position Determination Using a Single Calibration Object. Pattern Recognition, 22(2)

Claus Brenner, Norbert Haala. 1998. Rapid acquisition of virtual reality city models from multiple data sources. International archives of Photogrammetry and Remote Sensing, Vol. XXXⅡ

Egenhofer M, Franzosa R. 1991. Point-set Topological Spatial Relations. International Journal of Geographical Information System, 5(2)

Egenhofer M. 1995. Topological relations in 3D, Technical report, University of Maine, USA

El-Sana J., Evans F., Kalaiah A., et al. 2000. Efficiently Computing and Updating Triangle Strips for Real-Time rendering, Computer-Aided Design, (32)

Evans F., Skiena S. and Varshney A. 1996. Optimizing Triangle Strips for Fast Rendering. IEEE Visualization Proceedings '96

Frank A. van den Heuvel. 1997. Exterior Orientation Using Coplanar Parallel Lines. Proceedings of the 10th. Scandinavian Conference on Image Analysis, Lappeenranta, (1): 71~78

Frank A. van den Heuvel. 1999. Estimation of Interior Orientation Parameters from Constraints on Line Measurements in a Single Image. International Archives of Photogrammetry and Remote Sensing, 32(5): 81~88

Fritsch D, Pfannenstein A. 1992. Integration of DTM data structures into GIS data models. In: Int. Archives of Photogrammetry and Remote Sensing, Washington, Vol. XXIX, B3, pp. 497~503

Fujii K, Arikawa T. 2002. Urban Object Reconstruction Using Airborne Laser Elevation Image and Aerial Image. IEEE Transactions on Geoscience and Remote Sensing, 40(10)

Gargantini I. 1982. Linear Octrees for fast processing of three-dimensional objects, Computer Graphics and Image Processing, 20(4)

Gunter Pomaska. 1996. Implementation of digital 3D models in building surveys based on multiimage photogrammetry. International archives of Photogrammetry and Remote Sensing, Vol. XXXⅠ

Haralick R M. 1989. Determining Camera Parameters from the perspective projection of a rectangle. Pattern Recognition, 22(3)

Hibbard B. 1998. VisAD: Connecting people to computations and people to people. IEEE Computer Graphics, 32(3)

Hong Junghong, Egenhofer M. 1995. On the robustness of qualitative distance and direction-reasoning. Annual Convention Exposition Technical Papers. ACSM/ASPRS'95. Auto Carto, 12(4)

Hoppe Hugues. 1993. Mesh optimization. In: Proceeding of SIGGRAPH'93

Hoppe Hugues. 1996. Progressive Meshes. In: Proceeding of SIGGRAPH'96

John S Falby, Micheal J Zyda, et al. 1993. NPSNet: Hierachical Data Structures for Real-time Three-dimensional Visual Simulation. Computers and Graphics, 17(1)

Kia Ng. 1998. An integrated multi-sensory system for photo-realistic 3D scene reconstruction. International archives of Photogrammetry and Remote Sensing, Vol. XXXⅡ

KOEHL M. 1996. The Modeling of Urban Landscape. In: International Archives of Photogrammetry and Remote Sensing. Vol. 21PartB4, Vienna, 460~464

Lindstrom P, Pascucci V. 2002. Terrain Simplification Simplified: A General Framework for View-Dependent Out-of-Core Visualization. IEEE Transactions on Visualization and Computer Graphics, 8(3): 239~254

Lindstrom P., Silva C. T. 2001. A Memory Insensitive Technique for Large Model Simplification. In: Proceedings of IEEE Visualization 2001

Lindstrom P., Pascucci V. 2001. Visualization of Large Terrains Made Easy. In: Proceedings of IEEE Visualization, 363~370

Martien Molennar. 1990. A Formal Data Structure for Three Dimensional Vector Maps. In: Proceeding of 4th international symposium on spatial data handling, Zurich

McLean G. F., Kotturi D. 1995. Vanishing Point Detection by Line Clustering. IEEE Transactions on PAMI. 17(11)

Pilouk Morakot, Klaus Tempfli, Martien Molenaar. 1994. A Tetrahedron-Based 3D Vector Data Model for Geoinformation. In: Advanced Geographic Data Modeling, Spatial Data Modeling and Query Language for 2D and 3D Applications. Martien Molenaar, ed. Sylvia DeHoop

Rikkers R., Molenaar M. 1994. A query oriented implementation of a topologic data structure for 3-dimensional vector maps. International Journal of Geographical Information Systems, 8(3)

Rossignac Jarek, Paul Borrel. 1993. Multi-resolution 3D approximations for rendering complex scene. Modeling in Computer Graphics, Springer-Verlag, Berline

Toutin T. 2002. Three-Dimensional Topographic Mapping with ASTER Stereo Data in Rugged Topography. IEEE Transactions on Geoscience and Remote Sensing, 40(10)

Uwe Stilla. 2000. Generation Of 3d-City Models And Their Utilisation In Image Sequences. International archives of Photogrammetry and Remote Sensing, Vol. XXXIII

Zhao H. 1998. Reconstructing of textured urban 3D model by fusing ground-based laser range image and video. Proceeding of UM3', Japan

Zlatanova S. 2000. 3D GIS for Urban Development, PhD, ITC

Zlatanova S. et al. 2002. 3D GIS: Current Status and Perspectives, Proceeding of Symposium on Geospatial Theory, Processing and Applications, Ottawa

Zuxun Zhang. 2000. Semi-Automatic Building Extraction Based On Least Squares Matching Withgeometrical Constraints In Object Space. International archives of Photogrammetry and Remote Sensing, Vol. XXXIII, Part 3B

Zuxun Zhang. 2000. Three Dimensional Reconstruction And Visulization Of Regular Houses And Their Texture From Image Pair. International archives of Photogrammetry and Remote Sensing, Vol. XXXIII, Part 3B

# 后 记

  时间在不知不觉中流逝，猛回首数年已过。尽管在三维领域走过的路途坎坷不平，做过的事情难称其心，但 30 多位博士、硕士的呕心沥血终有所成。迄今为止，本研究团队在国内比较有影响的期刊杂志上已公开发表论文 30 多篇，已出版学术专著一部，获得国家版权局计算机著作权软件登记 6 项，获得山东省科技进步一等奖 1 项、国家测绘局科技进步三等奖 1 项、中国地理信息系统优秀工程金奖一项。

  在理论研究成果的沉淀和 40 多个三维数字城市建设的实践基础上，现总结提炼成文，一方面慰藉全体参与人员；另一方面抛砖引玉，将数字城市三维地理空间框架的研究推向深入，丰富人类表达现实客观世界的手段。

  8 年的科研与实践，得到了国家测绘局的大力支持，特别是在威海组织的 100 多位领导与专家参加的规模空前的验收会，对我国整个三维数字城市建设起到关键性指引作用，才得以形成今天的可喜局面。局、司和处的有关领导，同时也是颇有见地的专家，期间提出了许多具有建设性的宝贵意见，具有醍醐灌顶之效。

  中国测绘科学研究院科技委主任、前院长林宗坚教授运用他扎实的摄影测量和遥感专业功底，无私指导参与本研究的博士和硕士研究生，释其疑、解其惑。殷勇、孙隆祥、孙伟、李翔、蒙印、谢永达、刘召琴等一批研究生为软件的研制和开发做出了巨大的努力。衷心祝愿工作在大江南北的学生们事业有成！

  再精彩的理论都需要实践的验证。威海、烟台、太原、嘉兴、义乌、湖州、石家庄、温州等城市提供的舞台，对于完善三维之理论、成熟三维之技术功不可没。对他们给予的高度信任将永远感怀于心。

  真诚感谢有助于本书的所有同事、领导和朋友！

# 彩 图

彩图 1 多方位无人驾驶飞艇遥感影像

彩图 2　无人驾驶飞行器遥感影像

彩图 3　杭州环西湖地区三维模型

彩图4 无锡三维城市模型

彩图 5　三维模型与二维矢量数据的集成分析

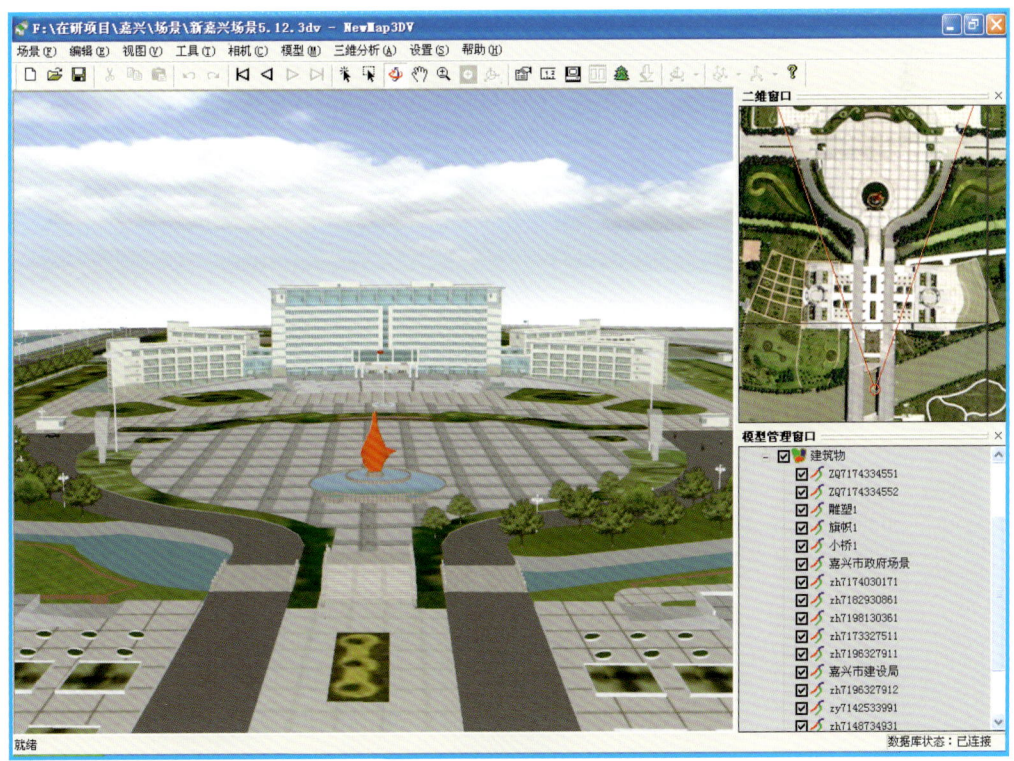

彩图 6　三维模型与影像数据的集成分析

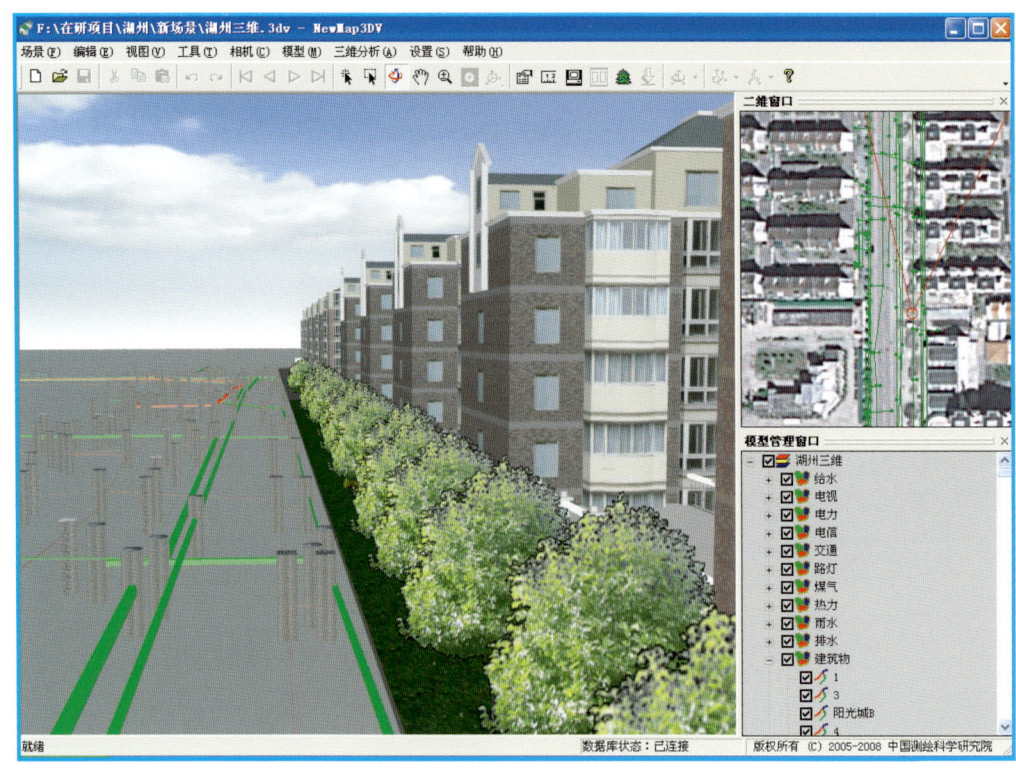

彩图 7　三维模型与城市地下管网的集成分析

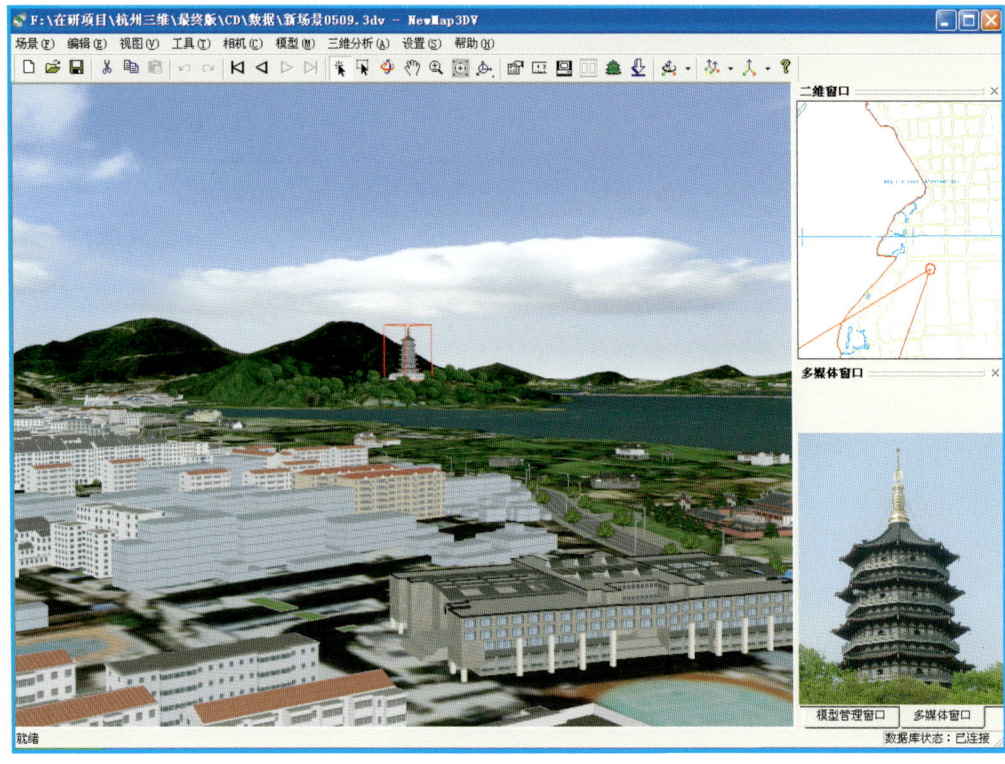

彩图 8　三维模型与多媒体数据的集成分析

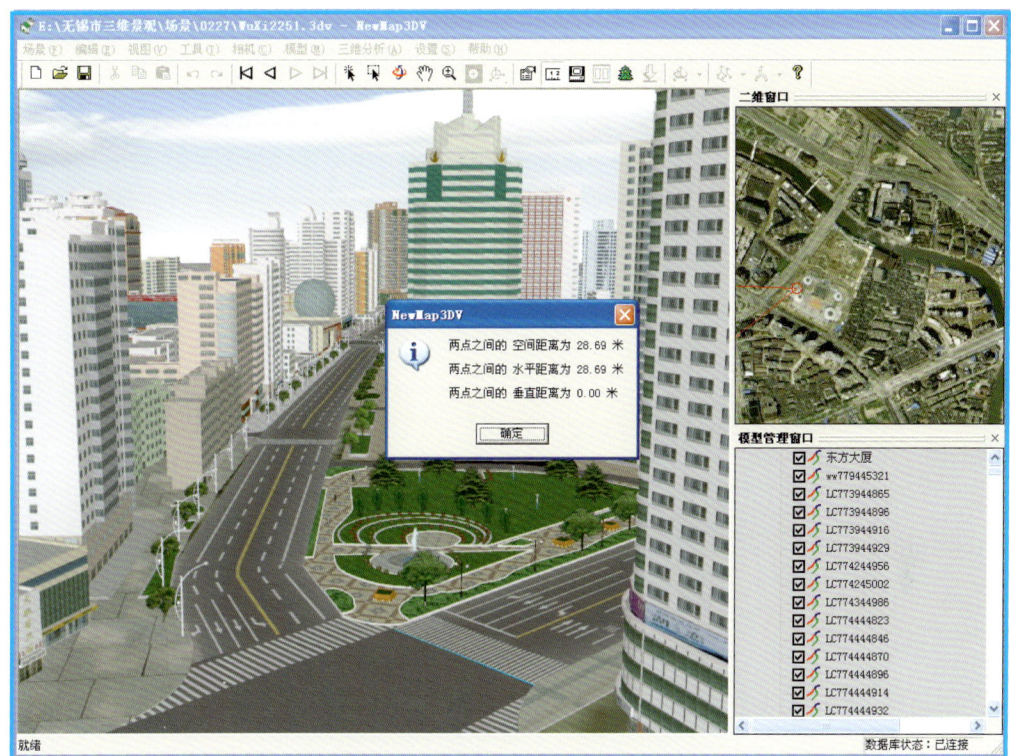

彩图 9　三维场景下的空间量测

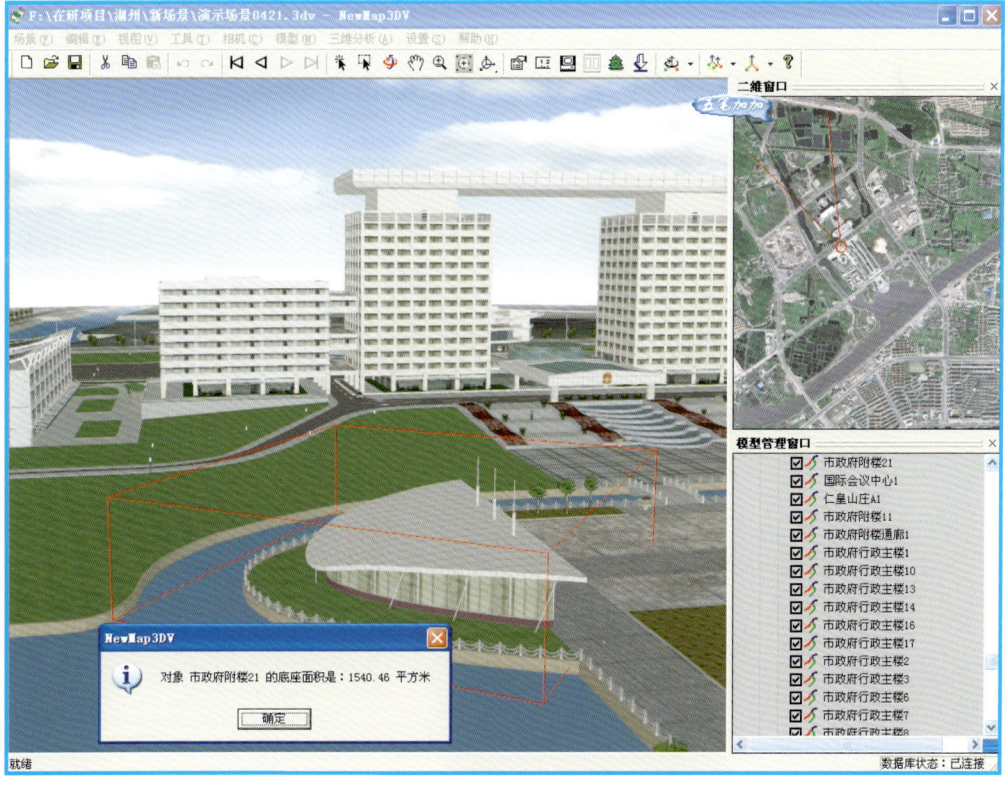

彩图 10　三维场景下的面积量算

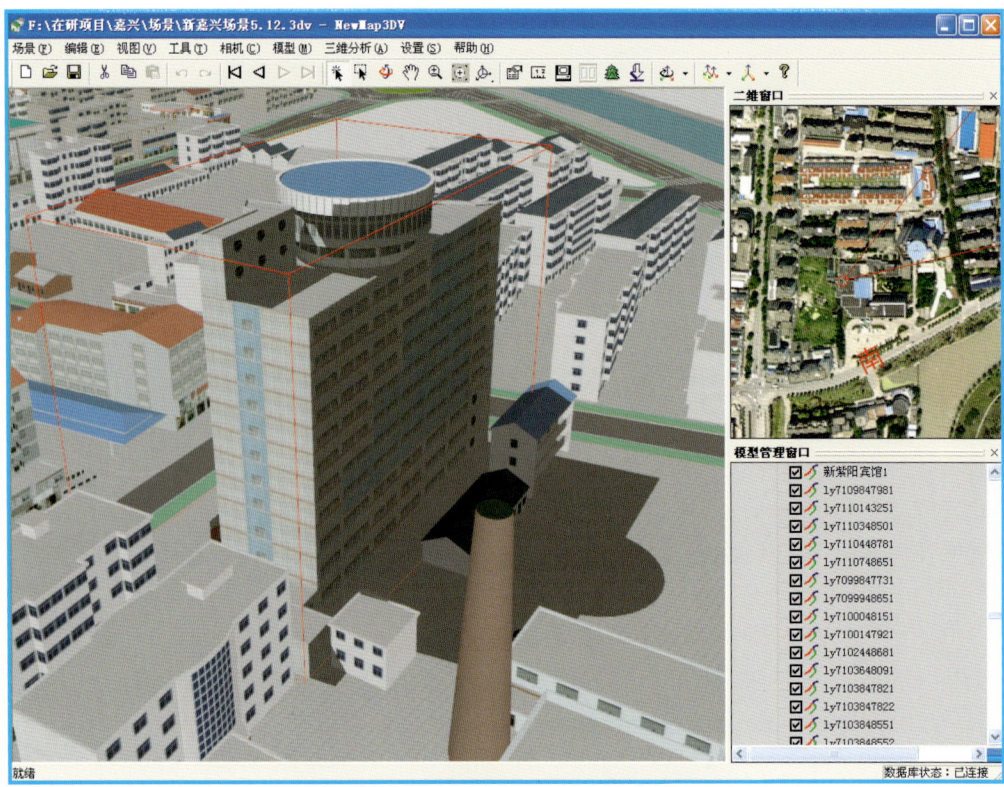

彩图 11　三维场景下的日照阴影分析

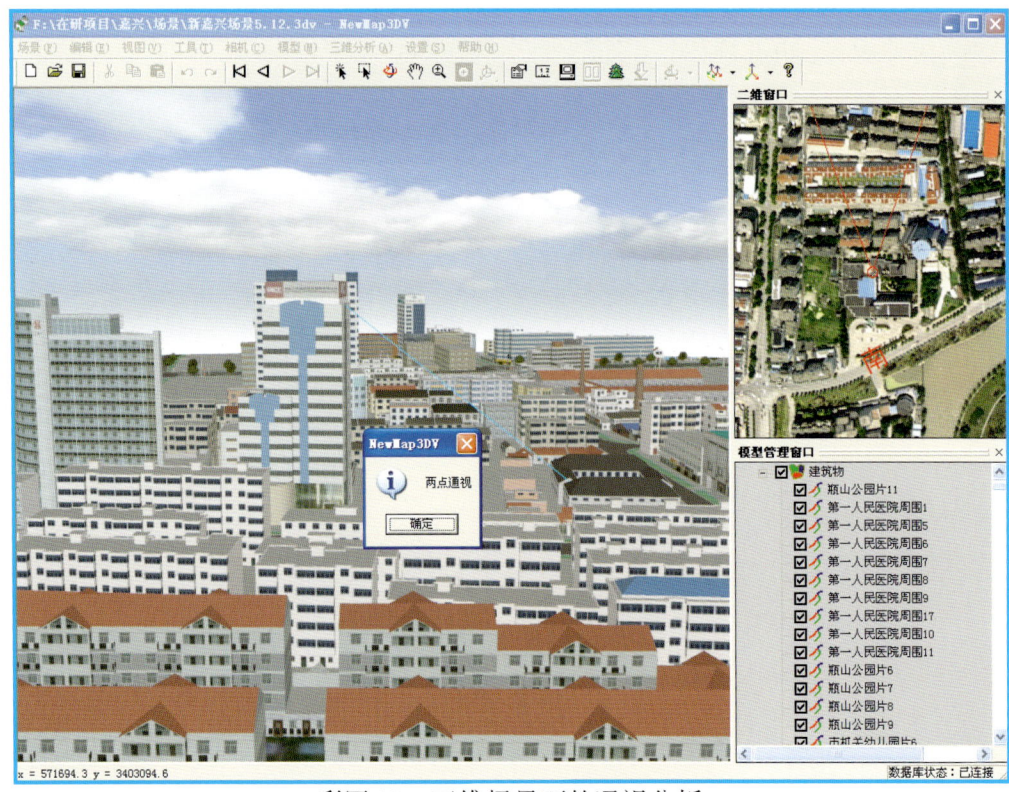

彩图 12　三维场景下的通视分析

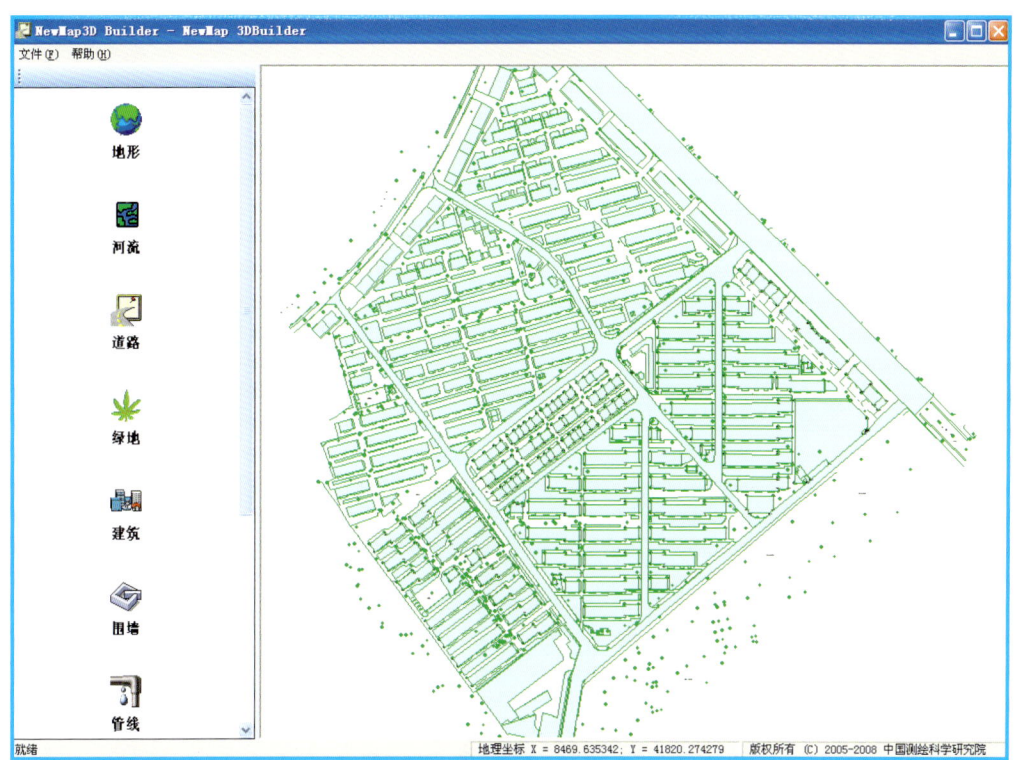

彩图 13　基于二维地形图的三维场景自动构建——二维地形图

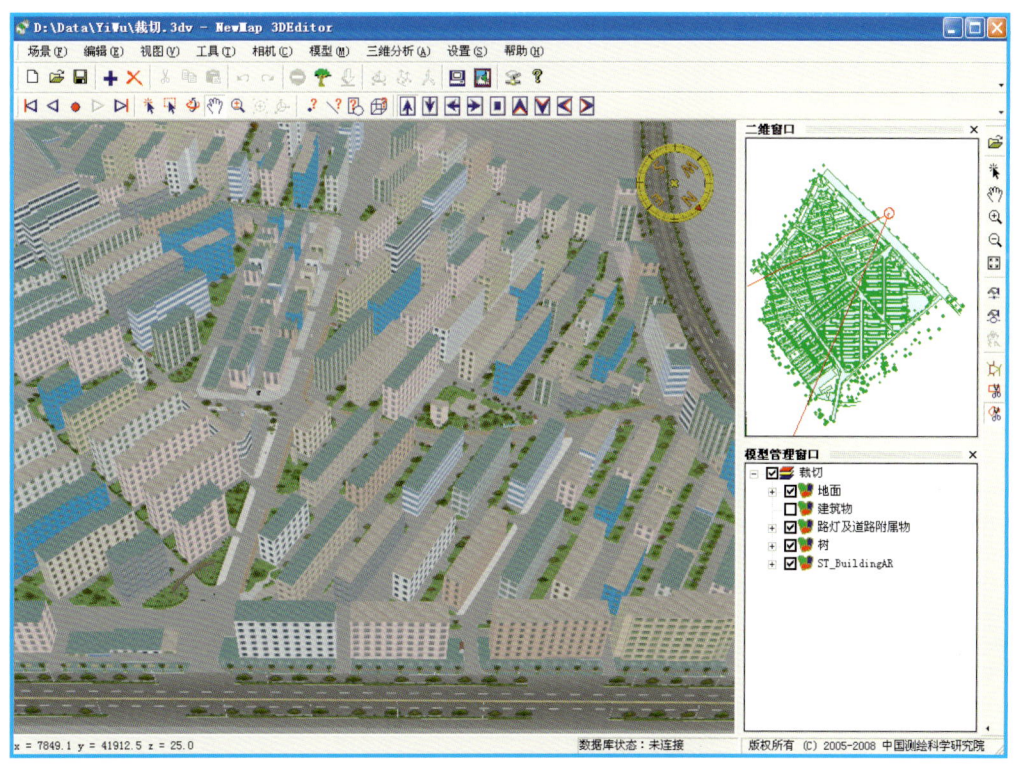

彩图 14　基于二维地形图的三维场景自动构建——三维场景

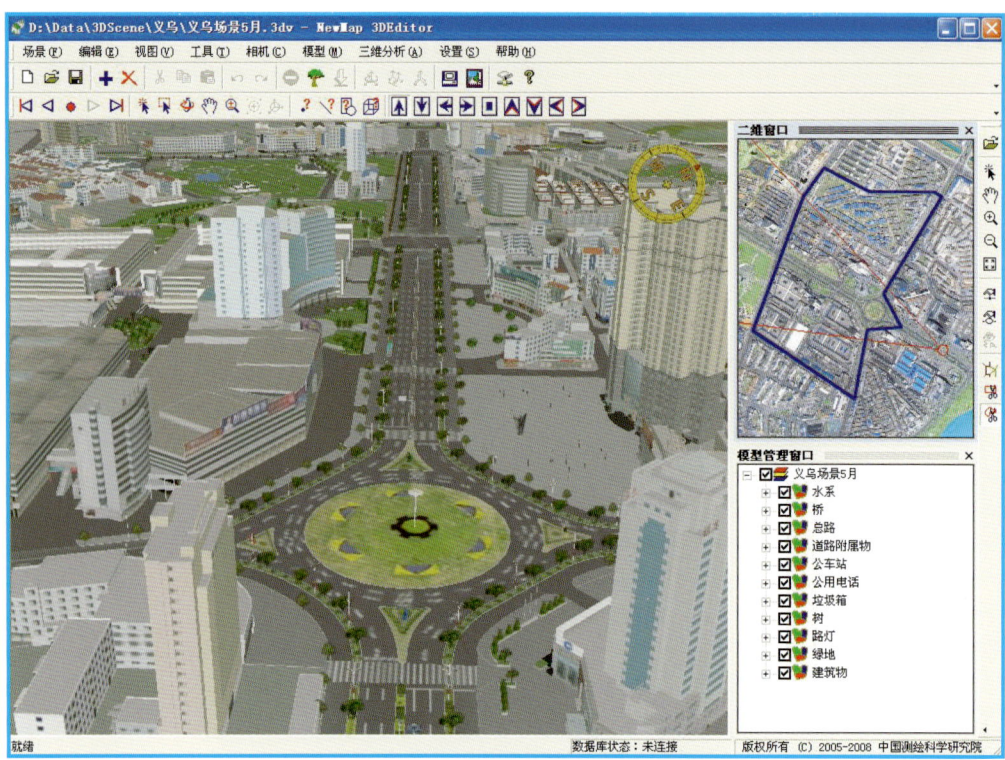

彩图 15　自定义任意范围三维场景裁切

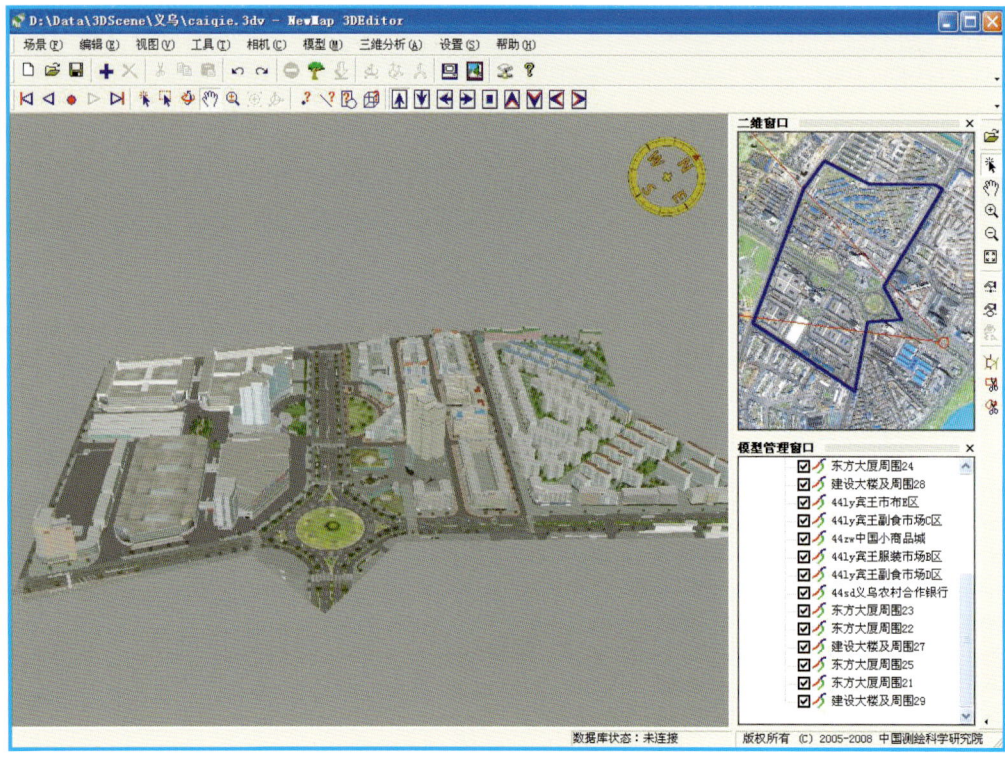

彩图 16　裁切结果三维场景

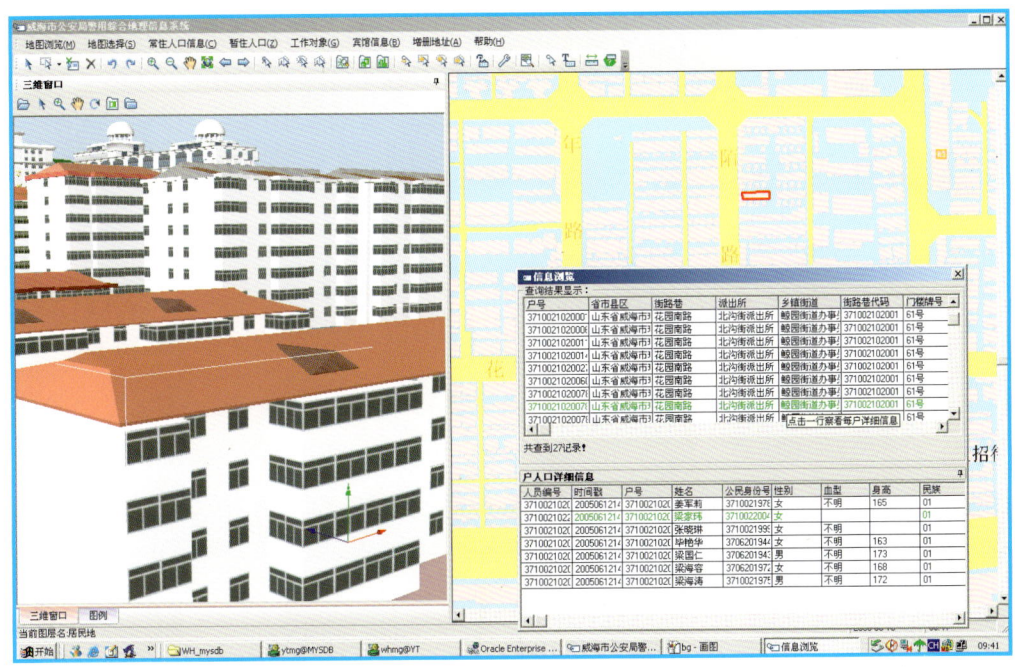

彩图 17　三维地理信息系统应用——常住人口信息查询

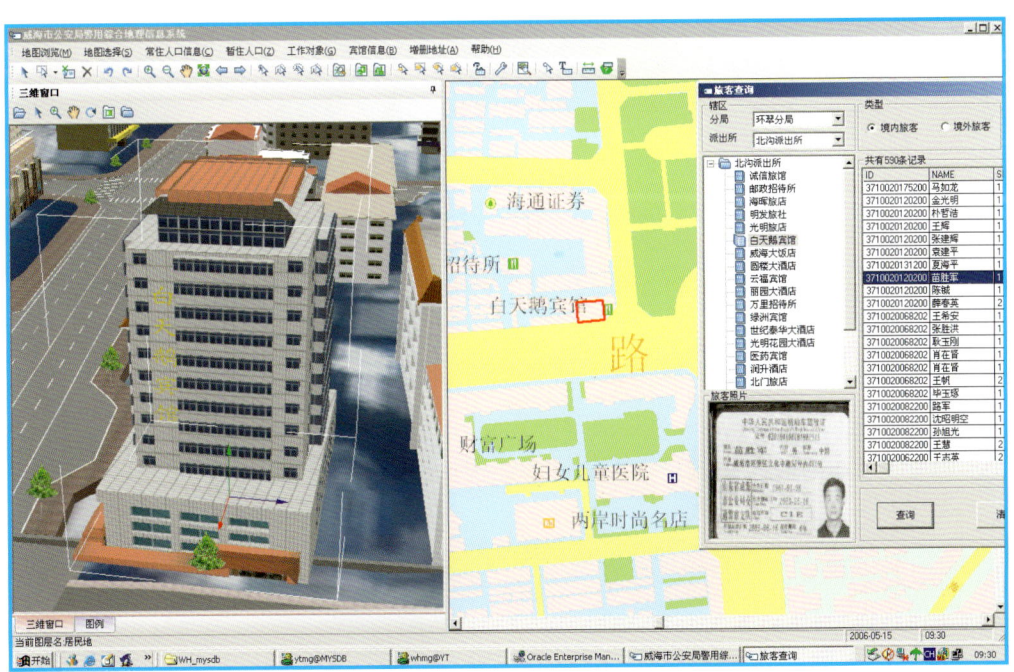

彩图 18　三维地理信息系统应用——宾馆流动人口信息查询

彩图 19　三维地理信息系统应用——方案优选（建设方案一）

彩图 20　三维地理信息系统应用——方案优选（建设方案二）

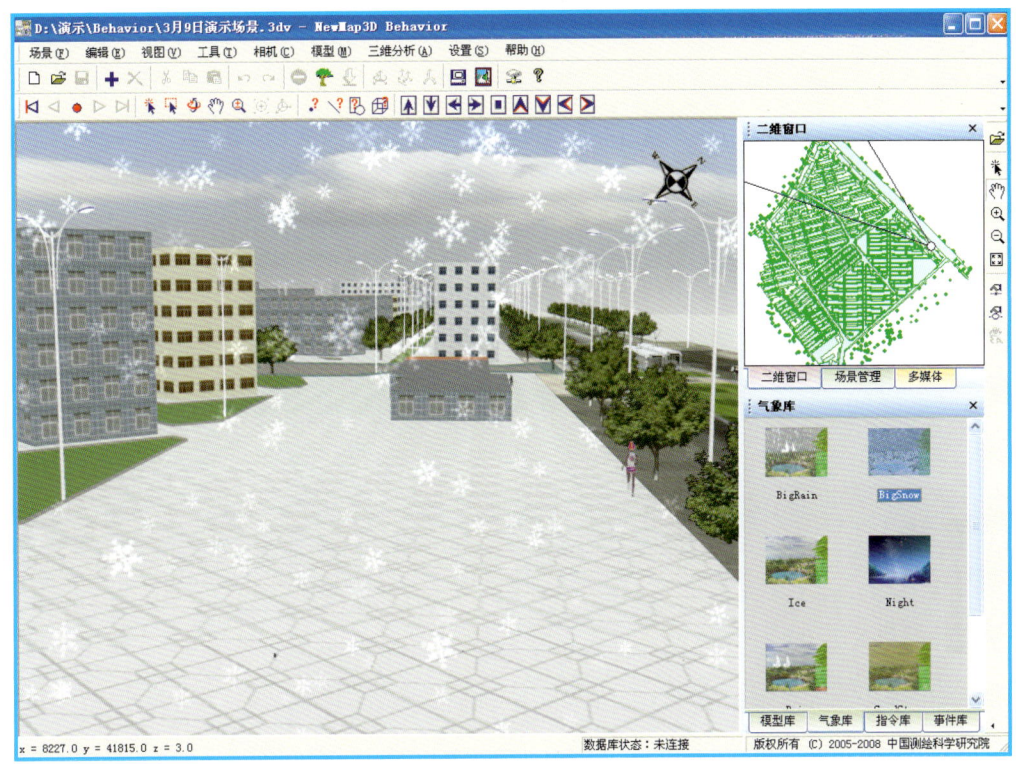

彩图 21　三维地理信息系统应用——社会应急模拟演练（气候条件）

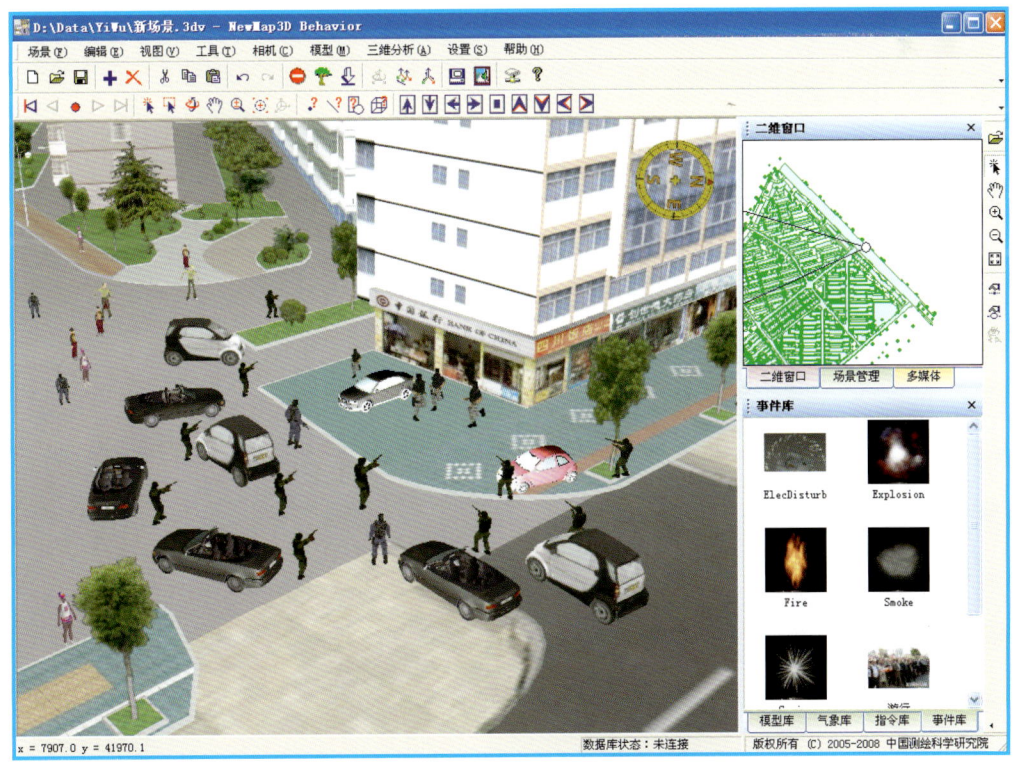

彩图 22　三维地理信息系统应用——社会应急模拟演练（人质解救）

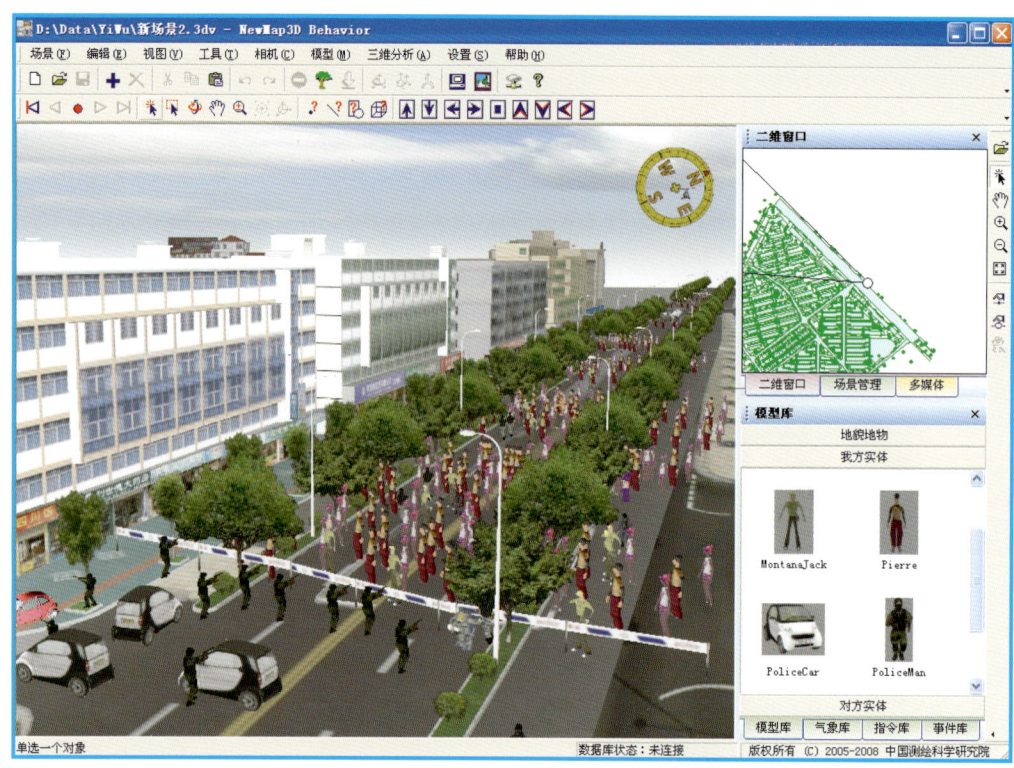

彩图 23　三维地理信息系统应用——社会应急模拟演练（群体游行）

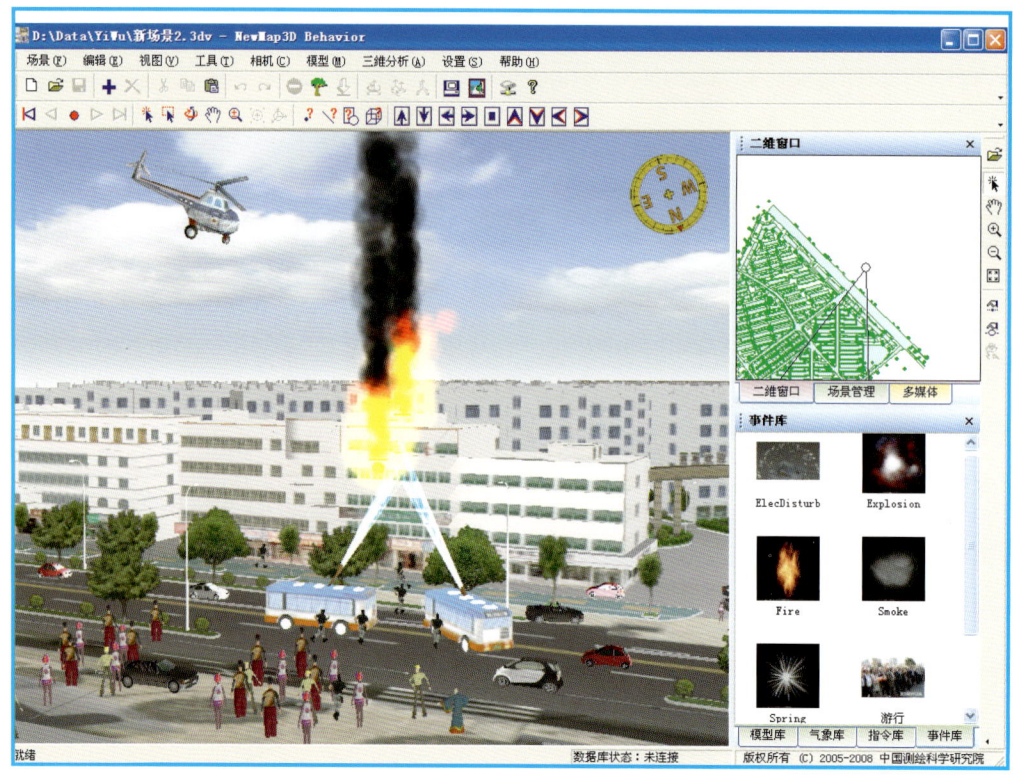

彩图 24　三维地理信息系统应用——社会应急模拟演练（消防演练）